本书系 2012 年国家社科基金一般项目"唯物史观视野下整体主义环境伦理思想研究"(项目编号 12BZX073)成果

国家社科基金丛书
GUOJIA SHEKE JIJIN CONGSHU

走向环境哲学的深处

——整体主义环境伦理思想研究

Journeying into Depths of Environmental Philosophy

A Study of Holistic Environmental Ethics

薛勇民 著

人民出版社

目　　录

绪　论　整体主义环境伦理思想：
一种耀眼的当代环境哲学

随着世界范围内环境伦理学①的蓬勃发展和环保实践的深入开展，环境伦理学研究日益凸显出诸多的理论困境。其表现主要在以下几个方面：在世界观的维度上，生态后现代主义诉求"返魅"的自然，深层生态学主张"遵循自然"，生态马克思主义则提出"解放自然"，不同的环境哲学流派对人与自然及其关系的理解差异明显；在价值观的维度上，人类中心主义和非人类中心主义关于自然价值的论证，走向了主观主义和客观主义的两极对立；在元哲学的维度上，环境伦理学研究面临着自然"内在价值"定义难题，环境"事实"与价值"应该"的推理有效性难题，以及"环境法西斯主义"轻视人类个体生命的诘难等理论困惑。

针对当代环境伦理学在理论建构和现实伦理实践中所而临的这些困境，一些环境伦理方面的研究学者试图另辟蹊径，明确提出环境伦理学应建立在整体主义的基础之上。特别是现代系统整体论、复杂性科学、生态哲学以及后

---

① 严格来讲，环境与生态是有本质区别的。简言之，环境是以人为核心，主旨在于人类及其生活世界；而生态则是一个包含人、自然、社会甚至环境在内的综合性概念。从思维方式看，环境预设了人类主体与自然客体的主客二分，而生态则坚持一种主体与客体有机统一的整体主义立场。本书对环境与生态未作区分。

现代主义思潮的兴起,以整体主义哲学思维方法为视角建构人与自然的道德关系应对当代生态环境问题,便受到越来越多的关注和重视。于是,整体主义环境伦理思想(Holistic Environmental Ethics)就成为一种耀眼的当代环境哲学。

在西方,自 20 世纪 30 年代起,便有学者开始研究整体主义环境伦理思想。其中最具代表性的有,美国著名生态学家和环境保护主义先驱奥尔多·利奥波德在《沙乡年鉴》一书中提出"大地伦理学",认为环境伦理实践应遵循的基本道德原则是:"当一件事情有助于保护生命共同体的和谐、稳定和美丽的时候,它就是正确的;当它走向反面时,就是错误的"[①]。这一原则被国际环境伦理学学会前主席贝尔德·克里考特等人称为"伦理整体主义"的最高原则[②]。挪威环境哲学家阿伦·奈斯凭借哲学反思的本质特性,深度追问当代生态环境危机的社会文化根源,建构了整体主义深层生态学;美国《环境伦理学》杂志创始人霍尔姆斯·罗尔斯顿运用整体主义思想来分析和论证自然的内在价值,建构了整体主义的自然价值论伦理学。可以说,这些理论的创立对西方环境保护运动和实践产生了深远的影响。特别是,克里考特发表的论文《大地伦理的理论基础》,奠定了整体主义环境伦理思想在环境伦理学中的重要基础地位,使之成为环境伦理学研究的新课题,引起学界广泛而深入的研究。

进入 21 世纪以来,国内环境伦理学界亦开始从不同视角寻求理论研究的新进路。一些学者开始将目光转向环境伦理学建构的哲学方法论视角来反思建构环境伦理学理论,并译介了西方环境伦理学的一些研究成果,将国外研究的视角、方法和一些重要理论问题介绍到国内的学术界。例如,杨通进翻译的尤金·哈格洛夫的《环境伦理学基础》,曾建平翻译的布莱恩·巴克斯特的

---

① 奥尔多·利奥波德:《沙乡年鉴》,吉林人民出版社 1997 年版,第 213 页。

② 参见 J. Baird Callicott, Animal Liberation: *A Triangular*. Environment Ethics, 1980, pp. 311 – 338。

《生态主义导论》，宋玉波等翻译的彼得·S.温茨的《现代环境伦理学》等。同时，也有学者关注和探讨整体主义环境伦理思想的理论发展。诸如雷毅的《深层生态学思想研究》，介绍和梳理了建构在整体主义生态世界观和方法论基础上的深层生态学理论发展、思想渊源、理论主旨及其实践意义；卢风的《人、环境与自然：环境哲学导论》，从反思"现代性"价值观的维度分析了整体主义方法之于个体主义环境哲学的理论特质。此外，还有学者开始关注中国传统环境伦理智慧对整体主义环境伦理思想的启迪意义。如佘正荣的《中国传统生态伦理的诠释与重建》和蒙培元的《人与自然：中国哲学生态观》等著作，都从整体主义角度探讨了中国"天人合一"伦理智慧的环境伦理观，强调了传统伦理智慧对发展环境伦理学的理论和实践意义。

　　但是，严格说来，国内外研究者对于建构环境伦理学的方法论研究尚未作出系统的分析和解答，缺乏整体性认识和前瞻性思考，未能形成对环境伦理学方法论研究的深度透视和全面阐释。也就是说，环境伦理学研究要走出理论的困境，还需要从哲学方法论的维度，对当代环境伦理研究进行必要的整合与分析，建构其科学的环境伦理思想体系。而整体主义环境伦理思想则为当前环境伦理学的理论困境提供了一种解决路径，对环境伦理学的理论建构和发展具有不可替代的独特价值。因此，深入细致地探讨整体主义环境伦理思想的理论基础和现实意义，并最终形成整体主义环境伦理思想论纲，将会弥补国内学术界对这一理论研究的严重不足的现状，从而在深度和广度上为整体主义环境伦理思想研究开拓一个新局面[①]。

　　基于以上思考，本书力求坚持以马克思主义唯物史观为指导，立足当代社会实践的发展需要，通过深入挖掘和理性分析当代西方环境伦理思潮、东方"生态智慧"中蕴含的整体主义环境伦理思想，合理诠释整体主义环境伦理思想发展的深层理论动因和内在逻辑结构，深刻揭示整体主义视角环境伦理学

---

　　①　薛勇民等：《走向深层的环境伦理研究》，《晋中学院学报》2009 年第 4 期。

研究的必要性和可能性,科学阐明整体主义环境伦理思想的实践意义,为当代生态文明建设寻绎实现可持续发展的环境价值观和合理解决人与自然关系的伦理智慧。

为了达到这一目的,则有必要从以下三个维度深入开展研究。

第一,深刻阐明整体主义环境伦理思想的理论特质。通过对现代环境伦理学发展历程的回顾,全面反思现代环境伦理学的理论建构范式,从方法论视角揭示当代环境伦理学发展呈现出的整体主义理论路向,诠释整体主义环境伦理思想如何突破环境伦理学的元理论困境,缘何得以建构以及如何建构的问题,以及当代环境伦理学发展的整体主义路向之于功利论环境伦理学、道义论环境伦理学和个体主义环境伦理学的理论特质,为环境伦理学研究开拓新论域。

第二,深度思考整体主义环境伦理思想体系的科学构建。科学的环境哲学是生态文明建设的理论基础。整体主义环境伦理思想作为当代环境哲学新的理论路径,依托现代生态科学、复杂性科学、现代系统整体论思想、后现代主义思想以及东方生态智慧等蕴含的整体主义方法论为理论基础,通过创造性地拓展其思想理论基础和基本理论蕴涵,力求在此基础上建构整体主义环境伦理的世界观图景、价值观意蕴及其实践旨趣,构架其全新的理论框架和思想体系,尤其要阐明整体主义环境伦理思想所蕴含的伦理价值观,深入揭示整体主义环境伦理思想所体现的方法论意义以及对于彻底解决当前人类面临的生态环境问题的现实价值。

第三,深入解读中国"生态智慧"的当代价值与启示。在深化研究的过程中,主要突出加强对中国传统文化谱系中"整体主义智慧"的系统梳理,特别是中国古代儒释道思想中的"生态智慧"所具有的当代意义。毫无疑问,中国传统"生态智慧"是建构生态文明的重要思想文化资源。中国古代贤哲一贯主张的"天人合一""万物一体"等生态整体观,可以为整体主义环境伦理提供丰富的思想资源。因此,有必要以中国生态智慧的经典文本为理论依据,从整体主义视角深入挖掘中国传统环境伦理意识和伦理实践智慧，积极探索中国传统伦理文化对当代生态文明建设的现实意义，合理解读中国传统文化的时代价值和当代生命力，深入探讨其中所具有的关于人与自然关系的问题意识及其睿智的解决方案。

在实现上述研究目的过程中，主要运用了三种研究方法。一是文本解读方法。旨在收集国内外整体主义环境伦理研究相关文献资料和经典著作认真研读，进行深入、系统的理论分析和科学合理的理论诠释，明确可以借鉴和吸收的学术思想。二是历史和逻辑相统一的方法。旨在通过比较分析，深入剖析国内外整体主义环境伦理思想研究的理论内核，对中外整体主义环境伦理思想进行全面的评价。三是理论联系实际方法。旨在在深入实际广泛调研的基础上进行深刻的理性分析，为当代生态环境问题解决探索具体的价值观念体系和伦理行动原则。

本书在深入、具体的研究基础上，最终形成了以下五个方面的思想成果。

第一，主要阐述了整体主义环境伦理思想的理论基础。该部分基于辩证唯物主义和历史唯物主义的基本理论与方法，揭示了整体主义原则的基本内涵、特征和意义，分析了整体主义环境伦理思想的产生与哲学方法论变革的内在联系，论述了整体主义环境伦理思想的哲学基础和文化前提。

第二，主要分析了马克思恩格斯的整体主义环境伦理思想。该部分基于马克思自然观的新现代性、马克思自然观与当代环境伦理思想的内在关联，通过深度解读马克思恩格斯的经典著作，从整体性维度揭示了马克思哲学中的生态正义论，阐释了恩格斯《自然辩证法》中所蕴含的生态整体主义思想。

第三，主要论述了当代西方环境哲学中的整体主义环境伦理思想。该部分基于理论联系实际的基本原则与方法，通过深刻反思当代科学发展的前沿成果和生态神学的经典思想，阐明了环境协同思想的基本观点和大地伦理学"像山一样思考"的整体主义意蕴，探讨了深生态学所表征的整体性伦理实践特质与模式，阐述了生态女性主义的环境正义观及其整体主义方法，探讨了

"盖亚假说"的生态整体论,论述了基督教哲学的整体正义论。

第四,主要阐释了中国古代哲学中的整体主义环境伦理思想。该部分基于中国传统文化的经典文本,揭示了先秦道家、儒家仁爱思想中所蕴含的整体主义生态伦理智慧,在全面理解宋明理学生态伦理思想的整体性特征的基础上,深刻论证了"万物一体""圣贤气象"所蕴含的体现整体主义方法论的生态伦理内核。

第五,主要提出了整体主义环境伦理思想的实践旨趣。该部分基于科学的整体主义方法和当代环境伦理学的实践转向,揭示了环境伦理实践的内涵与本质,分析了环境伦理实践的历史嬗变、当代特征和现实意义。

概括地讲,整体主义环境伦理思想的兴起是当代环境运动的一个重要理论进展,代表着当代生态文明建设的一种新的理性认知。这一思想,不仅反映了人与自然关系认知的哲学范式的根本转换,而且体现了现代环境伦理学理论的纵深发展,进而从根本上改变了现行的人类环境价值取向和实践模式,是对环境伦理学研究的重要深化和发展[1]。正如整体主义环境伦理思想的主要倡导者和辩护者、国际环境伦理学会前主席贝尔德·克里考特所认为,伦理整体主义超越了以人类利益为根本尺度的人类中心主义,超越了以生物个体的权利为核心思想的动物解放论和动物权利论,颠覆了长期以来被人类普遍认同的一些基本价值观,是"当代环境哲学发展中最令人兴奋的发展之一,它给我们展现了一种统一环境伦理的可能性"[2]。因此,在当前深化整体主义环境伦理思想的认识和研究,则具有非常重要的理论价值和实践意义。

从理论方面来说,整体主义环境伦理思想为当前环境伦理学面临的理论困境提供了一个合理解决的科学路径,对环境伦理学的理论建构和发展具有不可替代的独特价值。整体主义环境伦理思想作为当代生态哲学发展的一种新的成果,必然有力地推进环境伦理学研究的进一步发展。具体而言,研究整

---

① 参见薛勇民等:《论深层生态学的方法论意蕴》,《科学技术哲学研究》2010 年第 5 期。
② J.Baird Callicott.Animal Liberation:A Triangular.Environment Ethics,1980,pp.311-338.

体主义环境伦理思想，有助于从方法论的视野和立场来思考人与自然关系的"辩证整体性"，把人与自然看作是一个紧密联系的辩证有机整体，建构"人—自然—社会"协同共存、有机统一的生态世界观；有助于从根本上超越人类中心主义与非人类中心主义价值观对立，实现哲学世界观意义上人与自然在本质上的融合，为环境伦理学何以存在寻找科学的哲学范式，为当代生态文明理论深化发展提供重要的方法论支撑。

从推动环境伦理走向实践的角度来看，整体主义环境伦理思想有助于激发人们对全球化中严峻生态环境问题的全面而系统化的方法论指导和现实道德关切。特别需要指出的是，通过深入探讨人与自然和谐关系的方法论问题，能够为当代中国社会主义生态文明建设提供有效的理论指导，有助于形成与现代生态文明要求相适应的新的社会发展理念，科学地指导人们在生活实践中作出明智的理性选择，从而对于加强生态文明实践的强力指导以及推进社会主义生态文明建设都具有非常重要的价值。

综观上述所开展的研究，总体上看实现了如下两个维度的创新。一是方法论视角的创新。主要通过反思现代环境伦理学理论的建构范式，对当代环境伦理学研究在微观和宏观方面的诸多难题进行了深层反思和合理解答，以整体主义生态思维方法建构人与自然关系在"世界观—价值观—实践观"方面的系统认知，旨在确立一种基于人与自然之间辩证统一的"整体主义"的环境伦理，为环境伦理学研究开拓了新的论域。二是观念和思想建构层面的创新。主要通过系统梳理整体主义环境伦理思想的缘起及不同派别的主要代表观点，全面分析了人与自然关系的哲学理论基础，深刻揭示了整体主义环境伦理思想的世界观意蕴、价值观内核、方法论特征及其实践旨趣，从根本上明确了整体主义环境伦理思想体系的基本建构原则。

当然，对于整体主义环境伦理思想的研究，仅仅停留在"宏大叙事"的历史渊源分析和理论宏观建构是远远不够的，还需要将整体主义环境思想与现实的环境问题相结合，探讨具体环境问题的微观解决之道。例如，建构整体主义环境伦理思想的环境正义观,形成整体主义环境伦理思想的生态人格观,深化整体主义环境伦理思想技术维度、文化价值维度以及政治制度维度的科学探索,使整体主义环境伦理思想走向具体的环境伦理实践,走向个案的环境问题解决方案研究,从而在实践中不断提升和推动整体主义环境伦理思想及其理论体系的不断完善,实现整体主义环境伦理思想在道德哲学维度和应用伦理维度的有效统一,等等,则都是有待今后进一步深化研究的重要内容。

第一章　整体主义环境伦理思想的理论基础

第一节　整体主义环境伦理思想与哲学观的变革

国际环境伦理学学会前主席、美国著名环境伦理学家贝尔德·克里考特认为,当代环境伦理学中虽然存在着众多的理论纷争,诸如"伦理人道主义""伦理道德主义"和"伦理整体主义"等三极对立格局,但也表现出进一步走向整合统一的趋向①。在克里考特看来,各种各样的反对人类中心主义的思想流派,如大地伦理学、动物解放(权利)论、生命中心论以及深层生态学等,似乎可以结成统一战线。但是,这一统一战线却是表面的,差异乃至对立才是真实的。从哲学方法论上看,动物解放(权利)论或生命中心论倾向于个体主义,而大地伦理和深层生态学则表现出鲜明的整体主义特征。因此,环境伦理理论内部实质上蕴含着三种不同的理论建构路径,即人类中心主义的环境伦理、个体主义的环境伦理和整体主义的环境伦理。

尽管如此,还存在一个重要的方法论要求,如何科学辩证地认识和把握各

---

① 参见 J. Baird Callicott. Animal Liberation: *A Triangular*. Environment Ethics, 1980, pp. 311 – 338。

具特色的环境伦理学流派。实际上,环境伦理学的不同派别各自代表了人类道德的不同境界,其认知并不是绝对对立的,而是相互补充的;不是根本不同的,而是可以并行不悖的。因此,通过不同派别的理论整合,建立一种开放统一而以人与自然和谐发展为道德目标的环境伦理,不仅是必要的,而且是可行的。可以说,一种开放的、具有生命力的环境伦理学,必然是一种能够接纳和包容、超越和整合人类中心主义、动物权利论、动物解放论、大地伦理、生命中心论以及深层生态学的环境伦理学,而这种环境伦理学实质上必然体现为一种整体主义环境伦理思想。这一崭新的环境哲学思想的核心在于,主张生态系统的整体利益是人类应当追求的最高价值,把是否有利于维持和保护生态系统的完整、和谐、稳定、平衡与持续存在作为衡量和评判人类社会发展和生活方式的根本尺度和验证标准①。

由此可见,环境伦理学诸多理论之间的非此即彼,很大程度上也不过是各种不同的道德世界观和伦理世界观所作出的权衡与审视,是探索道德世界观之改变和伦理世界观之转变的一种实践哲学或哲学实践。从这个意义上说,整体主义环境伦理思想代表着当代环境伦理学理论由学派彼此分歧、对立走向多元价值对话,由理论对抗走向相互融合,代表着环境伦理学理论的多元整合趋向,同时也意味着其建构理论的哲学观基础的根本变革。

一、整体主义环境伦理思想的哲学世界观基础

环境伦理学的现实根源在于当代的环境保护运动,理论根源在于人们对生态环境危机的哲学反思。目前,学界对现代生态环境危机的反思,基本形成了一个普遍的认知:近代以来所形成的主客二元对立的哲学自然观,是导致环境问题或生态危机发生的根本原因。因此,如何从哲学观上建构一种合理正当的人与自然关系,弥合人与自然关系的疏离,将人与自然关系看作一个整

---

① 参见薛勇民:《走向生态价值的深处:后现代环境伦理学的当代诠释》,山西科学技术出版社 2006 年版,第 194 页。

体,就成为反对人与自然分裂、实现人与自然和谐及走出现代生态环境困境的必由之路。这就要求应进一步深刻思考:人与自然在何种意义上是一个整体?在"人与自然共同体"中人究竟处于何种位置?整体主义自然观能否理解为"人是自然的一部分"?以及如何理解整体与部分之间的辩证关系等?

整体主义环境伦理思想,不仅仅是把道德关怀扩展到生态系统,而更为重要的是,要从根本上将人同时置于自然与文化的共同背景之中,从而能够在自我的他在性、关系性和整体性中为人类的道德生存探寻并确立新的生态向度,实现人类诗意地栖居于地球。也就是说,整体主义环境伦理的自然观蕴含着人与自然关系的整体性、关系(有机)性和他者性等特征。

第一,整体主义环境伦理思想从"整体性"的视角来审视人与自然的关系,把人与自然看作是一个紧密联系的有机整体。

以利奥波德为代表的大地伦理学提出"大地共同体"概念,指出伦理关系的扩展是一种文明发展的必然,"土地伦理只是扩大了共同体的边界,它包括土壤、水、植物和动物",①即把包括山川、岩石、土地等无机界在内的整个自然界纳入道德共同体的范围,伦理关怀的范围超越了单个个体存在动物、植物甚至是某一个生命物种,以整体主义的视角把道德身份赋予整个生态系统,道德关怀人与自然生态系统关系的和谐。大地伦理学以生态学的知识为理论研究的范式,把人与自然的关系的有机整体性作为建构理论的基本价值诉求,强调人作为自然共同体的基本因素、生命共同体的构成成员、生态系统的普通物种以及生物网链上的一个重要环节,是构成自然的一分子。也正是在这个意义上,自然是一个有机整体,人是组成有机整体的必然要件。因此,维护自然生态系统的完善、美丽与和谐,则为人的存在提供了必要条件,而且生态整体的和谐、稳定与美丽被看作是最高的善。同时,维护自然的整体性是人的存在的最高目的,对人的存在具有着最高的意义价值。利奥波德深刻地洞见到,大地

---

① 阿尔多·利奥波德:《沙乡年鉴》,吉林人民出版社1997年版,第193页。

伦理学就是要实现"把人类在共同体中以征服者的面目出现的角色,变成这个共同体其中的普通成员和公民。它暗含着对每个成员的尊重,也包括对这个共同体本身的尊重"①。可见,整体主义环境伦理思想更加关注共同体而非有机个体,强调人与自然关系的整体性。

第二,整体主义环境伦理思想超越实体性思维范式,强调人与自然的关系(有机)性,认为人类社会是生态系统的一个最重要的子系统。

整体主义环境伦理思想的理论来源之一就是建构在现代生态学基础之上的生态哲学。这种生态哲学把世界描绘成彼此之间相互依存而又有着错综复杂联系的关系世界,其对世界认知的革新就在于由实体思维转向了关系思维。在生态哲学家看来,"自然界所有东西联系在一起,它强调自然界相互作用过程是第一位的。所有部分都与其他部分及整体相互依赖相互作用。生态共同体的每一部分、每一小环境都与周围生态系统处于动态联系之中。处于任何一个特定小环境的有机体,都影响和受影响于整个有生命的和非生命环境组成的网"②。因此,人类社会这一子系统内部关系的和谐、公平、公正,则是生态系统的和谐、稳定的重要前提。要解决人类社会面临的全球性生态环境问题,必须通过人与自然的关系、人与人之间的关系系统的合理协调,才可能实现。在整体主义环境伦理思想看来,人与人关系的改善、人的价值的实现、社会公平的形成、环境正义的实施等等,都是当代生态环境哲学需要解决的核心问题域和实践着眼的关节点。也就是说,整体主义环境伦理思想在寻求人类与自然的"和谐、稳定和美丽"时,不仅从人的自然生态属性,而且从人的社会文化属性为人类寻找栖息于美丽地球之基,即同时置身于文化和自然的整体背景下,将人的自然存在和道德存在方式统一起来,为人类社会的健康、持续、科学发展提供了理论来源。

第三,整体主义环境伦理思想对人与自然关系的认知超越,实质上表现为

---

① 阿尔多·利奥波德:《沙乡年鉴》,吉林人民出版社1997年版,第194页。
② 卡罗琳·麦茜特:《自然之死》,吉林人民出版社1999年版,第86页。

对主客二分、人与自然对立的机械二元论思维方法的超越。这里所体现的整体主义生态自然观，并不否定人与自然关系的他者性。

当代生态环境危机的发生和自然环境的残破，使人与自然关系问题成为不得不严肃反思的一个主题。西方近代形而上学自然观的缺陷，就在于只认识到人与自然之间的主客体关系，只把自然当作客体（对象）加以分析、解剖和拷问，把主客体关系变成唯一的关系。整体主义环境伦理思想主张要全面地、科学地认识人与自然之间关系的辩证性。应当说，人与自然的关系不仅包括主—客体关系，而且包括整体与部分、系统与要素之间的关系。整体主义环境伦理思想对人与自然的认知，不仅把人与自然关系局限于本体论意义上的整体性存在，同时更在辩证认知构成整体的部分与部分，抑或要素与要素构成的关系性存在，进而在认识论的维度更凸显有机整体的组成部分之间彼此的他在性存在。整体主义环境伦理思想提出以整体主义生态思维超越主客二分、二元对立思维，并不意味着要从根本上否定人与自然之间认识论意义上的主客体关系。因此，辩证认知主体与客体的相对性，人与自然在认知上的他者性，是科学认知人与自然关系的整体性和确立环境伦理的正当性必须深化的理论前提。

可见，整体主义环境伦理思想在当代环境伦理学理论发展内部，针对自然的伦理观念经历了一个从关爱生命实体到关爱整个生态系统的过程，使人的存在方式超越本能的栖息而实现了"诗意地栖居"，也使西方传统的哲学范式实现了由机械世界观向生态世界观的转变。从这个意义上讲，整体主义环境伦理思想是按照生态文明的价值和逻辑构思起来的生态哲学，是当代生态文明"活的灵魂"，具有普遍而深刻的哲学意义与现实价值。

二、整体主义环境伦理思想的哲学价值观基础

美国著名环境哲学家戴斯·贾丁斯指出，全部环境哲学的中心任务在于对"自然价值"范畴的思考。传统伦理学把人看成是一切价值的来源，非人

类的自然只有外在的工具价值，只承认自然的工具有用性，从未考虑过人类主体之外的事物的内在价值。这是因为自从启蒙运动以来形成的西方现代性道德，不仅存在着个人主义的狭隘、人类中心主义的偏执和物质性的低下等问题，而且在人与自然关系上存在着许多价值盲点。因此，只有拥有"内在价值"的存在物，才能享受道德关怀，成为义务对象的客观根据。也就是说，证明自然具有"内在价值"是自然能够划入人的道德关怀之内的重要依据。

无疑，整体主义环境伦理思想突破了传统自然价值观的局限。罗尔斯顿曾深刻地指出，"从狭隘的主观的角度看，大自然之所以有价值，就在于它创造并维持着人的生命，因而它只有工具价值。但是，从长远的客观的角度来看，自然系统作为一个创生万物的系统具有内在价值"①。这是因为，"生态系统不仅促进了个体的产生，增加物种种类，而且编织着更为宏伟的生命故事——创造出了万物之灵的人"②。在这一意义上说，自然不仅创生生命，经营生命，同时其自身也具有生命。因而，自然因其自身也就具有了内在价值，并且自然的内在价值是自然其他价值的根本之原。

有学者认为，可以把当代环境伦理价值观概括为共同体主义（亦可称为"合理整体主义"）自然价值观。这种价值观"强调个人总是生活于一定的共同体之中的，个人是不能完全脱离共同体的。一个人必须参与到社会的分工协作体系中，才能作为一个人活着，他必须与他人交流、沟通才能作为一个人活着……显然，社会的分工协作体系是一个整体，它超越于任何个人"。同样，地球生物圈也是个共同体，在"地球共同体"中固然"重视个人和动物个体的内在价值，重视个人在文化圈中的基本权利，但要淡化内在价值和工具价值的区别，主张通过考察非人事物对生态系统的贡献去衡量它们的价值，而不是

---

① 霍尔姆斯·罗尔斯顿：《环境伦理学》，中国社会科学出版社 2000 年版，第 269 页。
② 霍尔姆斯·罗尔斯顿：《环境伦理学》，中国社会科学出版社 2000 年版，第 255 页。

仅根据他们对人类的用处去衡量他们的价值"①。从根本意义上来说,整体主义环境伦理思想之所以为自然的整体性存在给以至高的尊崇,是对长期以来把人的价值、人的目的、人的需要的价值思维的批判和否定,是对人类沙文主义的否定和超越。因此,整体主义环境伦理思想实现把伦理视域中心由人类调整为人与自然关系的整体性,高扬整体主义的观点。

对于整体主义环境伦理思想的称谓,国内外一些学者中有人把其称为"生态中心主义",也有人把其称为"无中心主义环境伦理"。从表面上看,这些称谓只是文字表述的不同,而实质上则反映出对整体主义环境伦理思想的本质特征的不同认知。在后一种称谓提出者看来,整体主义环境伦理思想的基本前提是"非中心化",它的核心特征是强调整体的存在及其整体内部的联系,而绝不把整体内部的某一部分当作整体的中心。深层生态学主张,"人既不在自然之上,也不在自然之外,人只是不断被创造的一部分。人关心自然,尊重自然,热爱并生活于自然之中,是地球家庭中的一员,要听任自然的发展,让非人的自然沿着与人不同的进化过程发展吧!"②可见,整体主义环境伦理思想要求人类在自然面前保持谦卑敬畏和关怀的态度,恪守对自然的责任。因此,要缓解和消除当代凸显的人与自然关系的危机,人们就必须跳出传统人类中心主义观念的局限,努力从生态系统的整体利益出发思考问题,并以这样的思考约束自己的生活和发展。

在这里,环境伦理的整体向度,不只是人类对人与自然关系的道德觉悟,更是整个人类伦理文化的进步,"环境伦理学使西方伦理学走到一个转折点"③。也就是说,整体主义环境伦理思想突破了传统自然价值观的局限,实

---

① 卢风:《价值论个人主义与整体主义》,《华中科技大学学报(社会科学版)》2007年第2期。

② R.T.诺兰:《伦理学与现实生活》,华夏出版社1988年版,第454页。

③ 霍尔姆斯·罗尔斯顿:《尊重生命:禅宗能帮助我们建立一门环境伦理学吗》,《哲学译丛》1994年第5期。

现自然价值观上的哲学范式转变,用全新的视角认知"人与自然共同体"的有机整体性,倡导人类跳出近代工业化以来的旧思路,超越人与自然关系的对立,追求人与自然关系的和谐统一,反对人类支配自然、物种主义、人类沙文主义以及人类中心主义。日本学者岩佐茂赞成把整体主义环境伦理思想称为"宇宙飞船伦理"①。认为地球生态系统是一个封闭的整体,整体主义环境伦理实质上是一种"地球整体主义",生态系统的可持续性存在是人类社会可持续发展的前提。而环境伦理实质上旨在协调好人类的物质欲望、经济的增长与保护自然生态系统完整之间的关系。

三、整体主义环境伦理思想的哲学方法论基础

肇始于西方启蒙运动以来的"祛魅"自然(世界)观,其背后是以主体与客体对立、自然与社会二分、事实与价值分离、真理与美德割裂为特征的机械思维模式。在这种思维范式描画的世界图景中,只有人是主体,一切非人的存在皆为客体,人类征服自然是完全正当的。整体主义环境伦理思想致力于消解人类中心主义价值观,转变传统主客二元对立的思维模式,这一"环境伦理学把我们从个人主义的、自我中心的狭隘视野中解救出来,使我们关心生态系统的大美"②。整体主义环境伦理思想的革命性就在于以整体主义的生态思维方法对西方个体主义和自由主义的根本性颠覆,探寻用系统整体论的观念和方法来考察人与自然的关系。

从思维范式来看,整体主义环境伦理思想发轫之流派——大地伦理学,运用生态哲学蕴含的整体论的思维模式,倡导人类站在生态系统的视角审视人与自然的关系,提出应对自然采取"像山一样思考"的思维方式,以一种有机

---

① 岩佐茂借用了美国生态经济学家 K.F.鲍尔丁的"宇宙飞船地球号"概念。随着地球资源与地球生产能力的有限性,或者说全球环境问题受到关注,这一概念也开始作为比喻得到广泛流行。这一概念包含两个意思,即地球作为相对封闭的系统是一只有限的"宇宙飞船"以及与地球共命运的人类是"宇宙飞船的乘务员"。

② 霍尔姆斯·罗尔斯顿:《环境伦理学》,中国社会科学出版社 2000 年版,第 373 页。

的、整体性的观念来看待自然,也就是要人以自然共同体的普通一员来理解自然、看待自然和关怀自然,而不是站在自然之外,作为区别于自然客体之外的价值主体的姿态审视自然。深层生态主义者继承了整体主义的共生原则,借助于现代生态学系统所提供的相关知识,以生态整体论的方法与原则把人类价值和自然价值并举,认为生态环境危机的本质就是人类的错误的世界观、方法论以及对自然功利主义的态度,通过对传统主客二分、二元对立的还原论思维方法的批判,建构了整体主义生态思维方法。

值得关注的是,我国学者也对现代西方环境伦理学的整体主义诉求进行了合理论证。认为,现代系统论和复杂性科学研究揭示了整体和部分之间的复杂性关系以及复杂系统整体实现的机制,进而提出系统整体论的理念正影响并改变着科学研究范式和人类的思维范式,能为整体主义环境伦理思想的建构提供哲学世界观和思维方法的启示。整体主义环境伦理思想彰显的理论思维范式实质上是与以整体"涌现性"思维、非线性思维、关系思维和过程性思维为主要特征的复杂性思维完全一致的。从根本上讲,整体主义环境伦理思想对自然生态和社会问题的探讨,正是复杂性思维的一次极好的应用。由此可见,复杂性科学为代表的思维范式对整体主义环境伦理思想建构和理论发展有非常大的启迪与借鉴价值,只有自觉地采用这种思维范式和研究方法,才能与作为这门学科存在论基础的生态世界观相适应,才能在环境伦理学的研究中有真正深刻的发现。

同时,整体主义环境伦理思想运用直觉方法体认人与自然关系的整体性。整体主义环境伦理思想的代表流派深层生态学,倡导"直觉"方法探寻人与自然关系之间客观的"深层生态智慧",对工业文明以来人类价值以及文明形态进行反思,以寻找一种积极的、深层的拷问生产活动、生活方式和文化价值而获得的理性认知。正如其代表人物阿伦·奈斯所说,"深层生态学运动的规范和趋势并不只是通过逻辑和归纳衍生于生态学。生态学知识和生态学野外工作者的生活方式启发、产生并支持了深层生态学运动的各种观点"①。由此可以清楚地看到,深层生态学家所持的许多观点大大地超出了被视为经验科学的生态学的范围。凭借直觉的方法,另一位深层生态学家 W. 福克斯认为,"存在领域没有严格的本体论的划分。也可以这样说,世界并不是分割成各自孤立存在的主体和客体,事实上人类和非人类领域之间并不存在根本的分歧,而是所有的存在物都由它们的各种关系所构成。我们在多大程度上意识到我们的界限,我们就在多大程度上缺乏深层生态意识"②。可见,整体主义环境伦理思想的方法论思路不同于把人与自然对立起来的现代性的机械思维,而是倡导人与自然的"同一性",它以事物之间都存在着有机的内在联系、世界是一个活的生态系统为哲学基础,通过论证人是自然进化的产物,强调人与自然的同一,进而论证自然的"尊严""价值"与"神圣",以及人的存在是心灵的深层满足和敬畏自然的谦卑之心的持有。

因此,也正是在环境伦理学建构的方法论意义上,"整体主义环境伦理是最具创造性的、引起注意的、可以行得通的选择"③,即整体主义环境伦理思想要求在生态实践中,从主观因素与客观因素、人与自然的有机统一中把握对象,科学内在地把握自然的价值和人类的价值,相信一切存在物的存在都是有价值的存在,尊重生命价值的至上地位,维护生态系统的多样性和复杂性,采取道德的态度和伦理方法来运用科学与发展科学,积极探求人与自然和睦相处的新思路、新方法。同时,整体主义环境伦理思想认为,无论是在理论原则,还是实践价值导向方面,"直觉并非拒斥对伦理对象的逻辑分析,抽象的逻辑分析在道德认识中也是必不可少的,只是它们在科学认识和道德认识中所发挥的作用和侧重有所不同罢了"④。

---

① W.Fox.*Deep Ecology A New Philosophy of Nature*.The Ecologist,1984,14.
② W.Fox.*Deep Ecology A New Philosophy of Nature*.The Ecologist,1984,14.
③ J.Baird Callicott.Animal Liberation:*A Triangular*.Environment Ethics,1980,pp.311-338.
④ 薛勇民等:《论深层生态学的方法论意蕴》,《科学技术哲学研究》2010 年第 5 期。

可见,整体主义环境伦理思想试图从环境伦理学建构理论体系的方法论层面,依据现代生态哲学、复杂性哲学以及后现代哲学思维方法,对近代以来建构在主客二分、人与自然对立、事实与价值二分的机械性、对象性思维进行理性批判,以期建构"人—自然—社会"协同共存、有机统一的整体主义世界观,实现哲学世界观意义上人与自然在本质上的融合,为科学的环境伦理何以存在找到一种新的伦理认知范式。

综上所述,整体主义环境伦理思想之于哲学观的变革要求就在于,从根本上诉求整体主义的生态世界观、整体主义的生态价值观和整体主义的生态方法论,以整体主义的视角重新审视并建构全新的环境伦理思想的世界观、价值观和方法论。

第二节　整体主义环境伦理思想的理论渊源

对整体主义环境伦理思想的思考与建构,有必要深入中西方哲学思想和现代科技文化资源之中,探寻合理正当的人与自然关系的有机整体性的理论基础和思想根源。

一、西方哲学的整体论思想

严格地讲,整体主义思想并不是现代的独特"专利",它有其深远的历史渊源。美国学者阿尔奇·J.巴姆基于对整体与部分关系的分析,把整体论思想分为三类:朴素整体论、机械整体论与系统整体论。朴素整体论强调整体与部分神秘一体,机械整体论强调整体等于部分之和,系统整体论强调部分与整体具有彼此相互依赖性。通过对整体论的历史脉络的分析与考察,从总体特征上看,古希腊哲学的整体论具体地表现为朴素的直觉整体论,近代哲学的整体论相对应地表现为机械的集合整体论,当代哲学的整体论具体地表现为辩证的有机整体论。

1. 古代朴素的直觉整体论

在古希腊,最初的哲学虽然都集中于对具体万物的存在的探讨,如米利都派的哲学家分别认为水、无限者或气是构成万物的本原,但其探寻的主题都在于对世界"基始"的追问,认为宇宙是一个由这些本原自我循环变化的自然总体。毕达哥拉斯曾认为,自然就是一个追求最初的和谐,世界的本原是数。赫拉克利特在《论自然》中则说:"世界是包括一切的整体,自然是由联合对立物造成"。由此可见,哲学初始阶段,人类所认知的自然带有朴素直观的因素,对世界本原的论证往往从现实的具体事物中寻找。但是,这种朴素直观却充分体现了人类整体性的认知思维方式,体现出古代哲人从整体性的视角对自然本质的阐释。

同时,在古代社会,这种素朴整体主义的认知自然的思维方式也反映了当时人类表述生活的一种叙事方式。犹如科学史家李约瑟所指出的,古代人在整个自然界寻求的是秩序和谐,并将其视为一切人类关系的理性。人类在文明的早期对自然的整体主义的认知方式,对自然的行为实践态度,与现代人对自然的冷漠和无视有本质的不同。在古代,自然并不是某种应该永远被意志和暴力征服的具有敌意与邪恶的东西,而更像一切生命体中最伟大的物体,应该了解它的统治原理,从而使生物能与它和谐共处。当然,朴素的直觉整体论是人类文明早期对自然认知的一些带有朦胧色彩的思辨性的认知结果,缺乏实证的科学知识的理论支撑,是直觉思维模式下的一种朴素的理性认知,因而基本停留在天才的预言阶段。

但是,关于人与自然关系的这种朴素直观的整体论思想却蕴含着人对自然的一种合理的态度。这种朴素的整体论透过人对自然整体性的认知,体现的是一种直觉的整体的认知思维方式和生态的、谦卑的处理人与自然的合理理念。在古人那里,自然不仅仅是人的对象化的物质资源库,同时还兼有人的精神家园和人的意义追寻的合理证明。正是这种朴素直观整体论的思维方法,为整体主义环境伦理观提供了一种古朴的思想来源。

2. 近代机械的集合整体论

如上所述,从对世界本原的追问开始,人类就以整体主义的视角解释世界的构成。虽然古希腊时期的"智者"亚里士多德也思辨地提出"整体大于部分之和"的睿智思想,但从根本上讲,远古时期人们对世界整体性的认知还是朴素的和直观的。直到近代,随着人与自然关系的不断深化,特别是近代科学对世界解释的清晰化,关于整体与部分的关系、人与自然的关系才由笼统走向具体。总体上看,建立在现代科学认知基础上的整体论,也只是一种机械的集合整体论,其思想的核心特征在于把整体视为部分的机械性集合。

在机械集合整体论看来,整体都是由部分所构成。任何的整体都可以还原或分解为无限小的部分,整体的属性就是部分属性的机械的总和,即整体是部分的集合。同时也意味着部分不具有其构成的整体的全部属性和功能,离开整体的部分就不是整体的构成,整体的功能引起构成整体的完整性而才被称之为整体。这里,这种机械的集合整体论把事物机械地拆零为各个孤立的具体的部分,其对整体与部分之间的关系认知坚持一种还原论的方法,认为机械性是连接整体与部分之间关系的基本特征,整体与部分之间的二元之分是其最显著的表现形式。

可见,机械的集合整体论不能辩证地认知整体与部分之间关系的有机性和整体性,只看到整体与部分之间关系的简单性和机械性,未能超越还原论和实体论的近代哲学思维方式,把人与自然关系的辩证整体性以机械的主客二分来理解,最终导致人与自然关系的危机和人类生存的危机。因此,实现人与自然关系的和谐共生,必须以辩证的思维方法认知人与自然关系的整体性,以辩证思维对机械思维进行扬弃。

3. 现代辩证的有机整体论

马克思主义哲学认为,辩证思维是一种根本的、科学的思维方式,是人类思维发展的历史必然和最高形态。19 世纪中叶以来,科学技术的发展不仅推动了人类物质文明的进步,而且使人类对自然世界的认识也具有了强有力的工具和手段,尤其是 20 世纪中叶以来兴起的一般系统论、复杂性理论等越来越清楚地向人们揭示了,世界是一个复杂的有机系统,而系统内部各要素的辩证联系则是有机整体的突出特征。

概括地说,辩证的有机整体论强调应注重研究系统的整体性,认为系统的"整体性"是其最重要的特质,整体与部分、部分与部分以及系统的内部与外部之间相互关系的辩证整体性是其最突出的特点。这一现代辩证的有机整体论的最大成就在于科学地诠释了一种整体主义的思维方式。

在人与自然关系问题上,有机整体论认为,自然的有机整体特性是构成自然生态系统的各个要素所不能具备的。正是在这一意义上,辩证有机整体论从人与自然关系的辩证性的维度建构的环境伦理观就是要实现这样的价值认知,"世界的形象既不是一个有待挖掘的资源库,也不是一个避之不及的荒原,而是一个有待照料、关心、收获和爱护的大花园。"①可见,辩证有机整体论既继承了古代整体论的朴素智慧,又扬弃了近代机械整体论的主要局限,因而是一种最高形态的科学整体论,对人类认识史具有重要的意义。

二、中国传统文化的生态整体智慧

一般来说,中国传统文化是以儒家思想为主流,其中又贯穿着儒释道思想的交融。深入梳理和分析中国古代先哲典籍可以发现,其中蕴含着十分丰富的生态智慧。

---

① 大卫·格里芬:《后现代科学》,中央编译出版社 1995 年版,第 121 页。

1."天人合一"的生态整体智慧

天人关系是中国哲学的基本问题,"天人合一"是中国哲学的基本精神。其核心在于追求人与自然的和谐统一。中国哲学"究天人之际"最深刻的含义之一就是,承认自然界不仅是人类生命和一切生命之源,而且是人类价值之源。在儒家文化看来,"天人合一"实际上是说人的一种在世关系,人与包括自然在内的世界的关系,这种关系不是对立的,而是交融的、一体的。这就是中国古代哲人所倡导的存在论生态智慧。

第一,"生生之为易"的整体存在论。"天人合一"思想起源于中国传统文化原典《周易》。《周易·系辞下》中讲到,"古者伏羲氏之王天下也,仰则观象于天,俯则观法于地,观鸟兽之文,与地之宜,进取诸身,远取诸物,于是始作八卦,以通神明之德,以类万物之情。"主要揭示了生生者自然万物何以存活、何以为自身的必然生存法则,易者万物变化的本性,说明了世界是一个生生不息,互相交织,你中有我、我中有你的一种认知过程。从这样的意义上说,所谓的"生生为易",乃是自然万物生存发展的基本规律和运动发展的基本法则。可见,在远古时代的人就已深刻地认知到,人与自然的关系并不是彼此对立对抗的本质性存在。

"生生为易"作为中国传统文化所特有的生存论的智慧哲思,其关于人与自然关系的认知是完全有别于西方世界的演说路径,更与现代哲学阐释的人与自然关系存在本质的不同。客观地说,一方面人是自然界的一部分,另一方面自然界又是人的生命的组成部分。人与自然的关系在一定层面上虽有内外之别、主客之分,但就其整体性而言,则是内外统一、主客合一的。可见,"生生为易"的人与自然关系的本体论哲思实质上体现的是一种整体主义生态智慧。

第二,"畏天命"的自然敬畏之心。孔子曾说:"君子有三畏:畏天命,畏大人,畏圣人之言"(《论语·季氏》),其中将"畏天命"放在了首位。他曾谈论,古代贤君尧之所以伟大，就是因为尧效法于天，"大哉，尧之为君也。巍巍乎！唯天为大，唯尧则之"（《论语·泰伯》）。孔子所说的天，就是自然界。"天何言哉，四时行焉，百物生焉，天何言哉！"（《论语·阳货》）四时运行，万物生长，就是天的基本功能。也就是说，大自然以其客观运行、繁盛万物并以此教育人类，成为人类永恒的向往与期许。

当然，孔子的"天"的内涵中除了自然之外，还有神秘的神性色彩。他在回答卫国大夫王孙贾有关如何祭祀的请教时，回答说："不然，获罪于天，无所祷也。"（《论语·八佾》）这种对天的敬畏与神秘之感，在那样一个科技落后的时代是十分自然的，其宿命论与神秘色彩亦是十分明显的，但值得肯定的是，其中主要还包含着对自然之天的适度敬畏，且孔子还在一定程度上将自然看作是一种不以人的意志为转移的客观存在。这也要求人们应在内心深处有一种对自然客观性的向往和诉求。

第三，"仁爱万物"的生态人文精神。儒家思想的核心是"仁学"。那么，什么是"仁"呢？孔子曰："仁者爱人"。对于"仁者爱人"的内涵，孔子作了很多论述，其中包含着古典生态人文主义的思想。孔子在回答"怎样才能成为君子"时说："修己以安百姓，尧舜其犹病诸！"（《论语·宪问》）也就是说，"仁"的一个重要内容就是修炼好自己以达到"安百姓"。这里的"安"，最为直接的含义当然有"安居"之意，也就是使百姓有自己安定的生存家园。这是中国古代生态与生存论、哲学与美学思想的一个重要标志。北宋哲学家张载从人到万物同受天地之气而生出发，提出"无一物非我"，进一步提出"民吾同胞，物吾与也"，即将人民都看作自己的兄弟，将万物都看作自己的朋友。这一思想成为中国古代儒家理论中"人与万物平等"思想的典型表述。

综上所述，儒家提倡的"天人合一"思想是中国古代哲学基本问题的深刻表述，儒家生态智慧为整体主义环境伦理思想的发展完善提供了宝贵的资源。

2."道法自然"的生态整体智慧

道家"道法自然"的思想作为东方古典形态的、具有完备理论体系和深刻内涵的"生态智慧",实为救治当代社会和精神疾病的一剂良药。

道家的生态智慧主要体现为"万物齐一"的整体平等观。道家认为,"道"存在于万物之中,万物之间互相作用,一切事物的存在都具有其合理性。所以,万物在道德面前一律平等。道德赋予了万物平等存在的可能性,这就是道家思想中在道德面前万物平等观念的体现,也是转换到"物无贵贱"道德论的说明。为了表明这种"物无贵贱"的思想,庄子认为:"以道观之,物无贵贱。以物观之,自贵而相贱。以俗观之,贵贱不在己。"(《庄子·秋水》)这也表明真正的区别在于人,不同人的价值尺度不同,所以结果往往不同。一切事物往往都是以自我为中心来看待其他事物的,于是就导致了传统人类中心论所认为的自己是最为尊贵的,而周围其他事物却比自己低下,常常从自然对人的效用方面来衡量自然的价值。但道家看来,自然万物皆平等,无贵贱之分,即每一个事物都具有其内在价值。正如老子所言:"人无弃人,物无弃财。"(《老子·第二十七章》)"人之不善,何弃之有?"(《老子·第六十二章》)也就是说,不论是人还是自然,万物皆有其内在的价值,人类不应漠视自然的价值,而应努力去发现和表达他们。

道家的这种生态智慧,从一定意义上讲,可谓先知先觉。因为早在千古年前,道家就提出了在处理人与自然的问题时必须做到和谐、协调。在远古时期,就能够告诫人们:为了生存,人类应尽力去适应自然的发展要求,而不是去强迫自然或破坏自然。遗憾的是,现代人并不能摆脱那种恒常的人类中心主义的价值观念,即在做事情之前首先考虑自己的得失与利害关系,很少能想到自身的行为会对其他事物造成何种后果。这种行为被西方人称为"本我",也是人的自然行为。但是,为了生存以及人与自然和谐发展,人类必须不断完善自身,使"本我"向"自我"转化。为此,需要人类首先打破自身中心价值观,将自己投身到整体自然中去,这样才会提升人的境界,使人类实现生态人的本真境界。到此时,人类将不再只考虑自身的生存和安全,而是把自己融入整个自然生态中去思考。显然,在道家看来,天人之间不仅存在天人同大、天人不相胜的一面,同时也存在天人相融合、天人共通的一面。特别是作为道家开创者的老子,更是一位中国古代最早对人在宇宙中的地位具有清醒、合理认识的哲学家。

3.“众生平等”的生态整体智慧

佛教主张“一切众生,悉有佛性”的尊重生命、万物平等的整体主义智慧,也为整体主义环境伦理提供了重要的思想文化支撑。罗尔斯顿曾把佛教尊重生命、众生平等的价值观看作是建立现代整体主义环境伦理的自然价值论的最有价值的理论借鉴。从一定意义上讲,西方传统伦理学远不如东方哲学重视人类主体之外存在的自然事物的价值。禅宗就有一种十分可贵的对生命尊重的思想观念,反对对资源和环境的破坏和侵占,要求对人类的欲望必须加以限制和控制。禅宗佛教认为,人类只有坚持和给予所有事物的完整性,而不是剥夺个体在宇宙中的特殊意义,才能在现实中把生命的科学和生命的神圣统一起来。

第一,“佛性缘起论”的整体世界观。“佛性缘起论”是佛教生态智慧的哲学基础,是佛家有关宇宙、人生起源方面的基本观念。按照佛教内涵解析,所谓“缘起”,则是指现象界的一切存在都是种种条件和合而成的,而不是孤立的存在的。可见,佛教强调“因缘”关系,注重事物何以存在、发展的依赖条件,就是一种普遍联系和内在联系的看问题的整体方法。在佛教智慧里,“因”仅指万事万物的内在原因,“缘”则是指万事万物的间接辅助原因。故而,在佛教看来,因缘又被解释为“内因外缘”。可以这样说,一切事物因因缘而生,同时也因因缘而灭,因缘的世界乃是万事万物存在的条件和颠扑不破的真理。这种“佛性缘起论”所体现的是一种整体主义的世界观。

第二，"众生平等论"的整体价值观。佛教所谓"众生平等"，其理论基础来源于"佛性缘起论"。佛性缘起论认为，世界万物的根源是作为无相的佛性，所以万物皆平等。正如《华严经》所说，所谓一切法无相故平等，无体故平等，无生故平等，无成故平等，本来清净故平等，无戏论故平等，无取舍故平等，寂静故平等，如梦、如幻、如影、如响、如水中月、如镜中相、如焰、如化故平等，有无不二故平等。这里所说的"无体""无生""无成""无取舍"等，充分体现出佛性"无相"的基本特征，说明万物都以佛性"无相"为本，因而是平等的。这就是佛家的"依正不二"所决定的万物在根本上的无差别论。同时，佛教进一步认为，一切万物有情有性、平等存在、彼此关爱，世界因此而繁华。这就是佛教倡导的"众生平等观"蕴含的生态整体智慧。

第三，"戒杀护生论"的整体德行观。"戒杀护生"的主张是佛家一贯提倡的，而且他们还倡导对那些无情识的世界万物也应该充满关爱。佛家承认人对周围环境的依赖，人的存在必须以自然环境的存在为前提，二者之间关系密切，关心爱护自然就是关心爱护自身的人类社会。佛家主张"众生皆有佛性"的观点，认为即使是没有情识的花草树木、河流等，也都具有佛性，是佛性的体现。世间万物，无论是青青翠竹，还是鲜艳花朵，无论是青山绿水，还是百草树木，无论是人类，还是其他有生命的物种，一切万物的存在都是佛性的体现，皆具有佛性。在佛家看来，自然为人类的生存提供的不仅是生活必需品，而且还为人类创造了精神支柱，陶冶人的性情，增长人的见识，以及提高人的智慧。这样，对于人类来说，自然不只是简单的具有工具的价值，为人类所利用，更重要的是它可以满足人类多方面的需要，不断给人类提供精神的养料。这也正是自然内在价值的体现。由此，人类应关爱自然，就成为佛教一贯倡导的观点。

诚然，中国古老的生态智慧植根于农业文明的深厚土壤，有着自身特定的文化内涵，有别于西方现代的环境伦理思想。但是，儒家的"民胞物与"、道家的"道法自然"、佛家的"众生平等"等东方文化，以"天人合一"的整体主义哲学观为当代人类战胜日益加剧的环境问题提供了独特的思想识度。故而,深层反思东方文化中的整体主义生态智慧,能为当代环境伦理学的补缺与完善提供重要的精神文化资源。

三、现代科学理论的整体主义思想

虽然现代科学的发展是建立在近代机械论世界观基底之上的,但以现代生态学、复杂性科学为代表的科学理论的发展,在某种程度上又对其机械式结构实现了一种修正和超越。特别值得关注的是,现代生态学科学的理论发展要求从生态系统的整体性的视野来认知人与生态系统、人与周围环境之间的关系的系统性和共生性;复杂性科学理论通过揭示自然系统的复杂性特征,阐明人与自然关系的整体性意蕴。

1.现代生态学的整体主义思想

实际上,"生态学思想"的起源可以追溯到遥远的古代。但是,生态学作为一门独立学科知识体系的出现,却到了 20 世纪 60 年代之后。1866 年,德国胚胎学家海克尔在《有机体的普通形态学原理》一书中首次提出"生态学"概念。他指出,所谓生态学就是"关于活着的有机物与其外部世界,它们的栖息地、习性能量和寄生者等的关系的学科"[1]。

从现代生态学最新的理论成果和知识体系来看,自然的系统整体性是其首要的基本特征。其实,现代生态学关于自然界有机整体性的科学解释并不是在一开始就清晰可见,生态学对自然的探索和认知经历了一幅从原子到生物圈的层层整合的自然图景,主要表现为原子—分子—细胞—组织—器官—系统—有机体—种群—群落—生态系统。在这样一个逐级向上的整合过程中,每一个有机体(包括人类)都是扩展了的共同体中的一员,每个成员与其

---

① 唐纳德·沃斯特:《自然的经济体系:生态思想史》,商务印书馆 1999 年版,第 234 页。

他成员都以相互依存的形式存在。可见,现代生态学正是在对生命有机体、自然生态系统的不断认知中发现自然界的事物之间其实都是彼此相互联系,相互之间构成一个有机的生态整体。自然万物呈现为彼此之间相互依存、内在关联的有机整体,无论是小的单个生命个体的存在,还是一个大的生态系统的存在,都是一个有机整体的存在。由此可见,现代科学生态学的关于自然生态系统的知识解释以及人与自然关系的系统论证为整体主义环境伦理提供了科学的理论支撑。

同时,现代生态学诉求的有机整体主义思维模式并不是对分析方法的简单的否定。相反,现代生态学作为一种与现代分析性科学认识不同的整体性思维方式,不仅不排斥分析,还包容了所有现代严格的分析技巧,特别是从一定意义上还超越了分析。可以这样说,以现代科学生态学为基础的有机整体思维模式取代了以经典力学为基础的机械论思维模式,使现代人类认知世界的思维方式发生革命性的改变,同时科学生态学也为古代朴素直观整体论提供了科学的理论基础。在一定意义上说,有机整体论的思维方法不仅仅是现代科学生态普遍遵守的思维方法,同时也具有人类思维的普遍方法论意义。

2. 复杂性科学的整体主义思想

学术界普遍认为,复杂性科学理论肇始于路德维希·冯·贝塔朗菲。早在 20 世纪 20 年代,这位奥地利生物学家在生物学研究中便提出"机体系统论"的学说。他从生物学的角度出发,认为生命有机体是一种具有主动性的动态整体系统。之后,以比利时物理学家伊利亚·普利戈金的耗散结构理论为代表,以哈肯的协同论、艾根的超循环论和博内·托姆的突变论为呼应,现代物理学成就了著名的自组织理论——在一般系统论之后,将复杂性科学理论推向新的高度。

在复杂性科学看来,系统的整体性具有以下三个层次理解:"作为整体性的系统概念——与分析和累加观点相对立;动态性——与静态和机械理论相对立;有机体的主动性概念——与有机体原本是反应的系统概念相对立"[1]。

复杂性科学理论对自然的基本认识的响亮口号就是:"自然界没有简单的事物,只有被简化的事物。"[2]复杂性理论是一套崭新的科学理论,是一种与经典科学完全不同的理论,通过对生命有机体复杂性的阐释,通过对无生命系统的非平衡状态的能量涨落层次的科学诠释,体现了对牛顿经典科学知识体系预设理论的清醒批判,超越了经典科学所秉持的理性思维逻辑。可以说,现代科学的一个重大挑战是沿着阶梯从基本粒子物理学和宇宙学到复杂系统领域,探索兼具简单性与复杂性、规律性与随机性、有序与无序的混合性事件。同时我们也需要了解,随着时间的推移,早期宇宙的简单性、规律性及有序性怎样导致后期宇宙中许多地方有序与无序之间的条件的形成,从而使得诸如生物这样的复杂适应系统及其他一些事物的存在成为可能。从根本上讲,复杂性科学作为一种现代融摄性复杂性哲学的理论,必定能够最终打破人为设置的科学与人文的界限,使人与自然重新建立起健全的有机关系,为整体主义进路科学认知人与自然关系提供一种具有实际意义的合理阐释。

综上所述,现代科学的理论从实证分析的角度科学诠释人类生活的大自然蕴含的复杂性、整体性和系统性,为建构人与自然和谐关系提供科学支撑,使人类科学认知人与自然关系,以生态系统普通一员的生态公民,承担维护生态系统和谐、稳定和美丽的伦理责任。

第三节　自然价值论的整体主义立场

作为当代生态伦理观的重要理论基础,自然价值论只有在生态整体主义的视野中,才能展现出自然价值的多维本质,其确立才具有独立的理论意义,

---

① 路德维希·冯·贝塔朗菲:《生命问题:现代生物学思想评价》,商务出版社 1999 年版,第 22—23 页。

② 莫兰:《复杂思想:自觉的科学》,北京大学出版社 2001 年版,第 137 页。

并成为对于人类价值观念的一种反思。在这个意义上,自然价值论本身内蕴了一种立场,这一立场则是超越于人类中心主义与工具理性主义的自然观,甚至超越所有传统的中心论,而走向一种整体主义的思考向度。

一、自然价值的生态整体性

对于自然价值论的探讨,首先应深入思索、剖析“自然”和“价值”这两个概念。如果以一种超越现代性的方式去思考的话,则会发现“自然价值”这一概念在生态哲学的发展中被赋予了更为丰富的内涵,这些内涵就构成了自然价值论得以成立的根基。

1. 自然多维价值之间的有机联系

随着当代自然科学的证明和人文思想的反思,过去那种将“自然”作为一个巨大的、无限的“资源库”的思维已无法成立。罗马俱乐部在《增长的极限》已经明确了这一点,而且自然的有机性、多元性、生成性都得到了普遍的认可。立足于生态哲学的视角来看,自然对于人类社会的基础性意义愈加凸显了出来。无论在什么时候,人类首先是背靠自然生存的,失去了自然的支撑,人类的一切价值都将不复存在。这时的“‘自然’,也即生命,指的是存在者整体意义上的存在”,“我们在这里必须在宽广的和根本的意义上来思自然,也即在莱布尼茨所使用的大写的 Natura 一词的意义上来思自然。它意谓存在者之存在”[1]。

与此同时,自然也是必须由人类来展现的,自然价值必须经由人类的承载才能从隐蔽走向显现。自然价值论的代表人物罗尔斯顿指出:“要谈论任何自然价值,我们都必须对它们有一种切身的感受,即在我们的个人经历中充分地‘拥有’了这些价值,从而能对它们作出判断。”[2]在罗尔斯顿看来,自然价

① 马丁·海德格尔:《林中路》,上海译文出版社 2004 年版,第 291 页。
② 霍尔姆斯·罗尔斯顿:《哲学走向荒野》,吉林人民出版社 2000 年版,第 121 页。

值可分为经济价值、生命支撑价值、消遣价值、科学价值、审美价值、生命价值、多样性与统一性价值、稳定性与自发性价值、辩证的价值、宗教象征的价值等10个层次,其中的每一个层次都必须经由人的主观能动性才能有所体现。这也就对应了"自然人化"或"人化自然"概念。

由此来看,自然的内涵中至少应该包含两个层面:一是作为万事万物的根源和"基底"的存在;二是作为与人类互动的各种外在的自然环境要素的整体。这里,无论从哪个层面来看,自然及其价值本身都必然会超越独断理性主义立场上的"物化"自然或工具理性主义立场上的"单向度"的自然。

2. 自然内在价值与外在价值的辩证统一

进一步来看,自然的价值体现出来的是一种人与自然的互动关系,这种互动同样引发了人们对于"价值"本身的一个反思。从根本上讲,价值内在地具有属人性,必须通过人这一主体的参与才能显现。传统价值论认为,价值可以分为内在价值与外在价值,前者以自身为目的,后者则是一种外在的工具性价值。无论哪种价值,都必然产生于一种关系中。即使站在人类主体性的认识角度来看,价值作为一种主客体关系的体现,一定不是一个单向的概念,也不能认为价值的来源完全依赖于主体的某种需要,不能单纯地以人的需要来裁剪自然价值。

应当强调的是,自然不能等同于"自然物"。它不是一个集合概念,而是一个整体的动态存在,甚或可将其理解为一个有机的生命体,由于自然生态自身的运行和自我调适,使之不可能以某种静态和稳定的方式提供固定的"价值"。人类的需要同样也不是任意的,其产生之初必然受到自然环境的约束,任何"越轨"的需要往往会遭到严厉的惩罚。因此,"我们不要过分陶醉于我们人类对自然界的胜利。对于每一次这样的胜利,自然界都对我们进行报复。每一次胜利,起初确实取得了我们预期的结果,但是往后和再往后却发生完全不同的、出乎意料的影响,常常把最初的结果又消除了"①。

更为重要的是,自然与人类之间的实践关系也并非一方主动行为、另一方被动接受的机械关系,而是一种彼此的相互适应关系。这种关系类似于后现代思潮中的"主体间性",即双向互动关系。在这一背景下,"价值"不是由人的需要或人的行为创造出来的,而是通过人的实践,由"遮蔽"走向"在场"。也就是说,具有内在属人性的价值并非人的随意创造,它至少需要一个更为根本的超越性的载体。

3. 自然价值整体维度的确立

当重新认识了自然与价值之后,就可以在更深的层次上看待自然价值了。

一方面,自然价值不是所有自然物的价值之和,而是一种超越性的价值。它要求将自然作为一个动态的不断变化的整体来理解。自然价值不仅涵盖了各种自然物的价值属性,而且让这些价值彼此联系,相互影响,从而形成一个巨大的价值网络。只有在这一网络的动态平衡中,每一种价值才能得以实现。同时,在这一网络中,任何一种高价值的变化都会对自然价值的整体发生一定的影响,这种影响有时会有那种"牵一发而动全身"的连锁反应。在这个意义上,人不能以凌驾于自然之上的态度来俯视自然价值,而应该在这一价值网络中寻找其自身恰当的位置,从中展现出人与自然的价值关系。

另一方面,自然价值如果与人类的需要相对应,也必须以"大写的人"来理解人类,即要从"类意识"的角度来看待人的多元需要。换句话说,即使人是从自身的需要来看待自然价值,也必须意识到自身的需要是一个相互联系的多元体。多元的需要意味着,人类自身的价值实现也需要置身于自然的动态平衡之中。

---

① 《马克思恩格斯文集》第9卷,人民出版社2009年版,第559—560页。

由此可以看出,自然价值的提出和反思本身则印证了人与自然之间的价值关系从来就不能割裂看待。人与自然在彼此的互动中体现出整体性的特征,而且二者的价值也渐渐走向一种融合,越是强调对方价值的重要性和自在性,自身的价值体现就越完善。

二、自然价值论的生态整体主义辨析

要进一步深化对自然价值的认知与把握,还有必要确立科学的方法论意识,坚持生态整体主义的合理性辨析。

1.生态整体主义的基本理念

生态整体主义是伴随着当代生态哲学的发展而发展的。利奥波特在大地伦理学中指出:"当一切事情趋向于保持生物群落的完整、稳定和美丽时,它就是正确的,反之则是错误的。"[1]这里的"完整、稳定、美丽"被看作是当代生态整体主义的最初价值定位。之后,克里考特进一步指出了环境伦理的整体主义特质,提出环境伦理的最高目的是作为共同体整体的善。最终,罗尔斯顿完善了生态整体主义的理论体系,他特别强调生态自然整体对于价值形成的基础性作用,认为"自然系统的创造性是价值之母;大自然的所有创造物,就它们是自然创造性的实现而言,都是有价值的"[2]。由此,完成了生态整体主义作为一种理论的基本建构。

在过去的争论中,人们往往将生态整体主义与人类中心主义作为一对对立的范畴进行论辩。但是,作为一种整体论,生态整体主义所对应的应是某种"中心主义"或"中心论"。整体论所强调的是多元价值的平衡与共存,它更为

---

① J.B.Callicott.Introduction.*Environmental Philosophy:From Animal Rights to Radical Ecology*.ed.Michael E.Zimmerman.New Jersey:Prentice-Hall,1993.p.10.

② 霍尔姆斯·罗尔斯顿:《环境伦理学——大自然的价值以及人对大自然的义务》,中国社会科学出版社 2000 年版,第 270 页。

重视整体内部各要素之间的联系,并认为各要素之间的价值没有绝对的高低优劣,只是在特定的境域下,某些价值会凸显出来。进言之,整体论中所谓的"整体"是一个由各个价值联系并承载着的价值网络,它认为,其中每一个结点的崩溃或每一个关系链的断裂都可能对整体产生影响。因此,整体论强调不能随意用其中某一价值完全遮盖另一价值,更不应该存在一种凌驾于整体价值网络之上的"价值"。而且人类作为价值网络中的一环,虽然"人类是自然最丰富的成就,但并不是自然的唯一成就。……多样化的生命比单由人类组成的世界更为丰富"①。于此同时,生态整体主义在更深层次上内蕴了本体论与方法论的意义。从本体论上看,生态整体主义要反思的是人的主体性的边界,即人类有没有可能脱离一种根源性的本体来建构自己的主体性。可以说,生态整体主义首先在本体论上给予了人类一定的定位,它承认人类是自然价值的观察者,也是自然价值最深刻、最丰富的体验者。但人类毕竟不是体味自然价值的唯一存在者,也不可能承担起全部存在的意义。就方法论而言,生态整体主义要求人类应以一种敬畏的心态和谨慎的方式去与自然进行互动。毫无疑问,人类应追求终极的、永恒的意义,但同时又必须意识到自身总是处在特定的历史条件和自然条件下的,其理性的能力总会受到当下条件的制约。生态整体主义要求人类对于自然理解的基本方式就是要从整体性的视角来看待其中的各个元素,不要忽视每一个元素和关系对整体产生的可能性影响。人类必须以一种谦逊的姿态来看待自然,并实践于自然。

归根到底,生态整体主义的基本立场在于,在整个生态背景中,人的完整源自人与自然的交流,并由自然支撑的,因而这种完整要求自然相应地也保持一种完整。生态整体主义的最终目标则要保证人类与包括人类在内的自然系统能够可持续地发展下去,使二者的价值能够不断地延伸和丰富。

---

① 霍尔姆斯·罗尔斯顿:《哲学走向荒野》,吉林人民出版社 2000 年版,第 222 页。

2. 生态整体主义对自然的价值梳理与定位

可以说,在生态整体主义背景下,以内在价值或外在价值这样的概念来看待自然,无疑是失效的;同样,以主客二分的视角来看待自然价值,也有失偏颇。

生态整体主义所呈现出的自然价值是一种辩证的、主体间性的价值。这种价值体现出的不是"人—物"之间的关系,而是一种相互依存、彼此成就的关系。即自然作为本体为人类提供价值源泉,人类通过展现自然的价值来实现自身价值的永恒性;进而,自然也由于人类的展现由价值的遮蔽走向价值的"在场"。具体而言,其一,从自然生态的维度而言,自然价值的确立在于自然生态的整体平衡,其中包括物种的多样性、环境的稳定,等等。因为,只有人类的可持续地存在和发展,自然才能使其意义被展示出来,自然价值这一概念才是有效的。因此,自然必须满足人类繁衍生息的需要。其二,从人类的角度来看,自然价值必然包含了物质层面的需要。人类作为一个物种必须从自然中尽可能地获得物质资料,但是,这种获得应是能够持续的。人类获取自然的物质价值的时候,一方面要使这种价值能够惠及人类全体,另一方面则要有"代际"意识,要为人类的后代繁衍生息留下足够的空间与丰富性。同时,人类作为自然之中的栖居者,一定是自然价值的实现者、守护者,而不是自然价值的创造者,更不应是掠夺者。在生态整体主义的视野中,人类只是把自然中本有的元素和属性,依据特定的自然规律来实现自然对人类的价值,即人类不能无中生有地将价值创造出来,只能是巧妙地利用自然中的元素和规律,用于自身的发展。这就要求人类对自然保持基本的尊重,看到自然价值是一切价值的源泉。在物质方面,人类不能使自身的"价值欲望"无限制膨胀,超越自然的可持续性供给。同时,生态整体主义也主张将人的价值置于自然整体的价值网络之中,人类只要守护并不断展现这一价值整体,那么人类离那种永恒性的终极价值就会更近,因为自然作为存在整体的无限性恰恰给予了人类这一追求可靠的保障。

由此来看,生态整体主义对于自然的价值定位具有多层次的维度。它一方面并不否认自然,特别是具体的自然物具有的工具性价值,另一方面则强调必须以辩证整体性的思路来看待自然价值。从某种意义上说,生态整体主义更为强调的是自然价值的本体性和现实性,即自然是所有价值的创造者。这不仅是因为自然整体不断创造着丰富的自然物,而且还将其有机地联系在一起,使每一个自然存在者在价值网络中获得独特的价值个性。在这里,自然的价值体现为一种共同体的价值,即让每一个共同体的成员各安其位,充分展现出来,而共同体的稳定与和谐则成为自然价值的首要体现。生态整体主义也反对那种抽象的价值理念,而认为自然价值必须是在具体的社会实践背景下体现出来才是有意义的。因此,它也强调自然价值的"属人性",重视人对于自然价值的展现作用。

需要注意的是,自然价值对于人的需要并不意味着人类具有凌驾于自然价值之上的价值,而是人类具有承担这些价值的能力。换句话说,人类具有一种对于自然价值的担负责任,"不仅承认自然具有的服务于人的工具价值,同时也承认人类具有维护自然生态系统的'完善'和'美丽'的内在价值;不仅承认自然具有的科学意义的价值,同时也承认自然对于人类所具有的人文价值"[1]。用罗尔斯顿的话说,就是"只有能哲学思考的人才能懂得这些价值在认识论、伦理学以及形而上学方面的意义"[2]。也正是在这个意义上,自然价值与人的价值实现了深层次的统一。

三、自然价值论与生态整体主义的内在统一

通过对自然价值论与生态整体主义两种理论基本内核的深入剖析,不难发现,自然价值论作为一个问题被提出,很大程度上是源于生态整体主义这一

---

① 薛勇民:《论环境伦理实践的历史嬗变与当代特征》,《晋阳学刊》2013 年第 4 期.。
② 霍尔姆斯·罗尔斯顿:《哲学走向荒野》,吉林人民出版社 2000 年版,第 404 页。

生态哲学立场的确立。二者的统一并不是罗尔斯顿简单地将生态整体主义的价值逻辑建构于一般的自然价值观念之上,而是找到了自然价值论能够得以成立的一个稳固的本体论和认识论基础。

1. 自然价值的根基在于自然的整体性

罗尔斯顿在其著述中将自然的价值分为工具性价值、内在价值和系统价值三个层面。如果说,工具性价值已成为一种定论,而内在价值仍然处于讨论中的话,那么自然的系统价值则是自然价值独立性的一个依据了。所谓的系统价值,就是系统维护自身内在平衡与动态发展的自组织性,它既不刻意凸显内部某一要素的价值,也不护卫或排斥内部某种价值的实现。作为一个自组织系统,自然的存在状态固然要趋向于一个"稳态",但从不长期保持不变,而是在平衡之上叠加了进化和演变。显然,自然价值论在系统价值的意义上就体现为整体论,自然价值的实现不仅不完全依赖于自然内部的某一成员或某些价值,而且会在进化和演变的过程中进行相应的价值选择。如果从整个生态史的角度来看,自然已经淘汰了的成员及其价值远远大于保存下的成员及其价值。对于人类而言,不仅不可能超越自然的这种系统价值,而且更多地需要遵循和利用这种系统价值,以使自身不至于被自然整体所淘汰。在这个意义上,人类不可能征服自然,而只能是以积极的态度去遵从自然。因此,无论是从人类的认识角度,还是从自然价值自身的实现角度,都需要最终落实于一种整体主义。自然价值论的独特性也才能得以体现。

2. 超越主客二分来看待自然价值

从自然价值论的理论建构来看,生态整体主义则成为人们建构这一理论的基础和依据。自然价值论的提出本身就意味着对于人类价值体系的反思,其目的则是建立一种更为合理的人与自然之间的价值关系,这就需要超越主客二分的价值形式。因为,一旦加入了自然的维度,"我们直接感受到的价值可能是从一个无法评价的基础产生出来的，……现有的一种善在历史上可能是从正价值与负价值的混合中产生的"①。这就需要从生态整体主义的维度来理解自然的本质和自然价值的生成。值得注意的是，当代科学的发展也为这种生态整体主义的自然价值论提供了有力的佐证。"根据现代物理学的观念，物质的现实性是一个整体，虽然这不是一个由部分组成的整体。这完全就是一个通过多样性的互补性描述才能把握的整体"，因而，"一种自然整体性的思维……必须得到承认，因为我们自身都是自然的部分……一种以未来为取向的自然研究，除了不可避免的实验系统之外，所需的首先是思想者，他们生活在同其内在世界的生命联系中。只有这样才能避免日益增长的自然异化及其自我毁灭的趋向"②。这些都说明了自然价值论的立足点应是自然整体，而不是人类或者自然中的某一类存在。同时，对于人类而言，生态整体主义的立场恰恰为人类提供了一个实现自身价值多样性的途径，即自然价值越多样，层次越丰富，人类就越能找到自身存在的多元性价值。

综上所述，自然价值论本身昭示了生态整体主义在人类社会中的重要意义。因为，自然价值的延续是自然内部各个元素、各个物种共同作用的一个结果。无论是人类，还是非人类的其他物种，都在自身内部包含了某种整体性的要素。这种整体性展现的越全面、越丰富，这一物种的个体性才越强。人类之所以是万物之灵，就是因为人类能最大程度地展现这种多元的价值。与人类之外的其他物种相比，"人类却能对荒野的根、邻居与陌生者都进行评价，而不管一个具体事件是否有助于我们的生存、福祉和便利。我们把资源关系放到一边去，而带着道德判断来审视自然界。……我们不只是对生存价值加以修改，而是超越了生存价值。人类的到来的确是全新的，因为我们能达到一种

---

① 霍尔姆斯·罗尔斯顿：《哲学走向荒野》，吉林人民出版社2000年版，第173页。

② 克里斯托弗·司徒博：《环境与发展：一种社会伦理学的考量》，人民出版社2008年版，第75—76页。

地球上前所未有的,几乎是超自然的利他主义"①。由此可见,人类对于自然价值的提升将建构一种全新的价值形态和评价系统,从而在全社会确立一种超越现代工业文明的生态文明所应有的价值维度。只有在生态整体主义的立场中,才能从人与自然的辩证统一中为人类与自然双方的可持续发展提供有效的伦理辩护。

第四节　环境伦理思想的整体主义原则

整体主义原则主张将世界看作是一个整体的生态系统。现代生态学和科学系统论的发展恰恰证明了生态伦理学的合理性。从空间上看,世界是一个和谐、完整、美丽和相对稳定的生态系统,通过各自的作用,每一个物种均对系统的稳定和均衡发挥着特定功能,并通过各自的物质循环、能量流动、信息交流等方式实现其价值。不仅动物,而且植物、单细胞生物,都具有类似于人类追求自身价值的目的性。根据生态学意义上的整体原理,包括人类在内的一切生物都生活在一个生态系统之中,所有的生物都处于密切的互动关系之中,人类虽然是生态系统中最强大、最具适应能力的物种,但绝不意味着人类是超越生态系统之上的物种;人类对少数物种的灭绝虽未导致整个地球生态系统的彻底破坏,但当绝大数物种都无法生存时,人类也便无法生存。简言之,人类这个子系统是与整个地球生态系统共生共存的,人类的物质生产不仅应遵循物理、化学所揭示的规律以及经济、社会发展规律,还必须遵守生态学所揭示的生态规律。

一、整体主义原则的内涵解析

宇宙、自然、人类等都在一个统一的运转的系统之中,生态亦具有系统性。

---

① 霍尔姆斯·罗尔斯顿:《哲学走向荒野》,吉林人民出版社2000年版,第250页。

生态系统可以理解为人、自然和社会三方面构成的系统,它总处于不断的变化之中,但生态系统中各个环节、要素在一定的条件下维持各自内部的平衡,具有精密的内在结构和有机整体性。生态系统具体表现为整体性,也可以说,生态系统的动态平衡就是一种整体和谐状态——特定生态系统中的每一个物种的生存都依赖于整个生态系统的平衡;当某个物种开始表现出打破平衡的迹象时,系统会出现反馈,并进而抑制该物种的发展。"以语言文化为基础的文明干预了生物进化的古老过程,搅乱了大自然的平衡。"[1]特别是工业文明的发展,严重破坏了地球生态系统的整体和谐。因此,维护生态的完整和稳定就成为生命系统和自然物种等集合体的最高价值,而构成共同体的个体(包括人)的价值则是相对的,判断其价值量的大小要以生命共同体的整体利益为标准。

1. 生态系统的整体性

亚里士多德早就说过:"整体大于部分之和"。因此,对系统的研究可以说从古代就已经开始了。作为现代系统论的基本思想最初产生于20世纪20年代初,由奥地利生物学家L.V.贝朗塔菲提出,强调生命现象是不能用机械论观点来揭示其规律的,而只能把它看作一个整体或系统来加以考察。

系统论的核心思想是系统的整体观念。贝塔朗菲认为,系统是一个有机整体,系统中的各要素在各自的位置上发挥其作用,从而共同构成一个有机的整体。这个有机整体中各个要素紧密关联、不可分割。由此,可以看出,系统论的思维方法就是将对象整体化、系统化,在整体和系统中分析其各个要素间的关系和活动规律。宇宙、工厂、机器……都为之一个系统,整个世界就是系统的集合。

这种整体性的思维方法,不仅可以了解系统的特点和规律,同时还能够以

---

① A.J.迈克尔:《危险的地球》,江苏人民出版社2000年版,第52页。

此去掌控、改造系统,使系统优化并且更加适应和符合人的目的需要。可以说,系统论给人类的思维方式带来了全新而深刻的变化。

2. 生态伦理的系统整体原则

借助科学系统论理论范式,环境伦理学中的生态整体主义,以系统整体论为方法论原则来建构自身理论。利奥波德所开创的大地伦理学本质上就是一种生态整体主义。这一尊重大地的伦理思想第一次突破了传统伦理的界限,把人与自然当作一个整体进行思考,把道德关怀的对象扩展到所有自然存在物,倡导一种整体主义的尊重生命的道德态度。

利奥波德运用整体论的思维模式,倡导人类站在生态系统的视角审视人和自然的关系,把山川、岩石、土地等无机界在内的整个自然界都纳入道德共同体的范围,其实质体现了人类应以一种有机的、整体性的观念看待自然的存在。美国著名环境伦理史家纳什对大地伦理学有这样评价:"在利奥波尔德看来,对人类中心论的这种超越,就是要像一座山那样思考。""像山一样的思考"就是要人作为自然共同体的普通一员来理解自然、看待自然和关怀自然,而不是站在自然之外,作为区别于自然客体之外的价值主体的姿态审视自然。

为了实现道德关怀的对象扩展到整个自然界,利奥波德提出了大地伦理学的基本原则——人与自然之间的关系是一种伦理关系;人类与土壤、水、植物和动物同属于一个生命共同体,生命共同体和道德共同体在外延上相等;在这一共同体中,对善恶的评价应依据如下原则:"当一个事物有助于保持生物共同体的和谐、稳定和美丽的时候,它就是正确的,当它走向反面时,就是错误的"①。大地伦理学关注的核心就是实现生态系统的完整、有序、和谐。当代美国著名环境哲学家克利考特把其誉为"伦理整体主义的最高原则"。

利奥波德的"大地伦理学"之后,罗尔斯顿等人继承了"大地伦理"的精

---

① 奥尔多·利奥波德:《沙乡年鉴》,吉林人民出版社1997年版,第213页。

华,借助于现代生态学系统所提供的相关知识,以生态整体论的方法与原则建构了一种全新的生态伦理观念。把人类价值和自然价值并举,构建起系统的自然价值论。

罗尔斯顿作为一位兼具自然科学家和环境伦理学家身份的学者,就自然界是否具有价值这一环境伦理核心问题为出发点展开自己的理论分析,认为仅用经济价值来衡量自然是人类功利主义的态度,是对自然的不正确的解读。自然"在生态系统的机能整体特征中存在着固有的道德要求"①。为此,必须彻底转变人类中心主义所坚持的对环境一味进行利用的旧价值尺度,确立全新的站在系统整体论基础上的价值尺度。这里,罗尔斯顿把价值视为事物的属性,人对事物的评价过程就是标识事物的价值属性的一种认知形式。在他看来,自然具有三种价值:"工具价值""内在价值"和"系统价值"。他指出,"工具价值是指被某些用来当作实现某一目的的手段的事物;内在价值指关注焦点的扩展,不是要从人类转移到生态系统的其他成员,而是从任何一种个体扩展到整个系统"②。在罗尔斯顿看来,价值是进化的生态系统内在具有的属性。在生态系统层面,不仅存在着工具价值和内在价值,还存在着"需要用第三个术语——系统价值(Systemic Value)——来描述的事物"③。系统价值并不完全浓缩在个体身上,它弥漫在整个生态系统中,也不仅仅是部分价值的总和。系统价值是某种充满创造性的过程;这个过程的产物就是那些被编制进了工具利用关系网中的内在价值。每个内在价值都与那个它从中产生的价值及其作为其发展目标的价值之间有着千丝万缕的联系。内在价值只是整体价值的一部分,不能把它割裂出来孤立地评价。在一个功能性的整体中,内在价值恰是波动的粒子,而系统价值亦如由粒子组成的波动。

罗尔斯顿不仅深刻地论证了生态系统所具有的系统价值,而且还将利奥

① 霍尔姆斯·罗尔斯顿:《哲学走向荒野》,吉林人民出版社2000年版,第57页。
② 霍尔姆斯·罗尔斯顿:《环境伦理学》,中国社会科学出版社2000年版,第253页。
③ 霍尔姆斯·罗尔斯顿:《环境伦理学》,中国社会科学出版社2000年版,第255页。

波德未阐述完整的"自然价值"加以系统化,对自然界呈现的各种价值进行了细致地阐述,如支撑生命的价值、经济价值、消遣价值、科学价值等等,为保护生态系统提供了伦理理由。

二、整体主义原则的具体体现

毋庸置疑,现代资本主义文明的发展违背了整体的和谐原则,违背了生态学规律。当前,人类必须深刻反省工业化以来的深刻教训,重新回到大自然的怀抱,服从生态整体性原则:自然界是一个庞杂的巨大系统,其中每个要素和环节的改变都将作用于其他要素环节。只有构建一种有机的、整体的、系统的思想观念,才能真正实现人与自然的和谐共生。这种有机的、整体的、系统的思想观念背后凸显的是人与自然之间、人与人之间和人与社会之间的关系问题。

1. 人与自然的有机系统

人类可以认识到自己的主体地位,不像动物通过改变自身机体,单纯地适应自然界,而是通过在实践过程中形成的理性和道德自律,使人们彼此合作并以非暴力的方式解决彼此冲突,并把道德对象扩大到人以外的自然物,而且这种关心是出于对这些自然物本身价值的肯定和对他们权利的尊重。正如马克思所说:"动物只是按照它所属的那个种的尺度和需要来构造,而人却懂得按照任何一个种的尺度来进行生产,并且懂得处处都把固有的尺度运用于对象;因此,人也按照美的规律来构造。"[①]

人类不仅代表自身,而且代表整个自然总体;不仅站在人类的立场思考问题,而且站在整个生态整体利益的立场,形成服从整个生态整体利益的整体价值观。生态伦理学倡导,既尊重人又尊重自然,既重视人类文化又重视自然生

---

① 《马克思恩格斯文集》第 1 卷,人民出版社 2009 年版,第 163 页。

存,既重视文化价值又重视"自然价值",为重新认识自然界和生命系统、领悟人与自然关系确立了学理依据和文化基础。在人与自然相互作用的过程中,应当严格恪守两个最根本的道德准则:既有利于人类自身的生存发展,又有利于保护环境。运用系统论的思维方法,将"人类—自然"二者关系看作是"系统—环境"的关系。离开环境的系统不能称之为系统,因为它必须存在于环境之中,系统的发展变化影响着环境,同时,环境的状况也决定着系统的发展,二者相互作用、影响。人类必须与其周围的自然环境时刻保持着物质能量和信息的交换。所以,人类应该树立一种系统思想的观念,不只对自己负有道德责任,对地球上的所有生命形式都应负有道义上的责任和义务,从道德上关心自然、保护自然,从而维护好人类共同的家园。树立与可持续发展内容相适应的生态道德观,提高人的生态意识,提倡人与自然和谐相处,共同进化,共同发展,反对人类只顾自己、不顾自然环境的极端利己的行为,彻底改变人类曾经炫耀过的做自然主人的错误的道德原则。

2. 人与人的有机系统

每个人都不可避免地存在于各种关系之中,承担各种不同的角色和责任。从生物学角度上来说,人与人之间的关系是以生命为基础的连结,像生物链一样处于系统中特有的位置;而从社会学角度来看,人与人的关系更为复杂,它包含着经济、政治、伦理、法律等众多方面的社会联系。运用系统论的方法,应将"人—人"之间的关系看作整个系统中"要素—要素"的关系,系统中的各个要素通过彼此之间的相互作用的结构来促进系统的发展状况。因此,只有优化各要素间的结构,才能将系统的整体功能得以最大的发挥。现实中,应基于这种系统论的整体思想来调整人与人之间的关系,促进整个社会的健康、持续发展。

当前世界上的许多资源环境问题已超越国界的限制,而具有全球的性质,如全球变暖、酸雨的蔓延、臭氧层的破坏等等。因此,必须加强国际间的多边合作,建立起广泛的国际合作,共同解决全球资源开发,经济发展所引起的环境问题,共同承担起保护环境的重任。虽然在对待全球资源与环境问题上,世界各国、各地区间既有共同利益,又有利害冲突,但是共同利益大于利害冲突,为了保护人类共同的地球,实现可持续发展,各国都应积极参与双边和多边合作,共同开展全球问题研究,缔结旨在保护资源与环境的国际公约,通过不同范围和不同形式的国际合作,协调各国和各地区的行动,实现人类可持续发展。

3. 个人与社会的有机系统

马克思曾经指出:"现在的社会不是坚实的结晶体,而是一个能够变化并且经常处于变化过程中的有机体。"①正因为如此,随着社会生产力的发展,人们的生产方式、生活方式和社会关系也将随之改变。

运用系统论的方法,将"个人—社会"之间的关系看作整个系统中"要素—系统"的关系。要素是系统的基础,系统是要素的存在基础,二者之间相互依存、辩证统一。社会是一个进化和发展的过程,在这一过程中,社会系统中的每一个要素都相互联系和相互作用。一方面,个人是社会发展的力量源泉;另一方面,社会是个人发展的必要条件。因此,必须在充分发挥人的积极能动性的同时,协调好个人与社会的关系,才能保证二者的协调发展。作为社会中的个体,更应该摒弃片面孤立的思维方式,树立全局意识,这样社会才能和谐稳定,个人才会立于社会中取得更长足的发展。

三、整体主义原则的现实意义

坚持整体主义的基本原则与方法,对树立整体意识,大力培育全民生态伦理思想,不断强化全民生态文明观念,以及推动或促进全球化社会和谐发展,

---

① 《马克思恩格斯文集》第 5 卷,人民出版社 2009 年版,第 10—13 页。

具有十分重要的理论和现实意义。其意义突出表现在，要求当今社会必须倡导发展人与自然的和谐关系，促进社会可持续发展，实现生态自然与生态人文的有机统一。

1. 人类主体地位的重新审视

传统人类中心主义价值观往往把人视为包括自然界在内的整个世界主宰，认为自然理所应当为人类所服务，甚至是被奴役。人们将"征服自然""战胜自然"视为"科学理性"的结果，从而加以弘扬。结果，人与自然关系被严重恶化，表现为人类对自然空前的掠夺性开发和征服；自然对人类空前的反抗和报复。不仅使得人类的前进发展步履维艰，而且遇到了前所未有的威胁。当前，对传统人类中心主义的解构，就是将伦理关怀对象扩展至自然界并承认自然价值和自然权利。

保护环境是人的义务，开发自然是人的权利，但两者是辩证统一的。保护环境的出发点是承认大自然有在维持自己的完整、稳定和美丽中创造生命的权利，所有生物物种和个体都有维护自己生命的权利，这些权利并不因人处在生物进化链条的顶端而丧失。正因为人处在生物进化的顶端，才负有保护这些权利的义务。这里的一个现实要求就是，人类在处理上述权利和义务的关系时，必须把行使权力建立在履行义务的基础上。

2. 可持续发展战略的实施

可持续发展是20世纪80年代提出的一个新概念。1987年，世界环境与发展委员会在《我们共同的未来》报告中，第一次阐述了可持续发展的概念，得到了国际社会的广泛共识。可持续发展是指经济、社会、资源和环境保护四位一体的协调发展，它以达到发展经济为目的，要保证当代人赖以生存的自然资源和环境，同时还为后代人提供能够永续发展和安居乐业的环境。可持续发展与环境保护既有联系，又不能简单地等同。环境保护是可持续发展的重要方面。可持续发展的核心是发展,但要求在严格控制人口数量、提高人口素质和保护环境、资源永续利用的前提下进行经济和社会的发展。

　　普遍价值作为人类共同的行为导向和规范,为可持续发展所必需。确立普遍价值是可持续发展的内在要求。可持续发展之所以使普遍价值的确立成为可能,是因为它作为全球性的问题,关乎着整个人类生存发展的现实及前景,从这一层面可以说,它最大限度地体现着人们的共同利益。同时,这一问题区别于人类曾经经历的或正在面对的其他全球性问题:它直接指向人与自然的关系,而这个问题并不受文化差异的影响,各个国家、地区在理解上易于达成共识而不产生歧义;同时,可持续发展也不具有排他性,某一个国家、地区实现了可持续发展,环境得到改善,资源得到保护,必然会使其他国家、地区受益,从而在此问题上最易于达致双赢或多赢;它符合整个人类普遍而长远的利益,充分体现着人类长期以来期颐的理想和境界。毫无疑问,可持续发展既有助于提升人们的物质生活质量,又能满足人们的精神需要,是人类共同的利益和价值取向。

第二章 马克思恩格斯整体主义环境伦理思想

第一节 马克思自然观的整体性思维

马克思自然观具有丰富的思想内容。虽然他所处的时代,人与自然的矛盾冲突远没有当代这样突出,他也没有明确提出环境伦理思想,但他的自然观始终将人的生存与发展置于关注的核心,将解决人与自然矛盾的方案看作是根本性的制度解决措施。不可否认的是,马克思自然观中的环境伦理意蕴与现代环境伦理思想在研究内容、思维方式和逻辑进路等方面,都存在着深刻的内在关联,都体现了一种当代整体性思维。

一、内容上的内在关联性

虽然马克思自然观与当代环境伦理思想形成于不同的时代,但是,在其思想背景、人类主体和现实关切等方面却具有高度的一致性。

1. 思想背景的同质异构性

马克思思想产生于对当时资本主义社会模式的反思与批判,他的自然观也不例外。他既肯定资本主义生产方式带来的社会生产力前所未有的解放和物质生产的极大发展，又认识到资本与生态的内在本质矛盾；既注意到了当时资本原始积累造成的显性的生态破坏，又前瞻性地关切着资本全球化与技术飞速发展可能产生的生态代内非正义与代际非正义的问题。

环境伦理思想的产生具备了更直接催生生态思想的社会背景。虽然资本主义生产方式在不断调适中扩大着自己的世界影响力，但是，马克思关于自然生态世界性破坏的预言以及代际问题的关切却都成为现实。传统伦理学发现，环境道德行为失范可能比传统道德行为失范具有更强烈的摧毁力量，当个体环境道德行为失范并演化成整体社会行为后，环境系统的反馈便具有了导致社会文化整体消亡的力量。古代非洲的玛雅文化、中东的"两河文化"、中国的"楼兰文化"的消失就是典型的事例。伦理学如果不把环境关切纳入研究视野，既不具有理论说服力，也缺失了实践指导价值。当前，摆在马克思主义伦理学界的一个重要而紧迫的课题就是，应进一步在传统伦理学基本原理的基础上，逐步形成当代环境伦理学的概念结构与话语体系。

不同于马克思自然观形成的 19 世纪中叶时期，当代环境伦理思想产生的 20 世纪中叶以及后来的发展阶段，资本主义进入了"非典型"发展时期，呈现出一些新特征。资本"暴力"的政治意味日益淡化，资本与劳动的对立逐渐弱化，阶级对立的局面日益为多元阶层相互制约的情势所取代。尤其是生产社会化在深度与广度上都有了较大的提高，在许多新领域诸如电子信息、生物科技、宇宙科学等方面都出现了社会化趋势，生产的民族化与国家化程度不断提高，开始向国际化、全球化发展。私人资本的独立存在变得越来越困难，先是扩展为社会资本，并通过股份制向每个普通个体分散，资本运作的社会关联化成为常态。社会结构多元化、均衡化趋势明显，不仅表现在经济、政治结构上，而且表现在社会管理的人本化程度上。国家社会管理与服务职能越来越弱化了国家机器强制力的作用。资本主义内部的社会主义因素在不断积聚。当代资本主义的种种"非典型"资本主义特征为环境伦理思想的产生提供了不同的自然生态的问题域。譬如资本与生态的矛盾在何种程度上具有可调和性？

资本主义生产方式发展到一定阶段是否可以自觉建构自己的自然生态学？自然的内在价值在某种阶段确实可以超越人的存在而存在吗？阶层多元化确实模糊了生态恶化受害者的界限吗？世界性生产让跨区域全球性的生态合作能成为可能吗？生态危机是否是资本主义的"专利"，而成为全世界的难题，并且具有跨世代的可关照性？等等。环境伦理思想的研究领域因为资本主义世界的新发展可以变得更为广泛和深入。然而，无论具体问题如何丰富与多元，与马克思自然观一样，环境伦理思想同样产生于对资本主义生产方式的反思与分析，只不过随着时代与历史的变迁有了新的视角与内容罢了。

2. 研究主体的对象性存在

马克思认为，对象性关系是事物之间一种相互确证和表现对方的本质力量及其存在的普遍关系。对象性的存在物，指的是一个存在物在自身之外有对象存在，而且这种存在是相互的。首先是自身之外的存在物与自身之间的确证，其次是第三存在物与自身的确证，因为一个存在物必定是第三存在物的对象，这样它就是对象性的存在物，它才能存在，因为只有对象性的存在物才能存在，非对象性的存在物不能存在。马克思对于"对象性关系"的描述包含着丰富而深刻的内涵。反映在人与自然的关系上，主要体现在实践关系、认识关系和价值关系这样三个层面。其中，人与自我意识或主观能动性不是等同的，人是感性存在物，主观能动性是人的感官的特性，如果套用"分有"说的话语，则是自我意识"分有"自人的物质身体，而不是相反。由此出发，人面对自然时，人自身与自然界都是人的自我意识的对象，正是因为人在与自然的交集中，发挥了主观能动性，从而不仅在观念上认识了自然，也在实践中与自然融合，自然价值与人的价值在对方感性存在中得到认可，人与自然的对象性关系得以互相确证。

在研究主体上，当代环境伦理思想则更为直接，所针对的就是人类在与自然环境发生关系时所表现出的伦理道德行为，但是，这个主体行为也是对象性关系存在物。因为环境伦理思想始终保持了自然是在自身关系中建立自身的立场。这一点在罗尔斯顿那里最具代表性。在自然运行的过程中,人类个体和人类群体与自然系统之间,除了发生生产力的物质作用关系外,还存在一种精神和情感的互动关系——伦理道德关系。这是其他一切生命个体和群体与这个系统间所没有的关系。人依然是由于自身的自我意识或主观能动性而与自然相互确证。

3. 关注问题的异形同质性

环境伦理思想认为,每个生命或非生命存在体都是存在系统中的一分子,而不是人类生存发展的工具或手段。这一点与马克思自然观摒弃西方传统主客二分对立观的立场在本质上是一致的,因此二者关注问题也具有同质性,即如何实现人与自然的共生共存。但由于以上所论述的思想背景的不同以及理论研究目的的不同,马克思自然观与环境伦理思想所关注的问题又有不同的切入点、着重点及表现形式。

马克思的自然观是从人的生存发展切入而展开对自然生态现实保护与未来存续的分析的,而环境伦理思想是从生态环境保护的视角切入,将环境伦理纳入人际伦理的研究领域;马克思的自然观重点关照的是人,具体地生活在自然环境中的历史的社会的人,每个个体的全面自由解放、全人类的解放及自然界的解放在他的视野中是统一实现的,而环境伦理思想重点关照的是自然,人类所依赖进行生产、生活的自然,自然生态与人的可持续需要共同实现,其中人类应当为自己的索取承担尽可能多的责任与义务。19 世纪中叶产生的马克思自然观主要体现在他对人类解放与未来命运的研究关切中,并没有脱离人类社会进行纯粹自然生态的伦理关照,而环境伦理思想作为 20 世纪中叶后形成的一门显学,它的问题域及关注重点是清晰明确的,对于自然内在价值的认可是它的一切问题的出发点和表现方式。

对比异同可以发现,马克思自然观与环境伦理思想在关注的问题上具有同质异形性。马克思自然观研究面对着三种对象性关系,一是人与自然的关系,二是在此基础上形成的人与人的群体——社会关系,三是社会与自然的关系。相应地,环境伦理思想研究也要认识和处理三种伦理关系,一是人类个体行为与自然环境之间的伦理关系,二是人类个体行为与外化了的人类群体——社会环境之间的伦理关系,三是社会环境与自然环境之间的伦理关系。显然,环境伦理思想的研究对象便具有了人与自然、人与社会及社会与自然三个层次。这三个层次从发生学角度来说,是逐渐扩展并上升的。其中人与自然的关系是基础,为了解决人与自然环境的矛盾,必须把人类对自然环境的一切行为和作用提升到人类理性的、自我约束的伦理道德行为高度去认识和研究才有望得到解决,从而才能真正将人与社会、人与自身的关系纳入研究视野。可以看出,马克思自然观的外延更广,内涵更深,不只有伦理层面的考量,更有在现实实践活动中经济、政治等方面的分析。正是由于两个学说在研究内容上的同质性,才使分析马克思自然观的环境伦理意蕴就具有了理论可行性。

二、思维方式上的有机整体性

整体性思维是现代科学的思维方式,它不是先天性的,而是在漫长人类思想史中不断反思各种形而上学的思维方式而逐渐形成的。古希腊的朴素辩证法,黑格尔严密思辨的辩证法都为现代整体性思维作出过重要的贡献。马克思唯物主义辩证法将一切问题的分析与现实经济关系、政治制度和其他社会历史条件相联系。反映在他的自然观研究中,就是他对于人与自然关系的整体性思维,不仅把人与自然作为一个不可分割的整体,而且将人与自然的关系性整体和现实生活、历史变革和社会发展整合起来分析研究。环境伦理思想也日益实现了从分析性思维向整体性思维的转向,不再把伦理道德从现实生活独立出来作为一个特殊的抽象的专门领域,而是把环境伦理道德置于具体的社会发展的整体格局中或大背景下来梳理分析它的起源、演变、发展与规制。

1. 马克思自然观的整体性特征

马克思的自然观是一个发展过程,它是连续而非断裂的,更不存在早期思想与晚年认识的前后矛盾。虽然在不同历史阶段,马克思自然观研究的切入点和关注点有所不同,但始终没有背离人的全面自由发展这一价值主题。因此,从三个意义上可以看出马克思自然观所体现出的整体性思维。一是思想发展的历时态上其思维具有整体一贯性;二是思想呈现的共时态上从来都是把自然置于历史与社会的背景之中,作为一个整体去认识和理解;三是思想的研究主体上则都是作为整体的人与自然,是人化自然与自然的人。

在马克思自然观思想脉络中,从早期马克思开始,人与自然作为他思想的两个主体先后跃入视野,并且随着思想的深入,人与自然的距离被不断拉近,直至成为"你中有我,我中有你"的整体。马克思在《德谟克利特的自然哲学和伊壁鸠鲁的自然哲学的差别》的博士学位论文中,论证的中心内容就是人的自由。由于人异于其他生物的主体能动性,人可以跳出必然性的束缚,在偶然性中发挥自由意志,实现自我的存在。马克思不仅开始关注人的自由实现,而且认识到这种自由是现实定在的自由,尽管这是一种伦理追求,但由于存在于现实之中,人成为自然的"主人"是获得此种自由的必要条件之一。马克思对于人类的现实关怀让他逐渐脱离了纯粹伦理道德层面的关切,开始关注人实现自由的现实利益基础,并且一发不可收。于是,自然更进一步成为他的理论中不可或缺的要素,他的著名的异化理论对人与自然的疏离给出人本学解释,人们已经可以从这层薄薄的人本学"外衣"下看到马克思自然观历史唯物主义方法论的"身体"。在《德意志意识形态》中,较为科学的理论表达同样科学地展示了人与自然的整体关系,以及自然史对于人类史的贡献。人与自然已经水乳交融。马克思一头扎进了人的现实的物质世界,并且希望从中找出人类解放自身获得自由的秘密。因此,他没有拘泥于发现现象,开始探究人与自然关系如此密切的中介。生产劳动实践是这一问题的答案,由于实践必然导致经济关系的产生,因此他对实践的研究主要体现在关于经济活动的政治学分析与批判中,通过对经济要素、实践过程、政治学意义等的剖析,生产实践的基础性介质作用,使人与自然的整体性充分呈现。对生产劳动实践的深入解读,科学技术具有的推动性或者破坏性作用成为探究自然无法回避的关键环节。就是在这样的抽丝剥茧中,马克思对于自然的认识不断深入,自成体系,前后思想具有整体一致性,这种特性在他晚年将关注自然的目光投向全世界时同样不曾改变。那就是充分认可自然对于人类解放自身的基础性地位,并且只有在不断扩大的生产劳动实践中才能求得自然与人的解放。

马克思自然观从来没有脱离人类社会的发展历史,从某种程度上说,他的自然观就是自然历史观,而他的历史观也可以称作历史自然观。马克思关于自然、社会、历史三位一体的思想源于他的唯物史观方法论。既摒弃了唯心史观过分夸大人类主观能动性从而把自然当作工具和手段的错误认识,又超越了旧唯物主义对人的机械化的看法,同时避免了当代环境伦理思想最初用自然价值取代人类进步的误区,而是视自然演进史为人类大历史的重要组成部分。马克思所说的自然,一方面指人的身体及其自然力,另一方面指人们赖以生存的各种自然条件包括地质条件、山岳水文地理条件、气候条件以及其他条件等。这两类自然基础不是一成不变的,由于人类在一定范围内的活动以及不断扩大和变更活动范围与形式,自然基础也在不断演进,形成自然演进的历史,而人类记录历史必须将这部分历史计算在内才够完整。在马克思看来,人类书写的历史以自然史为基础,并且自然史的书写只有同人们的历史实践活动联系起来才变得鲜活和有意义。两个历史的演进只是人类社会存在史的不同演绎方式,是密不可分的。马克思从人的当下存在出发,向前和向后推演,都证明了人类史与自然史的整体性。自然界不会先于人类历史而存在,因为没有人类,它的存在得不到确证。当人类还没有生存、生活在世界上时,自然界的存在对人来说就是一种"无"。从这个意义出发,马克思首先从发生学的角度论证了自然史与人类史开始的共同起点。从发展的角度来看,人类史同样与自然史齐头并进,因为每个世代更迭交替时,都会将实物形式和货币形式的自然产品甚至发展出来的生产能力遗留给下一代。因此,一方面自然环境演化成新的状态,人们继续生产生活于其中,另一方面人们的生产生活状态进化成更新的状态,自然环境随之新旧更替。可以看出,自然史与人类史的整体性不是静态的,正是由于后代对前代继承基础上的改变,动态的过程发生了,人类进步的同时自然也在不断演进。以往各种历史观因为忽视了历史发展过程中的物质性因素,既否认物质生产实践的基础性作用,又轻视物质生产力的代际传承,所以直接将人与自然界的关系视作与人类历史无关,将自然史与人类史对立起来了,没有自然史在其中的历史观是脆弱的或者干脆是一种谬误。马克思自然观正是避免了这样的问题,在人类史中审视自然史,从而体现出整体性思维的高明之处。

马克思自然观的整体性思维还体现在他研究主体的整体性,即人的自然与自然的人,对二者关系的分析构成了他的自然观的全部内容。人的不断进化和能力的增进伴随着周边自然环境的内涵延伸与外延扩展。从人的精神能力方面来说,各种自然物包括植物、动物、石头甚至空气、水、光等进入人的意识,与人的智力相结合,就成为自然科学研究、艺术创造或者审美的材料或对象,经过人的头脑进行加工成为人休闲品味的精神产品;从人的实践能力来说,以上各种自然物或者是人存活的必要因素,或者是人表现自己生产能力的必要载体。人在实践的层次上在自然界中表现着自己的普遍性,自然界就像人的肉体一样承载着人本身,既直接提供了人们生活的资料,又是人们维持生命活动和发展自身能力的材料和工具。从人的头脑到人的肉体,从精神领域到物质领域,自然界都是人的身体的外延或者干脆就是人的身体,是人自身的组成部分,当人们意识到自己的物质生活和精神生活与自然界密不可分时,其实自然界与人类的联系已经更加亲密了,因为人即自然,自然即人。可见,马克思是从"人是自然界的组成部分"推导出"自然界是人的组成部分",前者是不证自明的逻辑前提,后者也获得了充分论证的合理性。作为整体的人的自然与自然的人成为马克思自然观的研究主体。

2. 环境伦理思想的整体主义思维方式转向

　　环境伦理思想发轫于两个主要流派——生态中心主义和人类中心主义，且后者有强弱之分，都是基于人与自然主客二分、非此即彼的思维方式。由于两种态度互相抨击与压抑，都没有很好地解释和解决现实世界日益加剧的生态矛盾与危机。生态整体主义作为一种系统理论出现于20世纪下半叶，主要代表人物是利奥波特和罗尔斯顿等。强调将人与自然看作生态整体的组成部分，没有尊卑高下的主客之分，都是构成生态整体不可或缺的主体，而整体价值的实现才是环境伦理追求的目标。生态整体主义的核心思想是：把生态系统的整体利益作为最高价值而不是把人类的利益作为最高价值，把是否有利于维持和保护生态系统的完整、和谐、稳定、平衡和持续存在作为衡量一切事物的根本尺度，作为评判人类生活方式、科技进步、经济增长和社会发展的终极标准。

　　利奥波特在"大地伦理"中提出了一种崭新的伦理原则：人与自然之间的关系是一种伦理关系。人类与土壤、水、植物和动物同属于一个"生命共同体"，因此伦理关系就发展成道德共同体。在这一共同体中，对善恶进行评价的原则应当是，是否有利于促进与保护生命共同体的和谐、稳定和美丽，如果是就是善的，否则就是恶的。"和谐、稳定、美丽"的道德判断加上罗尔斯顿后来补充的"完整"和"动态平衡"以及深层生态学代表人物奈斯敏锐深刻地加以补充的"生态的可持续性原则"，共同构成环境伦理整体主义转向后的重要价值原则。这些原则产生的前提就是将人与自然看作一个生态整体，超越了以人类利益为根本尺度的人类中心主义，否证了以人类个体的尊严、权利、自由与发展为核心思想的人本主义和自由主义，颠覆了长期以来被人类普遍认同的一些基本的价值观，也避免了将人类撤出生态关照视域的无意义自然关切。它要求人们不再仅仅从人的角度认识世界，不再仅仅关注和谋求人类自身的利益,要求人们为了生态整体的利益而不只是人类自身的利益自觉主动地限制超越生态系统承载能力的物质欲求、经济增长和生活消费。如此一来,环境伦理思想就将人与自然、人与社会、社会与自然作为一个整体或系统的组成部分进行认识和研究。

三、逻辑进路上的实践协同性

更为重要的是,马克思的自然观与当代环境伦理思想都是基于人类社会实践活动而提出的。

1. 马克思自然观的实践根基

马克思高度重视人的实践活动,认为它是一切存在的基础。如果人的实践活动停止了,感性思维不再产生影响,不需要很长的年月,首先是自然界会有很大变化,尽管这种变化对于自然本身来说未必不好,但人类世界存在的根基就开始动摇了,不再实践就不需思考,没有思考就丧失了人的本质,丧失了人的本质的人也丧失了自身的存在。马克思从一开始就"显示了一个求知青年采取了与他年龄不相当的极其现实主义的态度和他对周围现实所做的总的评价"①。他的自然观同样日益深刻地植根于广泛的生产生活实践中,其逻辑进路根本地改变了传统伦理学与实践的背离关系,使他对于自然的认识既具有道德关怀的形而上层次,又具有现实生活的物质根基,从而更有说服力与历史有效性。

马克思自然观的逻辑起点是一个合二为一的整体,即自然的人与人的自然。在他那里,自然既不像直观唯物主义者那样被理解成僵死地外在于人与人类社会的存在,也不像有神论者认为的是神的存在形式,或者为神所控制。自然不过是与现实感性的人的实践活动紧密相连的整体;人也不比自然高明

① 纳尔斯基:《十九世纪的马克思主义哲学》(上),中国社会科学出版社1984年版,第29页。

或高贵,不过是现实感性的与一切自然力紧密相连的整体。此一整体合二为一的介质就是实践,是切实可见的人类活动。首先就是为了生存下去从事的基本的生产活动,有了衣食住行的基本供应,人们才开始书写自己的历史,才开始更人化的实践活动,自然也在更人化的过程中贴近于人。人与自然正由于这样的实践,才可以统一起来。

实践总是在不断变化的历史情境中,总是以各种偶然的状况来呈现历史本来的样子。用动态的、非线性的、历史的、系统的方法来考察人与自然、人与社会、人与人的诸多关系,就是总体的实践方法论。马克思自然观的推演实际上就运用了这种实践方法论。从人与自然存在之基——实践出发,实现了对传统整体主义与科学主义思维方式的超越,达成了理论逻辑与历史进程的有机统一,从而形成分析具体问题的实践辩证法。在整个人类史中,劳动形式的改变对应不同的环境伦理关系,自发劳动到自觉劳动再到自由劳动,臣服到征服再到和谐。在刀耕火种的原始人时期,自然界显得威力无穷,不受控制。在当时的人类眼中,自然是亲近的又是高高在上的,没有自然就丧失了基本的生存条件,但自然又时常威胁着人类的生存。自然不是人的自然,人也不是真正自然的人。工业革命彻底改变了这一状况,在马克思的时代,尽管工业革命发生不过百余年,却暴发出前所未有的力量。所创造的生产力比以前一切世代的总和还要多,物质财富和精神财富也得到了空前的积累。在这一阶段,自然完全沦为人类追逐利益的工具,甚至劳动力也与自然一起成为一种商品,可以像其他任何商品一样自由买卖。表面看来,不论是劳动力本身,还是使用劳动力的资本,都成为驾驭自然的伦理主体。实质上,人的每一种社会形式,都由于劳动与自然的异化而成为自然的奴隶,人更多地展现出动物性的一面,与人的本质不断疏离。克服异化实现了自由劳动的阶段,是人类历史发展的理想境界,是一个无阶级对立的社会、真正平等的社会,不仅是人与人之间的平等,而且是人与自然之间的平等;不仅是当代人的环境正义,而且实现了代际环境正义。自由劳动的阶段,也是环境伦理思想追求的“至善”,人与自然和谐统一。劳动发展到最高形式,历史演进呈现理想状态,伦理旨趣也达到了终极"至善"。人终于在劳动中获得"全面的本质",在实践中实现解放。实践方法论使马克思自然观始终踏着人类历史发展的脉搏,具有恒久的生命力。

2. 环境伦理思想的实践向度

环境伦理思想的诞生本身就不同于西方传统伦理学的产生,不是从人性、德性、修养等抽象概念出发的,而是社会生态状况恶化的产物。人们发现传统伦理学和社会批判理论在应对环境问题时的无力与短板,必须将生态学、社会管理学、政治经济学等与伦理学结合起来,创建一门新的学科,才能适应人类新问题的解决。因此,环境伦理思想一开始就与西方社会发展的实践紧密联系着。它所运用的方法也具有很强的实践性,不像传统人际伦理学,只是一系列建立在善恶观念基础之上的道德观念、行为准则和规范规则等,只是一种不能量化的柔性约束标准,最终依靠的只能是一个更加抽象和无法约束的标准——"良心"去控制和量度。除非超越了道德范畴,进入法律所不能容许的领域,否则无法制约。而环境伦理思想自产生之日起就依据自然科学的相关知识创制了一套可量化的约束标准,比如"三废"排放标准(如地表水氨氮含量)、环境自净能力的容许度(如水域的休渔期)以及人类对被污染环境反馈的承受能力(如 PM2.5)等等,可以在一定量的范围内去协调好人类个体、人类整体与自然环境系统的道德行为关系,从而自觉约束人们对环境的不道德行为。

第二节　马克思自然观的新现代性

所谓新现代性不是历时性意义上的"新",而是由于当前它与现代性和后现代性同时在场,而批判地吸收了现代性与后现代性之优长,成为一种更进步的价值应然和更先进的发展选择。历史唯物主义作为一种方法论,从根本上则要求分析自然观问题必须置放在历史和社会的情景之中。而在不同的历史时代,由于生产方式的不同,人与自然的关系、关于自然的观念则呈现各自不同的特色。因此,尽管马克思自然观产生于现代性典型呈现的时代,但正是在批判现代性的过程中预见到超越现代性思潮的出场,马克思自然观既评判当时的资本主义发展,又科学地建构了人类发展的生态愿景,呈现出鲜明而丰富的具有整体论色彩的新现代性价值取向。

一、新现代性的价值指向

工业化以来,现代性在带来繁华盛景的同时,也带来人类生存家园的破败和未来发展信念的坍塌。因此,必须从根本上克服现代性的弊端,批判地超越经典现代性。但是,这种反思和批判决不是简单走向后现代,而是汲取后现代思想而走向新现代性。实际上,新现代性的诞生具有必然性,其价值取向基本可以归纳为多元主体、系统价值与关联发展。

1. 彰显多元主体

现代性的核心是人的主体性,这一核心经过工业化生活实践的确证,以及培根以来黑格尔对西方理性主义传统思辨的提升,已经呈现出典型的现代性思维特征——人不仅具有主体性,并且此主体地位是唯一的、最有力量的。新现代性不否认人因其独特的思维能力而具有的主体力量,"人自身作为一种自然力与自然物质对立……他不仅使自然物发生形式变化,同时他还在自然物中实现自己的目的,这个目的是他所知道的,是作为规律决定着他的活动的方式和方法的,他必须使他的意志服从这个目的"①。但是,新现代性所批判的是那种认为人是唯一主体的观念,倡导"多元主体"。认为在工业化与后工业化并存、生态文明成为人类未来发展愿景的时代背景下,应成为主体的不仅

---

① 《马克思恩格斯文集》第 5 卷,人民出版社 2009,第 208 页。

有人而且有"作为人的无机身体的"自然界;不仅有当代的人,而且有尚未出场的下一代以至子子孙孙。尽管各个主体发挥作用的方式和所具有的影响力不尽相同,但是,认可多元时空存在物具有差异性的生存力量,就是新现代性"多元主体"价值指向的进步性。

2. 体现系统价值

主客二分是现代性的根本逻辑,作为唯一主体的人是一切生活与生产活动的源泉、中心和目的,自然界作为客体则是人认识、改造直至征服的对象,价值只是为了人而存在,自然只是因为具有了属人的工具价值才具有存在的合理性,而人只有满足了自己的欲望和需要才能体现内在价值,达成自身存在的合理性。当代法国思想家德里达曾这样批判现代性价值体系:"在古典哲学的对立中,我们所处理的不是面对面的和平共处,而是一个强暴和等级制。在两个术语中,一个支配着另一个(在价值论上、在逻辑上,等等),或者有着高高在上的权威。"①这里揭示的就是现代性价值观念带来的"现代化症候群"。新现代性反对人类中心价值的话语霸权,反对划一的价值评判:"人们不单单在有关真理的问题上,还在有关美(有关审美效果)的问题上,有关公正,即政治和伦理的问题上作出判断。"②同时也注意到,对于细小叙事的具体价值判断带来的多元价值冲突,依然容易产生思想上的困惑与实践中的混乱。因此,新现代性提倡系统的价值关照,从两个方向使价值判断拨云见日:既肯定人在作出价值判断中的独特作用及由此生发出的属人价值,又强调人在价值评判中应扮演的系统角色及由此生发出的系统中各部分的内在价值;既认可价值产生于主体、反映着主体的特点而依主体有不同,从而产生多元的具象的价值判断,又相信这诸多价值认识中必定与系统的线索相关联,从而存在相对一致的价值认同。

---

① 雅克·德里达:《多重立场》,生活·读书·新知三联书店 2004 年版,第 48 页。
② 让·弗朗索瓦·利奥塔:《后现代性与公正游戏》,上海人民出版社 1997 年版,第 26 页。

3.强调关联发展

基于理性至上传统的现代性发展可以简要地概括为,经济持续增长、用效率追求效益最大化以及技术的乐观主义。当前,现代性危机在全球范围内普遍呈现,不仅危害到已经从现代化进程中受益的国家和地区,更损害了那些正在发展过程中或者还极不发达的国家和地区。听起来很"迷人"的现代化为什么结出的是威胁全人类的恶果呢?究其根源,在现代性价值体系中,社会发展理论仅仅被看成研究社会如何发展、怎么发展的指导思想,却从根本上忽视了关于社会为什么发展、应该如何发展的价值论目的。在这方面,新现代性找到了"现代症候群"的病因,批判了传统人类中心主义对人类虚假需求的无限夸大,以及由此产生的对社会发展终极目标的误判,反对存在"单一的驾驭社会巨变的动力"①,认为"我们可以通过某些间接方式逐步认识外在世界……例如以一种理性的互惠的方式来建构它"②。因此,新现代性仍然将社会发展作为一个整体来考量,并没有用话语分析、微观权力、信息监控等具体、微小的话题来解构社会,避免了解构性思维可能对人类客观发展造成的困扰。新现代性坚持关联发展的理念,并没有将当前发展合理性危机归咎于人类个体或整体的发展诉求,既明确了社会发展的价值目标就是追求人的全面自由发展,又努力寻找达到这一目的的正确方式,即解决社会"如何发展"的问题。

二、人与自然的交互主体性

多元主体及系统价值的辩证性前提决定了人类社会关联发展的特性,人的发展与其他主体的发展应走在同一条路上。人们要主动克服对物质欲望的无尽追求,放弃追逐利益最大化的市场化思维方式,并辩证地看待技术的双向力量以及实现技术真正的人本化运用。马克思的自然观念在解读自

① 安东尼·吉登斯:《现代性的后果》,译林出版社 2000 年版,第 9 页。
② Tim B.Roger.*Nature of the Third Kind*.Environmental Ethics,2009,(31).

然、审视人与自然的关系中体现出独特的思维向度,蕴含着丰富的新现代性价值理念。

1. 马克思自然观念中人与自然的交互主体性

"交互主体性"这一概念最早出现于当代德国现象学家胡塞尔的《笛卡尔的沉思》中。在胡塞尔看来,主体性意味着一种对单个主体而言的自为有效性或自为存在,客体性意味着一种对客体而言的自在有效性或自在存在,而"交互主体性"则意味着一种对一个以上的主体而言的共同有效性或共同存在。胡塞尔在阐述自我的"我思"对客观世界的敞开性时说:"客观世界的、特别是客观自然的存在意义对每个人来说都是在那里的。"①尽管马克思在他那个时代并没有提出"交互主体性"这一范畴,但是,他的自然观念从更真切的实践层面表达了人与自然的交互主体性。在他那里,由于生产劳动带来的人与自然的物质变换,人与自然在相互内化的过程中不断实现着主体价值,向对方"敞开"着,表现着共同存在的有效与动力。"现实的、有形体的、站在稳固的地球上呼吸着一切自然力的人"和"人为了不致死亡而必须与之处于持续不断交互作用过程的"②自然界,共同成为马克思自然观念中的一对主体。由于自胡塞尔以来的交互主体性始终强调交互主体的先验性,未能实现对笛卡尔自明主体性的超越,因此只是用多个主体代替了单一主体,虽弱化了人类中心的趋势,但并没有实现多个主体间的统一与融合,因而实际上仍未跳出西方近代以来理性主义将人与自然主客二分的思维定势。马克思自然观摆脱了传统的先验思维模式,在生产实践与生活世界中考虑人与自然的存在和关系,实现了人与自然真正的交互主体性,使得二者交互主体的关系在物质变换的具体活动中得以呈现,并且随着活动的变迁而持久深入。

---

① 埃德蒙多·胡塞尔:《笛卡尔沉思与巴黎讲演》,人民出版社 2008 年版,第 128 页。
② 《马克思恩格斯文集》第 1 卷,人民出版社 2009 年版,第 161 页。

2. 人与自然交互主体性的物质性本源

马克思认为,物质生产活动引起的人与自然之间的物质变换是现存世界的基础。自然界、人类社会中的人及其所产生的全部思想成果,包括艺术、哲学、宗教等意识形态的东西,构成了纷繁复杂又多姿多彩的现存世界,然而奠定它们的最终力量,既不是神的旨意、伟人意志,也不是各种各样"死"的所谓世界本原,而是在广大劳动者与日益广阔的自然领域交往中发生的物质变换,即物质资料的生产实践中。实践使自然越来越多地进入人类活动的视野,与人类发展产生越来越紧密的联系,从某种意义上说,现在的自然就是人类社会,现在的社会就是人与自然界的理论关系和实践关系,二位一体的交互主体性正是建立在不断深入和扩展的物质实践的基础之上。

3. 人与自然交互主体性的矛盾性呈现

"因为人和自然界的实在性,即人对人说来作为自然界的存在以及自然界对人说来作为人的存在,已经变成实践的、可以通过感觉直观的。"① 人与自然都是客观实在的物质,这就为人与自然关系在现实中的展开提供了唯物主义前提,而实践就是促使这种关系在广度和深度上得以展开的物质力量。也可以说,人与自然是构成人类社会演进的一对矛盾主体,实践生成于这种矛盾的对立统一之中,并且一旦生成,就成为推动这对矛盾不断向对立面转化,进而使人类得以向前发展的不竭动力。人与自然形成的"为我而存在"的交互关系表现在,通过物质实践活动,人利用自然、改变自然,不断否定原生态的自然,使自然越来越多地打上人类活动的烙印,"人化自然"作为人的"无机的身体"越来越成为"为人的存在";同时,自然对人的实践活动作出促进与抑制两方面的回应,对人类有利于至少是不损害自然本身的生态演进的实践活动,自

---

① 《马克思恩格斯文集》第1卷,人民出版社2009年版,第196页。

然的反应是促进的,表现为环境的日益良性发展和物质的合理循环;对人类有损于自然生态的实践活动,自然的反应是抑制的,表现为生态系统的不可修复与不断恶化和自然物质产品的短缺与枯竭。不同的回应使自然在人的实践活动中不断地否定人本身,也就是否定人的所谓无限生产力,使人的能动性、创造性得到合理的发展,从而使人的活动越来越将自然纳入整体考虑的范畴,作为"万物之灵"的人日益成为"为自然的存在"。人与自然的交互主体性就这样展开了,集中体现出多元主体互动共存的新现代性价值内蕴。

三、自然的多重价值

马克思自然观的新现代性还体现在对自然多重价值的认同上。自然的价值问题一直是影响人类对待自然态度的根本问题,并且据此形成人类中心主义与生态中心主义的对立。实际上,这种对立是建立在对自然价值绝对认知的错误基础之上,可以用马克思自然—社会的辩证眼光克服这种绝对主义导致的对自然价值的偏狭之见,走出现代性的"人类主导一切"和某些后现代学者的"虚化人类存在"的误区,使自然价值观念适应时代发展的现实要求。

1. 自然是多重价值的本真存在

首先,在马克思看来,人与自然的物质变换是谈论自然价值的前提。"土地只有通过劳动、耕种才对人存在"[1],自然具有普遍的对象性价值,决不仅仅因为只有人才有谈论价值的能力,或者说只有人的头脑中才能产生"价值"这个概念,而是因为"使用价值或财物具有价值,只是因为有抽象人类劳动对象化或物化在里面"[2]。只有实实在在的生产劳动实践,才能使自然的价值显现出来,成为具体的而不是理论的东西。其次,自然具有内在价值。马克思认为,"种种商品体,是自然物质和劳动这两种要素的结合",如果把商品体即使

---

① 《马克思恩格斯文集》第1卷,人民出版社2009年版,第180页。
② 《马克思恩格斯文集》第5卷,人民出版社2009年版,第51页。

用价值中"各种不同的有用劳动的总和除外,总还剩有一种不借人力而天然存在的物质基质,人在生产中只能像自然本身那样发挥作用,就是说,只能改变物质的形式。不仅如此,他在这种改变形态的劳动本身中还要经常依靠自然力的帮助"①。正是在此意义上,马克思提出了"一切生产力都归结为自然界"②,自然在与人的关系中具有决定性的伦理规范价值。在现实表现中,自然是使用价值的总和,这是自然价值的第三个层次也是最具体的价值方面。由于生产活动的展开,人化自然几乎成为自然总体呈现出来的状态。一个物可以没有价值即交换价值,可以不是商品,但它一定有使用价值,"在这个物不是以劳动为中介而对人有用的情况下就是这样。例如,空气、处女地、天然草地、野生林等等"③。它以使用价值的形式成为人的劳动展开的背景或储备物,更不用说因为劳动而具有使用价值的那部分自然了。

可见,自然价值是与生产实践相生相伴的,采取人类中心论的立场而否定自然价值,就抽掉了人的实践活动的对象,使人的存在变得虚无。而把自然价值商品化,采取"经济简化论"的立场,则抽掉了自然在实践活动中的存在根基,使自然的存在变得虚无。自然是人的实践的对象,但不是可以用市场经济规律来衡量的对象,它是三重价值——对象性价值、内在价值与使用价值的结合体。

2.对自然工具价值的颠覆性诠释

由于马克思对资本主义经济制度的精彩评判,特别是关于商品价值与使用价值的独到见地,几乎让相当一部分西方学者忘记了他这样批判的目的。他们只关注分析过程本身,认为既然马克思衡量价值的社会必要劳动时间概念主要是用来说明资本对劳动的剥削关系,就可以推断这种价值的衡量方法

① 《马克思恩格斯文集》第5卷,人民出版社2009年版,第56页。
② 《马克思恩格斯文集》第8卷,人民出版社2009年版,第170页。
③ 《马克思恩格斯文集》第5卷,人民出版社2009年版,第54页。

把自然排除在生产力和生产条件之外。因为自然的多样性和生态系统的复杂性是不能还原为同质的单元的,从而得出了马克思没有赋予自然资源以价值,生产所带来的生态破坏的后果完全在其视野之外"的伦理评判。其实,由于马克思批判资本本性的目的是为了解放自然和人自身,因此必须还原马克思对自然的"工具性价值"的本来认知:"自然界才真正是人的对象,真正是有用物;它不再是被认为是自为的力量;而对自然界的独立规律的理论认识本身不过表现为狡猾,其目的是使自然界(不管是作为消费品,还是作为生产资料)服从于人的需要。"①但是,我们不能据此就认为马克思是一个自大的人类中心论者,因为当他说"抽象的自然本身对人来说是无"时,他是指"与人分离的自然"。可见,他所谓的"自然只是人的'对象物'",是从言说的意义而不是从自然本身的存在意义着眼的。由于只有人才可言说并且只有通过人的话语,自然价值才可呈现出来,因此,抽象地脱离人的自然是不存在的。从这个意义上,自然被赋予了人所谓的"工具价值"。马克思把自然当作人的无机身体,"人靠自然界生活。这就是说,自然界是人为了不致死亡而必须与之处于持续不断的交互作用过程的、人的身体"②。

可见,马克思对于自然工具价值的认识与传统西方主客二分的自然价值观念是有本质区别的。在他那里,人依赖自然,并且在与自然的物质交流基础上展开人的一切社会活动。因此,人类社会的繁荣与自然的持续方向一致。这样的价值导向要求我们既不要漠视人也不要漠视自然,体现的正是新现代性价值观的内涵。马克思对自然工具价值的颠覆性认识还在于他对"工具价值"的广义理解,自然不只具有经济功用,科学的、审美的以及伦理的功用都被放置在"工具价值"的范畴之中。这样的价值观,既不会导致片面发展的物质至上,也不会出现发展的无政府、无目标、无主体,而是会充分调动人的主观能动性,全面有效地体现自然的多重价值,正确地使用人类的"工具"——自

---

① 《马克思恩格斯文集》第 8 卷,人民出版社 2009 年版,第 90—91 页。
② 《马克思恩格斯文集》第 1 卷,人民出版社 2009 年版,第 161 页。

然,以实现人与自然的共同繁荣。

四、技术的非中心呈现

马克思自然观念的新现代性还体现在他对技术的辩证态度上。他既不否认技术的存在和发展对人与自然共生共荣的价值,又看到了盲目技术依赖于技术中心论会导致的生态恶果。在他那里,技术的非中心呈现是保证人与自然关系持续进步的重要因素。

1. 传统技术观的辩证认识

技术乐观主义是西方现代化对待技术的典型态度,它产生于人类对技术的社会功能有所了解但又缺乏理性认识的特定历史条件下,其实质是"技术崇拜"或"技术救世主义",并且在 19 世纪滥觞成一种社会思潮。技术乐观主义的基本特征是把技术理想化、绝对化或神圣化,视技术进步为社会发展的决定因素和根本动力。霍布斯提出"人类最大的利益,就是各种技术"的口号,笛卡尔构想出一棵"人类科学之树",莱布尼茨则提出"最好之物原则"。技术在两次工业革命展现出的巨大能量,更鼓舞了技术乐观者们的信心,20 世纪以来各种新技术的发明与运用更催化了这种乐观的情绪,布热津斯基于 1970年断言,由于科技的发展,人类已进入"技术主宰时代"。即使到了今天,人类饱尝盲目发展带来的生态与生存恶果,技术乐观主义仍未销声匿迹,甚至依然是影响人类发展走向的重要思潮。譬如赫尔曼·卡恩在 1976 年完成的《下一个二百年》报告中就批评了《增长的极限》,他认为地球上的土地和资源完全可以满足人类经济发展之需,海洋、地层深部和外层空间蕴藏着巨大的开发潜力,人类可以凭借更好的技术与更完善的工艺对已经开发的资源和能源进行再加工及再利用。因此,自然因素的制约不足以阻碍社会的发展。

事物总是同它的对立面一同成长,即使在技术乐观论甚嚣尘上之时,对它的批判审视也一直没有停止。由于科学技术的迅猛发展,技术统治已取代了政治统治,对抗、矛盾已经或正在消失,取而代之的是整合与同化的趋势,资本主义社会成为由技术控制的单向度社会。但是,依赖技术发展显然不能解放技术控制下的人与自然,哈贝马斯被学界公认为技术悲观论者,他在1968年的一次演讲中说:"自19世纪后25年以来,在最先进的资本主义国家中出现了两种引人注目的发展趋势:其一,强化国家干预,这确保了制度的稳定;其二,推进科学研究与技术之间的相互依存,这使科学成了第一位的生产力。"①可以看出,对现代性技术主张的批判,是建立在现代性视技术为中心的典型特征之上,由于批判的逻辑基础是错误的,因此他们的批判以及相应的建构必然缺乏时代性与实效性。但是,彻底否定技术中心地位的同时,也可能让技术成为一个没有历史性、阶级性甚至让人无法把握的东西,同样无助于应对技术滥用带来的现代性危机。

2. 技术的基础性但非决定性作用

马克思的自然观摒弃了非此即彼的现代性思维。他认为,技术在人与自然的关系中发挥着基础性却非决定性的作用:"工艺学会揭示出人对自然的能动关系,人的生活的直接生产过程,以及人的社会生活条件和由此产生的精神观念的直接生产过程。"②正是由于重视技术发展对人类文明的作用,马克思把能否制造工具和生产工具的历史变迁作为界定人与非人以及判定人类社会进步程度的标尺,并且坦率承认:"资产阶级在它的不到一百年的阶级统治中所创造的生产力,比过去一切世代创造的全部生产力还要多,还要大。"③这正是由于技术进步所带来的"自然力的征服,机器的采用,化学在工业和农业中的应用,轮船的行驶,铁路的通行,电报的使用,整个大陆的开垦,河川的通

① 尤尔根·哈贝马斯:《作为意识形态的技术和科学》,学林出版社1999年版,第58页。
② 《马克思恩格斯全集》第23卷,人民出版社1972年版,第410页。
③ 《马克思恩格斯文集》第2卷,人民出版社2009年版,第36页。

航,仿佛用法术从地下呼唤出来的大量人口"①。马克思看到了技术运用背后的社会关系所起的决定性作用,愈加先进的社会制度会带来愈加进步的技术革新与创新运用。同时,他认为,尽管从生产实践的决定性意义上来说,"手推磨产生的是封建主的社会,蒸汽磨产生的是工业资本家的社会"②,但是我们不能"把社会生产关系和生产的技术力量等同起来,并从而把对历史唯物主义解释当成对历史从技术方面进行的解释……马克思经常说,技术的发展可以充当社会发展的一个指标,但是,这和说我们应当把技术学的发展当作社会变革的原因或独立的变量,却是完全不同的事情"③。

3. 技术为一切社会形式所共有

马克思看到了在资本逐利的本性下,技术进步带来的是获利阶级日益膨胀的攫取欲望,并赋予了他们达成这种欲望日益便利的工具。"资本主义农业的任何进步,都不仅是掠夺劳动者的技巧的进步,而且是掠夺土地的技巧的进步,在一定时期内提高土地肥力的任何进步,同时也是破坏土地肥力持久源泉的进步。"④不只是农业,工业和许多技术领域都如此。可以说,不是技术本身,而是资本控制下的技术运用阻碍了人与自然的共生共荣。马克思对技术的新现代性审视超越了传统技术观念的逻辑基底——技术中心主义。在马克思看来,技术就"是制造使用价值的有目的的活动,是为了人类需要而对自然物的占有是人和自然之间的物质变换的一般条件,是人类生活的永恒的自然条件,因此,它不以人类生活的任何形式为转移,倒不如说,它为人类生活的一切社会形式所共有"⑤。技术伴随人类的出场始终"在场",但是它永远不会

---

① 《马克思恩格斯文集》第2卷,人民出版社2009年版,第31页。
② 《马克思恩格斯文集》第1卷,人民出版社2009年版,第602页。
③ 悉尼·胡克:《对卡尔·马克思的理解》,重庆出版社1989年版,第118页。
④ 《马克思恩格斯文集》第5卷,人民出版社2009年版,第579—280页。
⑤ 《马克思恩格斯文集》第5卷,人民出版社2009年版,第215页。

居于中心地位。技术运用应该使人与自然之间保持优质循环的物质变换,从而保障人与自然的共生共荣。

总体上看,新现代性彰显着超越工业文明,建设生态化工业文明,并最终走向生态文明的价值取向。马克思自然观既承认人的主体性,又借生产劳动实践展现了自然的主体地位,并且将人与自然的交往互动及由此产生的物质流循环视为整个人类社会存在的基础。自然成为一个主动与受动的结合体,一个使用价值与价值的统一体,一个包含经济、科技、伦理与美学功能的综合体;作为人的肢体与能力延伸的技术,显然是必需的,但是也仅仅是人与自然交往的中介与工具而已,解决当前技术滥用带来的生态危机还要从人的意识和人类社会的生产关系入手。可以看出,马克思自然观由于其辩证地、历史地、全面地看待自然,解读人与自然的关系,从而体现出鲜明的多元主体、系统价值、关联发展的新现代性价值特征,对于人类选择正确的发展道路并最终实现生态文明具有启发意义。

第三节　马克思生态正义论

生态正义论是马克思自然观的重要内容之一。长期以来,马克思主义的理论研究,往往将唯物史观与正义两个范畴分离开来,认为唯物史观是决定论的科学概念,而正义是价值论的人文概念。其实,这种非此即彼的思维方式首先是被马克思历史唯物主义的方法论所摒弃的;其次,回到马克思的经典著述中,唯物史观创立的本真旨趣就是消除社会不公、解放劳苦大众,追求正义正是马克思一生"普罗米修斯"情结的伦理解释;最后,对于马克思唯物史观的曲解是因为放大了历史决定论的因素,而忽视了马克思思想中的人文关怀,割裂了部分与整体、科学与人文、自然与社会,将唯物史观研究从具体、历史的社会环境中孤立出来,这显然不是马克思的本意。深化对马克思自然观的理解,也要防止这种错误的发生。作为唯物史观的重要组成部分,马克思自然观内蕴着追求正义的伦理价值取向,并且具体地体现在他的具有整体公平特性的生态正义论中。

一、生态正义论的内涵解析

生态正义是人类社会配置生态资源时的一种道德原则和基本价值,实质上是以人与自然之间的正义关系体现出来的人与人之间的正义关系。生态正义就是作为社会中的人,从“类”生存和其独有的理性发展的生态需求出发,以生产生活实践为中介,在与自然界的对象性关系中确证生态权利,行使生态权力,实现生态利益,并履行生态责任的统一要求。

1. 作为一种生存样态的生态正义

生态正义是历史演进的人类生存状态。在马克思看来,“无论是历史的延续还是变迁,都不是由某个绝对理念或绝对理想的展开而导致的。人类的奋斗目标并不是一些终极性的伦理目的,如真理或正义”①。人类的奋斗目标是实践中的全人类的解放,伦理层面的东西必须在现实中得到确证,成为人类的存在方式。这是马克思历史唯物主义方法论的核心要求。在马克思看来,生态正义绝不只是一种理念,而是与人类历史进程相伴随的一种生存实践。工业化以前的人类社会,人与自然之间自发地呈现出共生共存的状态,人的活动强度与范围都极其有限,基本不能影响自然生态的新陈代谢,人的需要与自然的繁衍和平共处,原始的生态正义自然达成。工业革命以后的资本主义时代特别是资本原始积累阶段,社会发生了巨大的变化,资本不断扩张和攫利的本性首先使农村成为城市的附庸,并不断扩大战果,先使发展较慢的国家沦为发展较为完备的国家的附庸,进而让这种情况发展到不同性质、不同地域的国家和民族之间,并最终让整个世界呈现出不公正的状况,东方成为西方的附

---

① 詹姆斯·奥康纳:《自然的理由:生态学马克思主义研究》,南京大学出版社2003年版,第52页。

庸。曾经在世界性的农耕时代勉强存在的正义被彻底打碎,生态非正义成为这一历史发展阶段人类社会的常态。通过扩张和掠夺,资产者不容许一切自然存在物的分散状态,包括物品、资源、货币甚至人口,并最终将他们集中起来为少数垄断者所有。而资本家只肯从腰包中掏出仅有的花费给工人,也只是为了维持工人这一代甚至下一代的基本生存,以保证他们始终有足够的劳动力可用。这种非正义的状态仍然持续着。尽管在当今世界发达资本主义开始向后工业时代转化,资本主义社会的调整与修复能力被迫提升,但资本逐利的本性使之不能自觉地消除生态非正义,只是把非正义从自己国家转移扩散到了世界范围。因为资本发展的真实任务不是消除非正义,而是建立世界市场和发展世界性的市场化生产。在马克思看来,生态正义得以自觉实现的社会阶段才是人类理想的生存方式,正如逻辑进程的"正—反—合"一样,共产主义就是人类历史进程的"合"。它不同于以往一切运动只是变幻着私有制的程度和形式,共产主义将第一次推翻私有制产生和存在的基础,并继承前人创造的物质和精神产品,让他们在社会性的控制中发挥作用、体现价值。由于没有了私有化的概念,人们的自觉性得到前所未有的张扬与释放,每个人得以自由发展,因而所有人得到自由发展。可以说,即使未来理想的社会不用共产主义来命名,但它必定是消灭了私有化实践和思维的社会,从而真正解决了人与自然、人与人之间的矛盾。生态正义就是人与自然、人与人之间的一种正义关系,在也许叫作"共产主义"的理想社会中,这种关系性存在成为人类现实的生存状态。

2. 生态正义的主体

生态正义的主体是人。马克思的生态正义思想不同于西方深生态学之类学术流派的观点,深生态学把自然看作可以完全脱离人的认知的自在的存在,而马克思认为与人毫无关联的抽象的自为存在的自然至少对人而言是不存在的。作为唯物论者,马克思的生态正义思想不是以物或以纯粹自在的自然为中心,而是以与自然组成"生态共同体"的人为中心。他最终关注的是社会正义,是广大劳苦大众的生存权与发展权,他的生态正义也是社会正义思想的另一种表达。因此,马克思生态正义思想的出发点是进行着一定社会生产实践的人,以及在生产实践中这个人的状况如何以及他与其他个体或群体之间的关系(主体间性)如何。正是基于这样的出发点,马克思着力批判了资本主宰下的异化劳动。当劳动异化于人存在时,劳动与人是分离的,不仅使人失去了劳动对象,也使人失去了作为人的生活状态,让人沦为了动物一样的存在。这一切就是因为异化劳动通过剥离人的无机身体使人变得残缺。异化劳动剥夺了人作为人的生存样态,无论在与自然的交换中,还是在与社会的交往中,主体性都从人的身体与精神中被剥离,自然更加外化于人。但人只有与自然融合起来,在面对自然的实践活动中才能证明自身的人的本性,表明人优于其他动物的能动性。自然也只有此时才成为他创造的对象性存在物。因此,被剥去无机身体的人不再是人本身,在人与人的正义消亡的社会中人与自然之间的正义也丧失殆尽。生态正义的主体是将自然视为无机身体的整体的人。

3. 生态正义的属性

生态正义融自然性与社会性为一体。正因为马克思的生态正义是以人为主体和出发点的,就不同于西方传统的环境伦理思路,即拒斥人类物质实践活动,强调保持纯粹脱离人的自然生态环境。马克思的生态正义思想始终是在自然—社会的整体层面上进行考量的。马克思在《1844 年经济学哲学手稿》这部早期的重要论著中,就表达了这样的思考起点,他把社会作为人与自然界存在的根基。因为人只有在社会中对于自然才表现出他人的一面,自然也只有在社会中对于人才表现出他人的一面。这个观点在他后期的思想中以不同的表述形式始终得以贯彻。仅仅如此表述,似乎有抽象人本主义之嫌,但这显然不是马克思"生态正义"论所要表达的。《德意志意识形态》对人的现实的社会实践属性进行了更科学的进一步规定,其个人不是任何一个人头脑中想象出来的形象,而是在现实世界中从事着现实物质生产实践活动的真实的人,这个人存在的物质实践前提使得他不被其他人的思想或者他们提供的各种条件所限制,他可以自由地活动。正因为马克思看到了生态正义中包含的社会性本质,才发现了资本与生态之间不可调和的矛盾。因为资本生产在本质上是一个浪费的经济,竞争与市场使得消费成为生活的常态,购买与使用物品不是从需要出发,而是为了虚荣、攀比,为了精神上的异化满足。消费变成支配人的行动的异己力量。因此,马克思断言资本主义会有周期性的不可避免的经济危机,经济危机中倒掉牛奶之类对于产品和生产力的破坏以及生产过剩的积弊,其根源就在于工业、商业乃至文明都以一种不正义的方式过度发展起来。后来的生态学马克思主义学者们也从马克思的著作中接受了马克思对资本与生态对立本质的分析。其中形成的一个共识则是,当今世界许多人持有的"一个人道的、社会公正的和有利于环境的资本主义实际上是可能的"观念事实上只是幻想;资本主义经过几百年的发展,正因为无法实现理性和民主的生态计划与经济规划,才表现成现在这样。

4. 生态正义的类型

生态正义包括代内正义与代际正义。马克思的生态正义思想不只表现在通过批判当时资本主义的非正义而形成的共时态的全球性生态视域,更为前瞻性地关注到了未来世界人类的发展,例如他们应当拥有怎样的自然生态。这就是代际正义的视域。因为历史存在于物质传承的过程之中,不仅传承着直接物的形式,比如科技成果、货币、物质财富、自然环境等,而且传承着业已形成的各种社会关系,比如人与自然、人与自身、人与社会及社会与自然的关系等。可以说,马克思的生态正义思想是以批判当时社会现实为基点,蕴含着未来的价值指向。他的生态代际正义思想主要体现在对于土地本身及土地附加价值的分配问题的认识中。在分析资本主义地租时,马克思坚定地批判了土地私有化对正义的贬抑,明确地将生态非正义与社会非正义联系起来,从代际传承的角度赋予土地存在的自在价值,并且由此反证了代际正义的合理性。不论覆盖范围多么广大的群体,都不能宣称对土地的所有权,而只能使用土地,并且对土地进行修复改良,以便将依然完好的土地传给后代。从马克思的相关论述中可以看出他对自然生态有限性的前瞻性认识,并且由此出发体现出深切的对人类未来发展的忧虑和关怀。马克思认为,土地在任何形式上的私有化都与生态可持续相背离,相对于大规模的土地私有制,小土地所有制也许会表现出更加直接地对土地自然力的滥用和破坏,并且在不断的发展之后,大土地私有制会同小土地所有制一起让农民过度劳作,机械化农业和市场化运作都将过度消耗土地肥力使土地变得贫瘠。土地和劳动力这两种自然生产力都将在资本主义生产方式中由于生态正义的丧失而失去可持续发展的动力,劳动生产率由于自然条件的减退而不断下降,自然条件的减退更无法维持不断增长的劳动生产率,因而利润率趋向下降,这会使资本主义生产方式内部矛盾加剧,积聚了变革资本主义制度的动力。因此,当代人应当思考的是,究竟采取怎样的生产方式和制度结构才能为未来的人类留下持续发展的自然生态资源呢?

二、生态正义的可能性

伦理学意义上所理解的"共生",就是表征一种人的本真的生存样态。因为每个人的真正的自由前提就是其他个体的自由,因此,人生存的最佳状态就是在共生中的存在。共生状态中,人能够获得真正的自由,实现完整而自由的人生体验。存在于自然生态中的人必须同样地要将自然纳入自己的共生视野之中。因为人和其他自然一样,其最高的内在价值就是使得整个自然生态体系稳定、完整、有序、美丽且可持续,这样的内在价值反映的不是人也不是其他物种的尺度,而是与生态体系的整体尺度相一致。

人与自然实现生态正义的伦理根基,在漫长的人类历史实践中长期被忽视,对待自然的工具理性长期盛行,更多时候表现出的是自然为人而存在。由于人为自然存在的伦理原则往往被忽视,环境的改变与人通过实践活动的自我改变则很难达成一致。马克思的生态正义论不仅看到了异化劳动导致了人与自然关系的异化，而且看到了异化劳动背后资本私有的深层根源。私有制条件下，工人的劳动不是自由自在的活动，而是谋生的手段。工人越是通过自己的劳动占有外部世界，自然界就越发不成为他的劳动对象，就越是不能提供直接意义的生活资料，甚至还把人相对动物所具有的优点变成了缺点。更为可贵的是，马克思逻辑地提出了解决问题的思路，即只有在人类自身的进一步发展中，抛弃私有制的模式和思维方式，才能真正解决人与自然、人与人之间的矛盾冲突。其时，劳动成为人的第一需要，"自然之为人"与"人之为自然"走着同样进步的道路，人与自然界完成了本质的统一，实现了共生共存。因为只有在社会中，人才是自然的人，自然才是人的自然，因此人们要联合起来组成自己的社会。这样的人类社会必然是一种摒弃私有制的、劳动成为第一需要的、人与自然实现共生共荣的社会。马克思明确指出，共产主义就是符合这一条件的理想社会，因为共产主义对私有财产进行了积极的扬弃，人真正拥有了自己的本质，成为社会的人；而且共产主义对旧制度的批判是建设性的，继承了以往社会发展的一切积极成果，人们之间不再争斗，也不再与自然争斗，也只有从这时起，人们才完全自觉地为自己创造自己的历史，生态正义成为可能。人不仅与自然界实现共生，也与社会实现共生，更与自身实现共生，人终于在共生中获得自由。

1. 共生中人的全面自由

马克思毕生追求的都是全人类的解放。他的生态正义论的核心问题就是对人的主体地位的肯定，认为"一切生产都是个人在一定社会形式中并借这种社会形式而进行的对自然的占有"①。这种所谓的"普罗米修斯情结"在他的生态正义论中表现为强烈的人文关怀，并且同样是在针对资本的批判分析

---

① 《马克思恩格斯文集》第8卷，人民出版社2009年版，第11页。

中确立的。马克思痛恨资本对人的本真存在的剥夺，因为他一直追求的解放人类的理想，就是建立在批判资本主义使人发生异化和物化的基础之上的。同时，他辩证地认识到资本在创造财富方面的积极作用，因为资本追求利润最大化的本性，往往催生出超出需要的劳动生产力，而后者是人们得以发展自身丰富个性的物质基础，当发展出全面丰富的人性时，资本的劣根性就表现出它革命性的方面。可以说，马克思贯彻了他的实践唯物主义，指出基于每个个体全面自由发展的全人类的解放必定需要丰富的物质供应，因为人们获得的自由不能只是精神层面的，更不能是虚幻的，而应当是有现实的生产力基础和物质保障的。在物质财富不断积累的过程中，人的自由劳动的本性将得到充分释放。在未来理想的社会中，即使是"富有的人"也摆脱了资本主义条件下为富不仁、唯利是图的状态，而是表现出人的总体性与普遍性的人，富有不是作为规定性而是作为必然性，作为他的需要而存在。人与自身不再分离，他既自由地生产又自由地生活，人的本质得到确证，人实现了与自身生态的共生，并且因为自己的自由，而使他人获得自由。

　　人的自由发展表现为控制自然与控制自身的双重实现，必需的两大要素就是自由劳动与社会共同体。马克思将人与自然的共生置于社会背景之中，社会不仅是人与自然各自体现本性的必要条件，而且进一步使人与自然的共生成为可能。劳动是人、自然、社会三者发生联系的纽带，只有自由劳动的实现，人的自由发展才能达成，而劳动只有摒弃物欲追求的目标才能获得自由，因为不论是否在资本主义生产条件下，如果劳动只是为了增加财富满足欲望，它就无益于人的全面发展，就是应当扬弃的。生态共生的伦理追求决不止于使人的独立性依附于对物的依赖性，而是必须使人从对物的依赖性中解放出来，把物的独立性真正地变成人的独立性，使人类成为"自然界的主人，成为自身的主人——自由的人"①。马克思进一步指出，只有联合起来的人，在共

————————

① 《马克思恩格斯文集》第 9 卷，人民出版社 2009 年版，第 398 页。

同体即社会中的人才能由于获得了全面发展自身的能力而实现全面自由。在获得自由劳动与共同体这两大要素之后,控制自然与控制自身同时达成,人应当实现的自由全面发展表现为这样的状态,因为社会共同体的整体调节,人们不再被限制在固定的活动区域,不必从事固定的工作,可以根据喜好和愿望而从事一定的物质的或者精神的生产实践活动。自然也摒弃了物质供应的价值身份,成为人自由发展的整体性因素,获得了与整体生态的共生。人的全面自由是实现生态正义的必要前提。

2. 共生中实现正义

当社会发展越来越受到环境因素制约时,生态正义必须被纳入社会正义的考量范畴,并且生态正义同样不能妥协。由于马克思在社会关系中分析人与自然的关系即生态正义的问题,因此他的生态正义论深刻地认识到了人与自然的正义与人与人的正义之间的统一性,马克思通过批判当时形成的自然主义历史观表达了自己的思想。所谓自然主义历史观,过分夸大了自然的力量,认为自然对人的作用是单向的,自然条件决定着人的历史进程。马克思历史观不仅坚持了他一贯的从物质生产实践出发的主张,而且认为人的智力更多地表现为改变自然,而不只是认识自然,人的智力又是在这个改变自然的过程中日益提高。然而,人与自然的作用是双向的。在人与自然的相互作用中人的历史发展起来,人与人也发生了相互作用。人与自然的正义和人与人的正义在改变自然的实践中具有了统一性。

因此,尽管马克思毕生追求的是人际正义的实现,但其中包含的生态正义的价值取向是不容忽视的,在生态共生中包含生态正义的全面正义方能达成。在马克思看来,抽象地谈论事物是否公平正义毫无意义,应当把事物放置在一定的社会背景下,一定的生产关系与意识形态中,这样去看待才有意义,也才会有是非判断的结果。他用社会—历史的方法论视角审视生态正义问题。在他看来,任何脱离生产关系、离开社会现实谈论的公平与正义都毫无意义。同样地,对于生态正义即人与自然间正义关系的考察也必须从现实的社会情况出发,因为社会是人与自然共同存在的基础。只有在社会中,自然界才会体现本质。

西方生态学马克思主义者奥康纳在解读马克思生态思想时,认为在生产社会化高度发展的时代,分配性正义不可能实现,而社会正义只有通过生产性正义并借生态学社会主义制度才能实现。奥康纳得出这样的结论,首先是由于他的西方化的量化的实证性思维方式。社会化程度越来越高,劳动分工和专业化程度也越来越复杂,很难找到一个可靠的标准来计算成本和利益。日益社会化的生产、分配、交换和消费体制的发展,意味着分配性正义越来越不可能合理地测定和实施。而生产性正义只需要定性地考虑生产活动的正当合理性,实现消极外化物最小化和积极外化物最大化的生产与再生产,在现实中更有可能实现。但是,忽视分配领域的公平正义,只求诸生产领域的正义,显然会导致脱离资本主义社会的生产关系、脱离人与人的关系,抽象地谈论人与自然的关系。这正是马克思生态正义论的高明之处,"除非具备了社会变革赖以发生的物质条件,否则就没有完全意义上的正义"①,马克思的生态正义内含着社会正义的意味,是一个总体性概念。由于他认为抽象的、与人隔绝的自然并不存在,因此,他将生态正义与人际正义视作社会正义的一体两面,而不是像奥康纳那样把人类的生产活动看作是单纯的人与自然之间的关系,而是认为它必须在一定的生产关系中进行,人与自然的矛盾只是人与人之间矛盾关系在生态问题上的再现。因此,奥康纳的生态学社会主义构想终究成为走向生态主义的乌托邦,他自己也意识到了这一点,把他的生态学社会主义看作是基于资本主义日益严重的经济和生态危机的一种实证性分析,并不能算作是一种社会制度的规范性构建。以奥康纳为代表的"生态学社会主义"抓住了人与自然的矛盾这一线索,从而提出了生态正义的思想,这一点值得称

①　Jonathan Hughes.*Ecology and Historical Materialism*.Cambridge University Press.2000.p.18.

道。但是,由于其忽视了人与人的矛盾,割裂了生态正义和它所处的社会——历史背景,因此,没有正确反映马克思的生态正义思想。

可见,在马克思看来,生态正义的实现首先就要承认自然作为多元主体的全方位价值,必须依赖于人际正义的实现。也就是说,缺失了生态正义的社会正义是不完善甚至是不存在的,而生态正义的实现基础就是人际正义的实现,这就是马克思生态正义论的根本伦理取向。

三、生态正义的全球表现

生态正义论实际上体现了人们对近代以来世界历史形成后的全球化社会实践的反思。其在当前的一个重要表现就是国际正义原则。

1. 殖民化的反生态性

从 16—18 世纪,荷兰、西班牙、葡萄牙、英国、法国这些老牌资本主义国家热衷于建立殖民地,为经济利益、政治权威和宗教使命推行帝国主义政策。到了 19 世纪中叶,世界上许多地区都已殖民化,剩下的地区也笼罩在国际性的殖民热潮之中。借助先进的军事力量,到 19 世纪的西方,"强权即公理"已由文化霸权上升为意识形态霸权,殖民化成为资本主义生产方式在自己国家之外世界范围内展现和发展自身的最佳选择。在《〈政治经济学批判〉序言》中,马克思指出,构成经济现实的并不是抽象的"经济",而是"物质的生产方式"与"一定的意识形式"的结合,后者包括特定的看待世界的方式、处理国际关系的方式等。马克思时代的资本主义经济构成,同样不仅包括物质的生产方式,也包括西方政府和社会对殖民观念的热衷与推崇。

殖民化使生产力成为破坏的力量。资本主义阶段对于人类发展的最大贡献就是前所未有地解放了生产力,使人类看到了无比乐观的生存远景。对于这一点,马克思并未否定,他同样肯定了资本主义生产方式的先进性的一面。但是,辩证地、历史地看待问题是他一贯的思维方式。特别是在他生活的年代,殖民主义异化了资本主义,生产力也异化成了殖民的工具,成为一种破坏力量,这一点在被殖民地区成为常态。殖民主义下的生产力发展和生产方式的存在对于被殖民地区人们来说是一种灾难,生产被异化为破坏的力量,生产得越多,殖民性就越强,人们的感觉就越痛苦。在殖民化的世界背景下,由于资本的无限扩张冲动和全球性生产体系的强制推行,资本主义生产方式原先在本民族内部的反生态性也扩展成为一种普遍的、全球性的生态破坏。资本主义对殖民地区和国家的侵略不仅表现为资本的全球侵略,同时以强行转嫁的方式表现为生态环境遭到全球破坏的"生态帝国主义"。

马克思在《资本论》中把积累称作资本的"摩西和先知",可见当时积累对于资本发展的重要性。在本民族资本主义形成初期的资本原始积累在殖民地重新上演,并且由于缺少了基本政治构架和法律体系的约束,资本逐利和扩张的本性更加变本加厉。也许资本主义在发源地的发展还表现出文明的样子,当殖民主义大行其道,资本向被殖民地扩张时,它就赤裸裸地呈现出它野蛮的本性,对自然的掠夺更加肆无忌惮。马克思在分析原始积累中工业资本家的产生时提出"暴力本身就是一种经济力"[①]。可见,尽管暴力属性是恶,它却成为当时生产力中不容忽视的属性。生产力的破坏力量,由于暴力的注入而成为殖民化反生态性的推手。资本主义殖民统治对被统治民族造成了空前的灾难,殖民化破坏了本地的公社,摧毁了本地的工业,夷平了本地社会中最伟大和崇高的一切,从而毁灭了当地的文明。结果是,殖民地的人民陷入无比悲惨的境地,旧的生产力和生产关系被破坏得一塌糊涂,新的制度和社会意识又没有确立起来。世界范围的殖民掠夺在推进,殖民化的反生态结果也不断升级,一方面是生灵涂炭、田野荒芜的军事占领与劫掠,另一方面是抢夺资源、过度开发的商业竞赛与抢夺,生产力在殖民阶段的建设性被破坏性大大地削弱了。具体表现为,在美洲当地的印第安人因为阻碍了殖民者掠夺金银的步伐而遭

---

① 《马克思恩格斯文集》第5卷,人民出版社2009年版,第861页。

到屠杀;东印度开始进入殖民者掠夺和征服的视野;非洲则成为贩卖黑奴的主要地区,等等。资本主义在扩张中找到了发展自己的新机遇,新一轮的原始积累重新上演,殖民者们也开始了争夺殖民地的商业战争和军事竞赛。殖民化加剧了社会财富私有化程度使生产关系发生断裂。马克思以英国为例说明当英国用爱尔兰的土壤换取外币时,却根本没有考虑爱尔兰耕种者应当如何面对日益耗竭的土地。殖民地对自己的土地都丧失了自主权,殖民化确实在更广、更深的程度上加剧了全球社会财富的私有化程度。而这正是马克思极力批判的,因为他认为当人类发展到一定的文明程度时,就会发现曾经存在的对个人的私有制和对国家的私有制是多么的不可理喻。社会财富的私有化程度过高导致的生态后果就是对自然资源与生产资料的无度使用和过度开发,放大了资本主义生产方式的弊端。因此,当殖民化成为当时资本主义发展的常态时,尽管它依然促进了技术和生产社会过程的结合,但是,在破坏所有财富的原始源泉——土壤和工人方面却显得更有力量。农业生产中土地与农民被分离,肥料滥用与土地无计划过度开发,使土壤失去使用的可持续性;工业生产中机器等生产资料及原材料与工人分离,资本增殖与货币增加成为工业生产的唯一追求,并且横亘在生产资料与他们的"主人"——资本家之间,使之与资本家也发生了分离,非循环生产、过度生产甚至破坏性生产使能源资源与生态环境失去发展的可持续性。世界范围内的殖民化使这种断裂以及由此造成的不可持续,不仅存在于一国之中,也存在于殖民主义下的帝国主义世界之中。

殖民化使城乡对立呈现国际形式。即使在马克思的时代,城乡对立业已明显地表现出来了,大量的人口、生产资料、物质产品和精神享受的东西都集中于城市,而农村变得越来越隔绝和分散。马克思通过对西方社会历史的分析看到,农业文明时期,乡村通过对城市的统治而得以存在发展;到了工业文明时期,城市不仅摆脱乡村统治,并且不断发展壮大,并最终依靠对乡村的统治和盘剥而存在。在马克思生活的资本主义时代,工业化已经发展到中期,城市对乡村的盘剥日益严重,乡村对城市的依附也逐步加深,在资本主义国家,民族内部的城乡对立明显地表现出来,并且成为生态正义的阻滞因素。由于当时殖民化的风潮,这种对立还远不止于本国、本民族之内,它像瘟疫一样在广大殖民地国家和地区蔓延开来,城乡对立呈现出国际化形式。在资本主义国家内部,城乡对立表现出农村依附于城市的状态,随着殖民化的加剧,城乡对立表现为以农业为主体的国家依附于以工业为主体的国家,并且在更广大意义上表现为农业经济为主的东方依附于工业经济占据主导的西方。东方成了世界的农村,而西方成了世界的城市。尽管在这一过程中,与落后国家存在的各种原始和封建的制度相比,资本主义中心国的生产方式和社会文明无疑是先进的,殖民统治者们在世界市场上追求最大程度的垄断利润的同时,他们不得不修筑铁路、开办工厂、传播文化、引进现代科学和教育,从而不自觉地承担了为新世界创造物质基础的历史使命,并且不自觉地创造了有益于进步的精神世界,当时工业落后的国家必定会发展成工业发达的国家。然而,通过殖民统治而建立起来的资本主义世界体系的不平等程度日益加深,并且极大程度上促成了国际化的生态非正义,成为未来实现全球性生态正义的严重阻碍,这种状况至今存在。

2. 全球化与生态正义

环境危机只是对人类共同体才存在,对自然无意义,因为环境危机是人的生存危机。马克思唯物实践论决定了他一定是把解放当作一种历史活动,而不是在人们思想中完成的。不仅如此,解放还是在全球范围内才能实现的历史活动。因为同以前一切社会发展形式导致的人的地方性发展,以及臣服于自然相比,资本主义生产方式下的人获得了世界性发展,自然成为人的对象性存在,成为对人来说的有用物。资本主义在全球化过程中,既发展了自己,也发展了推翻自己的对立面,为自然的解放进而人的解放创造了条件。换句话说,全球化不是个坏东西,是历史发展潮流不可阻挡的,也是实现生态正义的必要平台。

在《共产党宣言》中,马克思肯定了资产阶级在创造世界历史即全球化过程中发挥的积极作用,这一切源于世界市场的开辟。不仅是物质生产,而且精神生产,都成为世界性的生产,并在世界范围内被消费,每个国家和民族都无法挣脱世界市场的洪流,自给自足和闭关自守被自然地打破,正像资本主义国家内部人的互相依赖性在增长一样,世界上各国家和各民族之间的依赖性也在不断增强。因此,世界上一切民族甚至还处在原始阶段的民族都接触到科技进步的成果,因为市场在资本主义社会中发育最为完善,全球化最初的推进必定是以资本主义方式进行的,资本、市场是创建全球市场的最有效的工具。变小了的世界正朝着资产者期望的模式发展着自己。马克思既不否定更不惧怕资本主义向世界范围的开拓,因为他看到了其中的历史必然性,更看到了其中孕育着的人类解放自身的力量。资本主义阶段的必然性体现在这一阶段物质财富的积累上,在这个过程中,一方面逐步形成以人类互相依赖为基础的普遍交往;另一方面壮大着人对自然力进行科学统治的力量。这一切都孕育着新社会产生的因素。当资本主义发展的成果被伟大的社会革命支配的时候,当世界市场和全部生产力都由先进民族共同监管时,资本主义的使命就完成了,人类生态正义的愿景也就实现了。

四、生态正义的"可持续发展"

生态正义体现着马克思自然观的伦理规制,反映了最完善的道德要求和道德目标,或者说,这样的要求和目标将他的自然观中一切的伦理规制都包含其中,成为他的环境伦理关照的至善之源。这种伦理至善整体存在,并通过强烈的人文关怀,明确的正义指向体现为对于整体生态可持续状态的不懈追求,揭示出改造传统"可持续发展"观念的必要性。马克思在《资本论》中多角度地表达了他关于可持续发展的思想意蕴,包括私有制是破坏土地持久力的罪魁祸首;每个世代都不是土地的所有者而只是使用者;人们之间、国家之间应公平使用自然产品;公平使用自然资源让社会生产力实现其可持续性等。他认为,人类与生产必须建立更加彻底的可持续发展关系,以符合我们现在将之看待为生态学的而非经济的规律。

传统的可持续发展作为一种发展范式得到世界各国认可,是在布伦特兰会议报告《我们共同的未来》正式给出可持续发展的主流定义之后。由于西方近现代以来的发展是建立在人与环境主客二分或者说是人类中心主义的理念基础之上的,也恰恰是这种传统理念带来了世界资源能源的枯竭、生态环境的恶化、经济发展缺乏动力等一系列现代性症结。该理念就是西方学界、政界在西方发达国家工业化和现代化进程受到多种因素阻滞的情况下提出来的,本意旨在解决人类中心主义带来的弊病。然而,由于该理念的实质是在认可西方工业化发展价值的基础上,为了寻求西方持续现代化的发展道路并推动全球现代化进程的逻辑表达,因而,本应提供全新的人类发展范式的可持续发展理念被现代性误读了30多年,使得原本旨在摆脱"人类中心主义"的可持续发展理念总体上依然没有超越人类中心主义的狭隘视域。人化自然的属人价值、从时间和空间两方面应关注的环境公平等问题,时常在"人"这个唯一能动的主体追求经济利益最大化、追求最发达的现代化的过程中被边缘化甚至被完全丢开。这就造成了发达国家已经开展了几十年的绿色运动只是让极少数人群短期受益,发展中国家或不发达国家重复走着先污染后治理的发展老路,承担着过高的发展与环境成本。总体上,全球性环境问题日益严重,人类整体生存的持续性受到极大挑战。经济社会与自然环境的和谐共生、双赢互利迫切需要传统可持续理念的转变,从而指引人类走出一条真正可持续的发展道路。

1. 由"单向度"发展向全面发展的转变

可持续发展理念的提出就是要实现经济社会发展从传统片面地单纯地追求经济发展向经济、生态和社会全面协调可持续发展的转变。从语义学的意义上说,"可持续"被放在"发展"之前成为一个定语,意味着在现代社会市场经济条件下,对经济社会发展的价值追求进行新的限定,其实质就是对发展本身的价值进行反思,特别是对好的发展应该追求的价值进行重新的界定。马克思研究发现,农业的大规模集约化发展的前提是土地和农民具有可持续性,而资本主义单纯追求发展,因此资本主义的规模农业的发展则不会形成土地和农民的可持续性。不仅是农业,工业生产也是如此,资本主义让自己的产业大规模地发展起来了,但是却极大地破坏了森林、土壤等自然资源的状态,更别提对自然资源的修复和保护以使其具有可持续的性质了。以发展为首要且唯一目的的社会范式,显然无法体现可持续发展理念的本质内涵。单纯的追求发展将导致"持续的增长,包括经济增长在内的所有类型的增长",这是"违背自然法则的,终将趋于停滞"。① 以货币交换污染权,再以污染换货币的发展模式,最早出现在资本主义工业化初期,但是,这种以所谓"私有产权"为主要特征的新制度经济发展模式已经受到西方的普遍质疑与扬弃。除非发展的需求被合理抑止,否则任何社会管理的进步手段或具体技术进步的良性影响都注定要失败。② 当可持续发展战略被提到国家政策层面时,其实就是给"发展"加上了"可持续性"的限制,就是淡化了发展的中心词地位。经济发展,必须与人口、资源、环境等自然因素统筹考虑,不仅要安排好当前的发展,还要为子孙后代着想,为未来的发展创造更好的条件,决不能走浪费资源和先污染后治理的路子,更不能吃祖宗饭、断子孙路。可持续发展的道路依然漫长而艰辛,在践行可持续发展理念时,实现由单纯地追求经济社会发展向经济、社会、人的全面发展与自然生态环境全面协调发展的理论与实践思路依然要不断强化。

---

① 参见 E.库拉:《环境经济学思想史》,上海人民出版社 2007 年版,第 173 页。

② 参见 Jonathan Hughes. *Ecology and Historical Materialism*. Cambridge University Press. 2000. p.44。

2. 由"唯经济主义"到协调发展的变革

深层次的意味上来说,走出"唯经济主义"的社会发展观是可持续发展理念的根本面向。可持续发展理念并不是一个全新的概念,因为它在农业中的根源可以上溯到 18 世纪末的圈地运动。① 直到现在,它更多地被用于描述经济的一部分或全部的可持续增长,从农业、渔业、林业到整个经济活动领域。这种对经济可持续的乐观态度源自相当长时期以来资源不竭和技术万能的乐观论调,然而,当今社会的状况已经摧垮了这种盲目乐观的基石。飞速进步的科技不能延缓臭氧空洞的扩大,不能复原灭绝物种时期的繁荣生态。盲目乐观是再也行不通了,经济可持续的维度本身就有问题,它的实现不仅是不可能的,而且最终将有害于人类这个物种的繁衍生息。而环境可持续既有可能性又有必要性,这一维度应被纳入可持续发展理念的视野,从而确立整体可持续发展的理念。

"在生态利益和经济利益之间存在冲突之处,环境的稳定化比经济发展要有优先地位。凡是一种文明化的措施对环境的影响存有疑惑之处,为了有利于可持续性要以那些对环境作出了更严重后果的预告为出发点。"②首先,经济可持续的首重地位应予质疑。一味地倚重经济的持续增长,必然导致对自然产品攫取使用的不断升级,资源能源的持续减少将导致各种自然产品供应价格的持续上涨,人民生活负担加重,面对丰富甚至过剩的社会物质财富支付能力日渐降低;更令人担忧的是,过于强调经济可持续的重心地位还必将导致生态环境的持续恶化,生态难民不断增加,在这种情形下,经济持续增长带来的满足感早已被对当下生存环境改善无望和未来生存空间被挤压的担忧所替代。马克思在分析资本主义劳动异化情况时就发现这样的问题,工人的生

---

① 参见 E.库拉:《环境经济学思想史》,上海人民出版社 2007 年版,第 177 页。
② 克里斯托弗·司徒博:《环境与发展:一种社会伦理学的考量》,人民出版社 2008 年版,第 349 页。

产与消费成反比,他创造的使用价值与自身具有的价值成反比,自然外化于工人并奴役着工人。在社会主义生产方式下,劳动与人发生异化的情形必须被避免,这就要对经济可持续的"首重"地位加以改变,在经济持续增长与人民幸福感增进之间作出明智的抉择。一味强调经济可持续的维度在带来社会财富普遍增加的同时,形成深层次的财富享用的不公正与生存环境的不公正,人民广泛的担忧与不满情绪必定导致可持续发展成为空谈。

另外,经济可持续与环境可持续的因果关系也应理顺。前者有可能影响后者的实现,而后者是促成前者实现的必要条件。当人类发展出现了经济与环境的冲突之后,乐观气氛始终延续,对自身科技进步的信心,对经济增长的信赖,让人类长期将环境的可持续列为可以掌控的范畴。然而,随着人类能力日益增强,对环境施加外力的广度与深度日益拓展,环境的不可修复性也日益显现,"自然的报复"让人类在环境面前变得越来越无所作为。经济的发展、科技的进步换不来人类生存环境的持续良好,这一点毋庸置疑。而环境如果始终处于可修复的使用中,就可以"靠消耗最小的力量,在最无愧于和最适合于他们的人类本性的条件下来进行这种物质变换",①这样就可以为经济运行提供源源不断的生产资料,为人类生活提供生机勃勃的生态环境,使人类社会在物质财富适度够用的情况下保持生态良好的发展态势。可见,以环境可持续维度来补充经济可持续维度是解决人类发展积疾的关键所在。在影响人的生存质量的因素中,绝大部分与环境的优劣相关,包括从基本的食品安全、饮用水质、空气质量到绿地面积、休闲场所等精神享受,还有更高层次的环境带来的美学价值等等。自然界作为"人的无机身体",其价值日渐重要,其内涵日益丰富,因此,对环境的保护应成为可持续发展理念的另一重要维度。在经济生活中,当效率与公平的矛盾凸显时,二者兼顾、公平优先是明智的选择;同样,在社会整体运行中发展与环境的矛盾面前,二者并重、生态环境优先,也是

① 《马克思恩格斯文集》第 7 卷,人民出版社 2009 年版,第 928—929 页。

明智之举。因为与市场具有追求效率的本性一样,社会财富的增长与整体发展也是社会运行的固有追求,而环境保护与追求公平一样则不是自然发生的,是需要有理性思维能力的人有意识地去推动实现的。但是,正如社会公平是人类社会长治久安的重要保证一样,环境保护工作的扎实有效才是人类发展可持续的前提和动力,它保证了自然资本储备总量的相对稳定,特别是臭氧层、碳循环、生物多样性以及其他的对人类生存具有决定性的紧缺资本不被消耗殆尽,这些显然是发展所必须的先决条件。如果极端地从属人的价值来看待的话,失去发展效用的环境至少还可为人类提供更高层次的精神享用价值,然而失去与人友好的环境,发展将无以维继。因此,环境可持续与经济可持续相比较,其优先性不言自明。

3. 由"人类维度"向人与自然和谐维度的转变

"可持续发展"要实现由发展的维度向发展与公平并重的维度的转变。布伦特兰会议报告在可持续发展定义之后还明确提到,可持续发展"包括两个重要的概念:需要的概念,尤其是世界上贫困人民的基本需要,应将此放在特别优先的地位来考虑;限制的概念,技术状况和社会组织对环境满足眼前和将来需要的能力施加的限制"[①]。在实践可持续发展理念时,这两个作为补充的却是实质性的概念往往被忽视,表现在科技、管理、政治等能力被无限放大基础上对环境正义和资源公平的忽视。这就造成当前的现状:尽管可持续发展已经成为许多国家多年来公认的执政理念,却不能根本缓解日益严重的全球性问题,比如生存环境恶化、自然产品数量与质量退化、人口增加与粮食等非自然产品产量相对不足之间的矛盾,国家之间、地区之间贫富差距扩大,世界上处于半贫困或贫困状态的人口数量有增无减等。追溯世界总体可持续发展中没有发展出共同利益的原因,在于不论是国家内部还是国家之间,都存在

---

① 世界环境与发展委员会:《我们共同的未来》,吉林人民出版社 1997 年版,第 52 页。

忽视生态正义、经济正义和社会正义的问题。如果能做到发展与公平并重,就会从每个人过得更好的角度来考虑发展和环境问题,就会降低追求共同利益的难度。当今世界要解决现代化建设中出现的种种问题,就要确立发展与公平并重的可持续理念,实质上就是要确立"正义"的现实地位。"马克思认同人类需求的增长与生产力的增长"①,同时,正义是他思想的伦理至善,这一点更表现在他的"生态正义"思想中。首先要倡导人与自然之间的正义,也就是重新定位自然价值,否定人类在自然面前的无限能力。共同的世界是由有生命的和无生命的事物共同组成的,它们都是自然的创造物,都有自己存在的价值与尊严,都有期望一种符合自己存在的发展方式的权利。因此,要给共同世界以尊严,也就是给人类自己尊严。这种要求属于环境伦理的较高层次。马克思在 100 多年前就批判了资本主义生产对土地的破坏,在他看来,资本主义条件下的工业和农业一道既破坏人的自然劳动力,又破坏自然本身的自然力,让人贫弱衰竭,让土地贫瘠不可持续。不尊重自然价值,忽视自然权利的发展带来的一定是人的价值与权利的丧失,发展的可持续也会成为镜花水月。只有将自然价值置于与人的价值同等甚至略高的地位,在实现人与自然公平的同时,才能持续地体现人的权利,实现人的价值。以公平为核心还有更重要的一层意思,就是公平分配有限的资源,这里就包括了代内正义和代际正义。当今世界"已经或者能够生产出养活每个人的粮食。人们还会挨饿是因为有的人买不起",从这一点上看,"马克思对马尔萨斯人口论的批驳依然有力",②由于自然产品的分配不公导致生态和社会的双重非正义。马克思一再强调谁都不拥有地球及其产品,每个人只不过是使用者,并且有责任保护好它们以便很好地传留给后代。强调对自然资源的公平分配是出于对当今世界凸显的不公平现象的担忧,这种不公平利用自然产品的情况将从多个角度促使形成人与环境不友好的局面。一是发达国家利用久已形成的经济甚至政治和军事优

---

① Jonathan Hughes.*Ecology and Historical Materialism*.Cambridge University Press.2000.p.45.

② Jonathan Hughes.*Ecology and Historical Materialism*,Cambridge University Press,2000.p.57.

势,掠夺和过度开发使用发展中国家的资源和初级产品;二是世界上将近60%的贫困人口由于就业、温饱、债务等生活压力,用过度开发环境和资源作为谋生的手段;三是发达国家利用经济和政治强势,可以把发展产生的污染转嫁到发展中国家,这使得在他们在国家之外找到了廉价使用自然产品的途径,同样从地球资源总量和总体环境保护上产生负面效应。不公平现象在我国地区间、同一地区的不同群体间都有一定程度的表现,地区资源和环境自然存在的差异造成的客观不公平虽不在我们讨论之列,但由于阶层和群体的经济实力、政治角色和社会地位强弱与高下所产生的社会不公平,却应当予以重视,并加以克服。可以说,人们开始考虑代际正义的问题对于伦理学研究是个转折性的事件,因为在新的代际视域下,原先好多成立的伦理原则道德关系变得不成立了,但是,一旦认识到有代际正义的范畴,如果还将之搁置不理,对于正义的伦理学考察就必定是不完备的。因此,环境正义必须将代际正义置于其中,环境的整体性揭示出代际正义缺失导致的后果:即使在当代,资源受益群体可以独善其身,然而资源分配不公平带来的资源滥用与环境破坏,终将造成整体生存环境的恶化,生活在一个地球生态中的人们必将在下一代或某一代共同品尝苦果。可见,可持续理念必须实现由发展维度向发展与公平并重的维度转向,人与环境的整体可持续发展才能真正实现。

如果只在发展的层面上理解可持续,则必然导致谬误。从更深层的意义上理解,可持续应当是一种人类在全球范围内实现生态正义的伦理规范,同时以社会价值观和社会制度的形态表现出来。工业化在带给世界浮华繁荣的同时,也让可持续发展理念沾染上了共同的劣习:单向度的盲目片面,经济至上带来的幸福感下降,以及效率优先对人的整体性的戕害。在马克思看来,代际关系尽管表现得比较特殊,但是,从物质生产的视角入手仍然可以合理地理解与对待。人类既缺席又在场,既是代理人又是被代理者,既生产着当下,又传承着未来。每代人要对未来世代的人的生成存在认同,一方面人们可以从切实可见的后代身上实现情感认同,另一方面又可以借助智慧的头脑对后代的未来存在获得理性认知,从而逐步实现通过自身感知未来的世代。在代际正义中,最应当避免历时性的伦理价值判断,因为这是违背正义原则的。只因为自己在时间上在先,就认为有优先的生态权利,从而利用时间优势来增进自己的权益。就个人而言显得太不理性,就社会而言就会表现出非正义的状态。可持续发展理念本身并没有问题,关键是去除百年来工业化进程给可持续发展理念打上的烙印。

马克思自然观的"生态正义"论关于可持续性的伦理关切,无疑对于当今社会发展十分有益。其中自然正义作为底线正义,是一种审视代际正义和代内正义的重要力量。马克思生态正义的伦理目标就是要达成这样的正义,这个目标最终体现在他的可持续思想上,他在抨击私有制的同时道出了可持续思想的内涵,即在摒弃私有制的社会,所有在世者都可以合理地使用自然资源与自然产品,并且有责任和义务对自然进行修复和保护,把它完整地传给后代子孙。可见,马克思认为要实现可持续,就必须建成摒弃私有制的社会,并且当代人要对后代人的环境与发展负责。因此,在马克思看来,人类的可持续必定是自然与社会的整体可持续,不仅要经济发展,而且要经济与环境不发生冲突;不仅要经济可持续,而且要环境可持续;不仅要以发展为核心,而且要以公平为核心。这就是马克思的生态正义论所追求的伦理至善,即实现人与自然及整个生态——社会整体的可持续共在。

第四节　恩格斯《自然辩证法》中的生态整体主义

恩格斯在《自然辩证法》中,既将辩证法运用于对整个自然的诠释,同时也确立了整个自然规律的合辩证法性。可以说,恩格斯对于自然的辩证诠释已然成为当今环境伦理学的重要思想资源。纵观环境伦理学的发展历程及其形成的几大思潮,自然辩证法中所体现出的思想内涵与当今生态整体主义有着更多的切近之处。因此,以生态整体主义的视角去透视《自然辩证法》可以得到更多的启示。

生态整体主义的基本立场认为,自然生态作为一种整体性的存在,在本体的意义上具有价值的优先性。人们对其所作的理解,不能仅仅停留在各种具体的自然物的叠加这样一个层次,而是要关注到,其中各个存在物之间的联系具有着实体的意义,即构成自然生态整体的是存在于自然中的各种事物及其之间的相互关系。因此,这一方面构成了自然生态的实体化依据,即自然生态系统本身不是一个抽象的集合概念,而是一个现实存在并发生着作用的实体。另一方面,则凸显出了在生态整体中的各个元素并不是孤立的存在,它们存在的价值将体现于由其所构成的种种联系,乃至于生态整体的作用上。换句话说,整个自然生态是一个由各种自然物(包括人类)共同相互联系构成的网络系统。其中的每一个个体或某种类存在,都是依赖于整个普遍联系网络的支撑,同时,其变化和发展也将通过这样或那样的联系而影响到自然生态整体。在这个意义上,恰恰印证了恩格斯在《自然辩证法》中所提出的各种自然要素之间和自然与人类社会之间的普遍的辩证关系。

进而言之,生态整体主义十分强调人与自然生态之间的融合,认为“人作为有机体生态系统的一个组成部分,既不‘居住’在自然之上,也不‘居住’在自然之外,而就‘居住’在自然之中。人类的生存与整个生态系统息息相关,其中生态系统的完整、稳定和美丽决定着人类的生存质量”①。人与自然生态的这种密切相关性使得二者之间的相互影响显得尤为突出。正如恩格斯所说的:“我们不要过分陶醉于我们人类对自然界的胜利。对于每一次这样的胜利,自然界都对我们进行报复。每一次胜利,起初确实取得了我们预期的结果,但是往后和再往后却发生完全不同的、出乎意料的影响,常常把最初的结果又消除了。”②然而,有趣的是,《自然辩证法》中的这段论证常常会出现在

---

① 薛勇民等:《论深层生态学的方法论意蕴》,《科学技术哲学研究》2010 年第 5 期。
② 《马克思恩格斯文集》第 9 卷,人民出版社 2009 年版,第 559—560 页。

两种乃至几种立场完全不同的环境伦理理论中,其中不仅用于对生态整体主义的佐证,而且包括生态中心主义,甚至人类中心主义,都时常将这段话用于自身理论的论证中。应当指出的是,这段话在整个自然辩证法中处于结论性的位置,因此,要把握其真正的内涵则必须进一步分析恩格斯得出这一结论的过程,在这一过程中可以进一步明晰恩格斯在《自然辩证法》中所体现出来的那种对于自然生态的价值倾向。

一、普遍联系与自然生态的整体性

恩格斯在《自然辩证法》的开篇曾指出:"辩证法是关于普遍联系的科学。主要规律:量和质的转化——两极对立的互相渗透和它们达到极端时的相互转化——由矛盾引起的发展或否定之否定——发展的螺旋形式。"①在此,恩格斯确立了辩证法的基本问题,即普遍联系。在恩格斯看来,整个知识界及其所对应的自然界的规律都是以普遍联系为基点展开的。在这个基点上,自然不仅不再是机械论那种各种物体的简单聚合,而且包含了万事万物之间所存在的那种必然的关联(自然界中力与场的存在可以说是典型的例子),以及在这些关联影响下事物自身的变化与发展。近现代科学的发展在当时已经使人们注意到,自然界不是"存在着",而是在时间序列中不断"生成着"和"消逝着"。因此,自然辩证法最终又使人们回到了古希腊哲学的观点:"整个自然,从最小的东西到最大的东西,从沙粒到太阳,从原生生物到人,都处于永恒的产生和消失中,处于不断的流动中,处于不息的运动和变化中。"②尽管恩格斯的本意在于说明运动与变化的永恒性,但他也带有必然性地揭示出,整个自然界无论是从时间还是从空间上都必须被理解为一个整体。自然中的运动和变化意味着万事万物之间彼此的相互作用,这种相互作用正是普遍联系的客观证据。也可以说,从普遍联系的观念出发,必然得出自然是一个整体的结论。

① 《马克思恩格斯文集》第9卷,人民出版社2009年版,第401页。
② 《马克思恩格斯文集》第9卷,人民出版社2009年版,第418页。

从另一方面而言,以普遍联系为核心的辩证法在形而上学层面也证明了整体主义的合理性。因为整体主义意味着整体在某种意义上具有超越个体的真实性,而这种真实性的具体表现就在于个体事物之间存在着真实而客观的关联。

与此同时,以辩证法来解读自然界时,也照应到了处在自然界中的具体事物自身的整体性。因为处在普遍联系中的事物都必然地支撑着自然整体中某一环的联系。从某种意义上说,具体事物的意义或价值就在于其能够在何种程度上担负整体的存在,并维持整体的动态发展。在此,个体事物必须在整体的背景下被理解。如同没有抽象的整体一样,在自然生态整体中也不存在抽象的个体。一个个体必须在其与他物的相互联系中才有意义。进一步而言,个体本身所经历的也是一个时间性的整体过程,其本质体现于不断生成和消逝的过程中,而把握这种辩证状态才能真正全面掌握事物。也因此才可以说,"辩证法恰好是最重要的思维形式,因为只有辩证法才为自然界中出现的发展过程,为各种普遍的联系,为从一个研究领域向另一个研究领域过渡提供类比,从而提供说明方法"①。

可以说,将辩证法引入对于自然的诠释在形而上学和认识论两个方面为生态整体主义确立了基础:其一,在形而上学上,普遍联系观点证明了自然生态作为一个整体的真实性,单纯的自然物,或自然物的集合不能以其自身的逻辑证明自然整体的合理性,更不能取代自然整体。其二,从认识论层面而言,只有把握了整体的自然才能真正认识其中的部分。换言之,就是只有认识到了普遍联系及这些联系中的规律,才能有效地把握其中的个体。也就是说,"我们不能说很好地认识了构成生态系统的各个部分就算认识了整个生态系统,必须有某种整体关照,才能算较好地认识了生态系统"②。恩格斯在此提出了:"在希腊人那里……自然界还被当作整体、从总体上来进行观察……这

---

① 《马克思恩格斯文集》第 9 卷,人民出版社 2009 年版,第 436 页。
② 阿尔贝特·史怀泽:《敬畏生命》,上海社会科学院出版社 1995 年版,第 271 页。

也是希腊哲学胜过它以后的所有形而上学的对手的优越之处。"①

因此,自然辩证法视野下的自然生态是一个由普遍联系构成的整体性存在。对于这个自然而言,无论是理性分析还是价值判断,都必须从整体性的视角出发。

二、生态整体内部辩证性及其内在价值

循着恩格斯在《自然辩证法》中提出的自然观来分析,可以看到,自然生态整体的建构是按照辩证法的思路来进行的。因此,对于其整体性的诠释,要辩证地理解个体与整体之间的关系,辩证地理解主体与客体之间的关系。也就是说,如果以辩证法的思路来构建并解释生态整体主义,就可以在其理论中排除那种将整体价值绝对化的倾向,从而也拒斥"环境法西斯主义"的产生。

恩格斯提出在整个自然界起支配作用的是"客观辩证法",也就是说整个自然生态系统遵循着辩证法的规律。自然界是一个普遍联系的整体,其中处处包含着事物之间的相互矛盾与转化,以及由之而形成的自我否定,并且因此而构成了生态系统整体的螺旋式发展。据此,生态系统中首先包含了各个要素的自我运动和变化过程。每一个要素的运动和变化都会对整体产生这样或那样的作用。(尽管很多时候这种作用处于量变的阶段,因而不会引起整体质的变化。)因此,人们在现实中不可能从自然生态整体中抽离出一个孤立的要素来进行分析,同时对于其中一个要素所施加的影响也必须在整体的意义上去思考。当人们触动了自然生态整体中的某一环节时,尽管可能不会在当下引起整个系统的变化,但是,已经为某种变化进行了量的积累,而且人类的行为具有某种长期的惯性,当一个行为被认为在短期内有其价值,而未来的价值有不明确的话,这种行为就会被扩展开来。然而,当量的积累达到了一定程度的时候,生态系统就会从质的方面发生变化。一旦这种变化违背了人与自

---

① 《马克思恩格斯选集》第4卷,人民出版社1995年版,第287页。

然的辩证关系,往往就会酿成生态灾难。也正是基于此,当今环境伦理才提出了一个面对自然生态整体时的基本原则——谨慎原则,即在人类对自然进行改造的过程中,对于那些未来生态结果不明确的行动,不宜过早、过快展开。

另一方面,根据辩证法,整体内部也存在着各个要素之间的相互冲突和转化,而要素自身也是一个具有两面性的矛盾体。在这个意义上,整体的辩证性也是由个体的辩证性构成的。因此,也不存在绝对意义的整体。为此,自然生态整体的建构与理解也必须同时关注到其中各要素的辩证性。恩格斯在文章中借用歌德的话——"一切产生出来的东西都注定要消亡"——来说明事物自身的这种辩证性所具有的普遍意义。这也就是说,在任何事物当中,都有着一种异质性的存在。对应于生态整体的认识而言,人们的失误有时并不是忽略了完整性,而恰恰是忽略了生态整体内部要素自身的特性及其相互之间的联系。以动物权利论为例,史怀泽在《敬畏生命》中写道:"(有一次)一些土著人在沙滩上捉住了一只幼小的鱼鹰,为了从这些残忍者的手中救下它,我出钱把它买了下来。然而,现在我得决定,是让它挨饿呢? 还是为了让它活下来,我每天只得杀死许多小鱼? 但是我每天也总感到有些难受,由于我的责任,这些生命成了其他生命的牺牲品。"①这也说明了,如果缺乏一种辩证的视角来看待整个自然生态,那么其中必然是充满悖谬的。

从以上两个方面不难看出,自然生态整体是一种辩证意义上的整体,辩证法不仅是其内在的规律,同时也是人们理解自然、并在自然中实践的要求。这也就是在《自然辩证法》中提出的将客观辩证法转换为主观的辩证法。由此,生态整体主义就在价值论层面找到了相应的依据。

在价值论的视域中,往往是以主客二分为基础的。传统的价值论一般认为,主体具有以自身为目的的内在价值,而客体则只具有实现主体目的的工具性价值。在这种价值观下,自然生态只是人们实践的客体,本身并不具有内在

---

① 阿尔贝特·史怀泽:《敬畏生命》,上海社会科学院出版社1995年版,第132页。

价值。但是,按照辩证法的逻辑,这种主客体二分的价值结构就被解体了。依据自然辩证法,自然界本身就没有绝对的主动者和绝对的被动者,"因为在自然界中任何事物都不是孤立发生的。每个事物都作用于别的事物,反之亦然"①,因此,自然生态整体是不可能完全按照其中某一种群的特定目的而发展的,也就不能将一种目的作为整个自然生态的目的。在这个意义上,可以说不同事物具有不同的主体性,只不过在地球共同体中,人才具有最高的主体性,动物、植物的主体性则次之又次之。而自然生态,既然是由这些具有不同层次的主体性的事物组成,那么其内在价值也必然会在这些主体性上得以体现,即自然生态整体的内在价值就在于使不同层次的主体在该层次上实现其主体性。

换言之,自然生态整体之所以应该被理解为具有内在价值的,也是因为其能够产生超越于人的价值形式和价值结果。或者说,人们更多地是发现自然生态整体的价值,而不是在其中凭空创造出价值。正像恩格斯在《自然辩证法》中提出的:"在自然科学中要从物质的各种实在形式和运动出发;因此,在理论自然科学中也不能构想出种种联系塞到事实中去,而是从事实中发现这些联系,而且这些联系一经发现,就要尽可能从经验上加以证明。"②从系统科学的理论出发,生态系统作为一种自组织系统是有其自我发展的目的性的,这一目的性贯穿于其整体辩证式的自我发展过程。由此,对应于人们的价值判断时,就不能单纯以人的合目的性来评价自然生态整体的价值。

据此,生态整体主义在伦理层面的合理性也得以建构,即自然生态整体是具有内在价值的存在。人们在面对自然时,必须在一定程度上从其内在价值自身出发去思考和行动。各种随意僭越自然生态内在价值的行为都是危险的。可以说,人类既无法以自己的贪婪征服自然,也无法以自己的仁慈取代自然规律,而只能以服从生态规律的方式尊重生命共同体中诸物种的

---

① 《马克思恩格斯文集》第 9 卷,人民出版社 2009 年版,第 558 页。
② 《马克思恩格斯文集》第 9 卷,人民出版社 2009 年版,第 440 页。

生存权利。这也就将问题引入了生态整体主义最核心的问题,即人与自然的关系问题。

三、人与自然的辩证统一及人自身的地位

关于生态整体主义的所有争论,其落脚点最终都会集中于人与自然的关系上。从某种意义上可以说,生态系统内部的辩证关系也就是人与自然的辩证关系,而自然生态系统的整体性也主要在人与自然的辩证统一过程中得以显现。恩格斯在《自然辩证法》中指出,人与自然的辩证关系是辩证法的最集中体现。这不仅仅是因为人自身的存在与自然构成辩证关系,而且自然界中也唯有人能够将这种关系投射于主观意识中,使之成为一种认识自然的方法论。

首先,人作为生命体,其得以生存的一切前提条件都来源于自然界。这不仅是因为"蛋白质,作为生命的唯一的独立的载体,是在自然界的全部联系所提供的特定的条件下产生的,然而恰好是作为某种化学过程的产物而产生的"①,而且人同自然界打交道的前提也是自身的自然属性,即"归根到底还是要依靠手"。进言之,人所创造的一切都必须以自然界为前提,正如恩格斯指出的:"劳动和自然界在一起它才是一切财富的源泉,自然界为劳动提供材料,劳动把材料转变为财富。"②其次,人类也在一定意义上支配并超越自然。在实践过程中,人能够通过他所作出的改变来使自然界为自己的目的服务,来支配自然界。而在认识过程中,"我们在思想中把个别的东西从个别性提高到特殊性,然后再从特殊性提高到普遍性;我们从有限性中找出和确定无限,从暂时中找出和确定永久"③。从恩格斯的这些论述中可以看到,人与自然之间显现出来的那种相互依存的辩证统一关系:一方面,自然为人的存在及其价

---

① 《马克思恩格斯文集》第 9 卷,人民出版社 2009 年版,第 459 页。
② 《马克思恩格斯文集》第 9 卷,人民出版社 2009 年版,第 550 页。
③ 《马克思恩格斯文集》第 9 卷,人民出版社 2009 年版,第 498 页。

值的实现提供物质基础;另一方面,自然的全部意义也只有在人的视野下才能展开。没有人存在的自然将处在一种不可理解的晦暗状态,因而也是无法想象的。

在这里,生态整体主义得到了最终的理论支持,即人与自然的关系应该被理解为具有辩证性的整体关系,二者无论缺失了哪一方,都会引起自身价值系统的整体崩溃。因此,恩格斯在《自然辩证法》中最后得出一个这样的结论:"我们决不像征服者统治异族人那样支配自然界,绝不像站在自然界之外的人似的去支配自然界——相反,我们连同我们的肉、血和头脑都是属于自然界和存在于自然界之中的;我们对自然界的整个支配作用,就在于我们比其他一切生物强,能够认识和正确运用自然规律。"①

从另一个角度讲,人在自然界中的真正意义也在此被确立了起来。人在自然界中所体现出的价值并不在于其可以从自然界中获取多少物质财富或物质享受。根据自然辩证法,一切具体的物质形式都是有限的,都会消逝。因此,人在物质领域的一切成就都无法摆脱有限性。而人所追求的那种无限性和超越性则要求他勇于承担起整个自然生态的整体性意义。当代环境伦理学家罗尔斯顿对此曾提出:"一物的卓异性不是一物将自己封闭起来,而在于它能在整体中找到自己恰当的位置。"②在整个自然界中,人是唯一能通过理性使自然的整体性展现出来的生物,并且能够自觉地参与到这一整体的建构和维护中。因而,人是通过建构整体性的自然生态来实现自身的。

于是,人在自然中的特殊地位和价值也就体现了出来。他一方面是由于人类具有理性,并能够主动参与到自然的规律中。正像帕斯卡尔指出的,人是一根能思想的苇草,其全部尊严就在于思想。另一方面也是由于人担负自然整体的意义。罗尔斯顿也从荒野伦理的角度对此作出了总结,即"尽管荒野有着内在的,不以人类为中心的价值,但是只有能哲学思考的人才能懂得这些

---

① 《马克思恩格斯文集》第 9 卷,人民出版社 2009 年版,第 560 页。
② 罗尔斯顿:《哲学走向荒野》,吉林人民出版社 2000 年版,第 232 页。

价值在认识论、伦理学以及形而上学方面的意义；只有人类才能在这最丰富，最深刻的意义上体验荒野。我们在自然中探寻，结果发现我们是在探寻自己"①。结合《自然辩证法》的思路，可以说，恩格斯已然昭示了当代环境伦理学中的这一观点的重要意义。

通观恩格斯的《自然辩证法》，可以看到其内容在很多时候几近于一种科普式的常识化解读。这不仅使得辩证法这一哲学方法论显得通俗易懂，而且更解释出一个关于思考环境伦理问题的基本维度——回归常识。乍看起来，这似乎有些妄自菲薄，但如果仔细思考当今环境问题及其引发的伦理争论就会发现，很多问题的产生恰恰在于人们无视常识的存在。例如，人们会认为以付费的方式就能交换环境代价，但却忘记了如果缺乏物质资源和生态环境的支持，货币本就一文不值，因为人类不能依靠吞食金银生存。或者，人们会以一种技术乐观主义的心态认为科技的发展可以自然而然地解决生态问题，但却忽略了一个基本的物理学常识，即并不存在永动机，技术自身必须以资源的消耗为前提。自然辩证法其实所提出的正是自然界的一个基本常识，即不存在孤立的个体，人也不可能超越自身的自然属性。自然是以辩证的形式构成的，因此，环境伦理学不以具体生物的利益为目标，而以所有的物种及其相互依赖为目标。环境伦理学所解决的最终问题也是如何让人类能够有尊严地生活并高质量地持久生存下去。因此，以自然的常态来解释环境问题，其结论才具有普遍性的价值。

由此来反观我们今天的生态文明建设，不难发现，其最为重要的核心是一种生态理念的建立，也就是说要按照自然辩证法所提出的基本原理来重新架构一个新的生态自然观和生态价值观。生态文明本身是超越于现代文明的新的文明形态，单纯的物质积累和技术进步是无法实现的，它已然牵扯到人类新的生活方式，新的价值体系，乃至于人自身的存在样态。按照自然辩证法，人

---

① 罗尔斯顿：《哲学走向荒野》，吉林人民出版社 2000 年版，第 404 页。

类需要重视的是在实践过程中更多地寻求与自然的和谐和统一,在认识的过程中则应该保持对自然的基本敬畏。这些都要求在生态文明的视野下,人类应该更注重克服内心物欲的膨胀,"以道德方式对待自然是人的最高之善,要反对和超越物质主义和经济主义的功利性认知自然"①,将"尊重自然"作为社会发展的重要维度。

---

① 薛勇民:《论环境伦理实践的历史嬗变与当代特征》,《晋阳学刊》2013 年第 4 期。

第三章　西方环境哲学中整体主义环境伦理思想

第一节　大地伦理学的环境协同思想

在古代，人们素朴地认为人与自然是融为一体的，二者是一个不可分割的整体，而且人类只能依附于自然。近代以后，人们认为人与自然是对立的，人类企图征服自然，凌驾于自然之上；认为自然是机器，科学是万能的，人类可以无所畏惧地控制自然，让自然为己所用。20世纪以来，人们修正了关于自然的机械论，但是，主客二元论、科学万能论的信条仍然存在。直到20世纪50年代以来，面对日益严峻的生态危机，人类深刻地认识到人们在获得工业化带来的巨大丰富物质的同时，它也带来了严重的环境污染和生态破坏；人类深刻地认识到对自然一味地掠夺式的开发是行不通的，对自然所采取的征服者的姿态也应该放下了。不少学者呼唤，人类亟需一种自然观的革命，必须从哲学世界观与方法论的高度，充分认识人类与自然关系的整体性质，充分肯定二者之间的协同作用。需要指出的是，大地伦理思想产生和形成以来，虽在某方面存有一定的理论局限，但此处我们只聚焦其关于人与自然关系的维度，从环境协同论方面展开讨论。

一、环境协同论的基本观点

环境协同论是由美国当代著名学者彼得·S.温茨提出来的。他通过各种实例表现出了对人类健康的担忧(例如癌症疾病的发病率居高不下,究其原因主要在于工业污染与工业社会中生活方式及其他方面),指出人们"试图以更多的手术、化学药品、放射和其他一些现代医学中习以为常的技术来解决工业产生的健康问题,仅取得了部分的成功"①。同时,也对技术乐观主义者所持的后代将受益于时下前行中的进步的态度持反对意见,原因在于淡水资源的缺乏,会使子孙后代的粮食保障处于危险之中。这些都是关于人类幸福的关注,而非人类中心主义也从它的视角予以关切。

温茨在《现代环境伦理》一书中,通过讨论议题的方式,在第一部分中分析了人类中心主义的观点。人类中心主义认为,人是宇宙的最高存在者,除了人以外,没有任何价值主体,宇宙是以人、人的价值、人的利益为存在目的的;自然和非人类存在物不是主体,只作为工具而存在,没有任何权利,它们是为人类服务的;人对自然非人类存在物的关心只因为它对人类有工具价值,对人类有用而已。温茨对上述人类中心主义持有批判的态度,他从经济学的视角,分析得出人类中心主义的思维无法对人权与后代的价值给予足够的重视。在第二部分,温茨集中对非人类中心主义的观点进行了思考。非人类中心主义包括动物权利论、动物解放论、大地伦理学、深生态学、生态女性主义等,认为人不再是宇宙的中心,人不再是比自然及其他存在物更高级的物种,而是要把道德关怀的对象范围从人扩大到非人类存在物;人在对人具有道德义务的同时,对自然和非人类存在物也具有直接的道德义务,而不是一种传统意义上的间接义务;它试图超越人类中心主义,从没有物种偏好的立场,以自然生态的尺度建立自己的环境伦理理论和伦理价值体系。温茨认为,功利主义和基于

---

① 彼得·S.温茨:《现代环境伦理》,上海人民出版社 2007 年版,第 12 页。

权利的理论因其对个体的独占性关注而显得视野相对狭窄。而对于其他非人类中心主义者们认为促进非人类存在物的利益需要牺牲全面、长远的人类利益的观点,他认为是不妥当的。在第三部分,他拒斥了人类与非人类存在物繁荣之间的生存竞争观念,并采用了第三种视角,称其为"环境协同论"。他认为:"总的来说,当两个或更多的'事物'一起运作时产生的结果胜于分别运作结果的总和时,协同作用就是存在的……包含于协同论的环境伦理学中的两个'事物',是对人类的尊重和对非人类的自然的尊重。"①也就是说,环境协同论者认为,"从长远来说,当人类和其以外的自然都被认为拥有自身价值的时候,人们和自然的整体结局才会更好"②。环境协同论者相信,人类与自然是相互联系、相互影响的统一整体,二者之间存在协同作用。尊重自然的同时也尊重了人类,关心人类的途径就是关心自然本身。尊重所有人类能推进物种保存;珍视自然更有助于推进人类更好地发展。总而言之,只有人类以关心自然本身的方式来支配自然的时候,才能限制人类的种种企图,这样,作为整体的人类才能从周围的环境中获益。

从唯物辩证法的观点看,协同作用是差别中的一致性,多样性中的统一性。因此,协同论具有普遍的意义,得到了广泛的应用。不论生物学、生态学,还是在社会领域中,协同论的应用都不乏其例。而在环境伦理学中,对人与自然之间的关系问题,有人类中心主义和非人类中心主义两种不同的观点,然而,不论是前者,还是后者,都不能顾全大局。"环境协同论"这一思想的提出,就为解决人类中心主义与非人类中心主义的纷争提供了一种新的方法论视角,为人类正确处理人与自然的关系提供了新的思维方式。

对人与自然之间的关系,环境协同论认为,人类要想得到更好地发展的前提条件就是与自然更好地相处,不能一味只为自己着想,更应该尊重自然。在环境协同论者看来,只有人类摒弃落后观念,具有了先进的思想观念,予以人

---

① 彼得・S.温茨:《现代环境伦理》,上海人民出版社 2007 年版,第 20 页。
② 彼得・S.温茨:《现代环境伦理》,上海人民出版社 2007 年版,第 20 页。

类与自然同等的关注，与自然更好地相处时，人类与自然才能在未来得到更好、更远的发展。也只有这样，在未来的发展道路上，人类与自然的整体结局才会更好。环境协同论作为审视人与自然关系的一种全新的视角，具有如下几点特征：

首先，环境协同论承认自然是具有内在价值的，只有在这个前提下，人类才会自觉地尊重和保护自然。自然界中的生物和人一样也追求自己的生存，它们都知道如何能找到食物，如何能抵御侵害，甚至是死亡，它们是拥有自己的目的的。从这个意义上看，自然也是价值的主体之一，它的内在价值在于，自然作为客体对作为主体的自然具有价值。自然也是生存的主体之一，作为一个系统主体，它和人一样，既能满足自己的需求，又能积蓄力量使自己更完善、更高级。人不是仅有的主体，自然也是主体之一，只是它们的主体性不同而已。因此，自然和人都具有内在价值，人与自然拥有平等的地位，自然是人类的合作伙伴，所以，人要尊重自然。尊重自然是人类道德进步的表现，随着人们道德素养的提高和环境意识的觉醒，人们逐步改变以前的落后观念，在实际行动中从侵占自然到尊重自然。尊重自然是人类文明进步的表现，人类要想解决环境问题，实现从工业文明到生态文明的转变是唯一途径。这就需要人类反思自身，摒弃陈旧的价值观，树立正确的生态意识，从尊重自然做起。

其次，环境协同论要求尊重自然，也就是要求人类尊重并维护自然的完整性、复杂性和稳定性，维护生态的平衡性，保护生物的多样性。这就要求限制人类的权力和自由，这种权力和自由是在与自然的交往过程中形成的以往的人们习以为常的权力和自由。人类对自然的攫取，对自然的无限的权力和自由的使用，在达到一定临界值的时候，带来的是生态危机。在环境协同论者看来，对自然施加的无限权力如同不受约束的政治权力一样，对人们来说是危险的，会危及人类的健康和发展。因为人类与自然是融为一体的，是利益相互的，人们毁坏自然的权力在长远来看，既伤害了自然又危及了人类。环境协同论者认为："只有当人们采取个体主义的与整体主义的非人类中心主义的关照时,人们才会限制他们对于自然的权力的使用,从而限制了给他人带来的沉重结局。"①这意味着,人类不应该出于自然对人类有用而关心自然,而应该出于自然本身而关心、尊重自然。总而言之,通过关心自然本身而不是为了人类的利益试图支配自然的做法,限制了人类控制自然的种种企图,作为整体的人类将会从中获得多方面的好处。

最后,环境协同论认为解决矛盾的基本方式是协合,它倡导一种整体论的思维方式。环境协同论者认为:"人类的兴盛不是来自于凌驾于自然之上的权力的渴求,而是源自于与自然的合作。"②他们认为,人类与自然合作的成功在于生物多样性的提升,人类与自然生物多样性之间没有冲突,而是利益相关的,保护生物的多样性将造福于人类。即只有当人类认识到生物多样性自身就是善的时候,人们才会积极促进其进一步发展,也只有在这个时候,人们才会出于尊重自然而限制自己支配自然的权力的使用,才会最终使得人类和自然都得到更好的发展。珍视自然本身对人类和自然都有益处,这是一种整体论思想,它把世界看成是一个相互联系、相互依存和相互作用的整体,整体对于部分来说有更高的价值。这就要求人们改变自己的思维方式,从整体论出发处理人与自然的关系,这样对双方都会带来好的结果。

二、大地伦理学中的环境协同论

大地伦理学是利奥波德所提出的。利奥波德在他的诸多著作中,都对大地伦理学这一思想进行了详细的介绍和阐述。在《沙乡年鉴》这本书中,面对一个偏远的、废旧的农场,利奥波德如获至宝般地对它那迷人的景色展开了一系列的描述;接着陈述了自己在美国其他地方的一些经历,围绕的中心问题是资源保护主义方面的问题;最后则是站在伦理学的角度上,以几篇发人深省的文章作为结束语。利奥波德力图通过他的描述唤醒人们对土地的关注,进而

---

① 彼得·S.温茨:《现代环境伦理》,上海人民出版社 2007 年版,第 20 页。
② 彼得·S.温茨:《现代环境伦理》,上海人民出版社 2007 年版,第 20 页。

能进一步了解土地,热爱土地,尊敬土地,融入到大地共同体当中去。只有人类对土地充满爱和尊敬,人类才能在真正意义上融入大地共同体,也只有人类对土地充满了责任和义务,人类才能真正参与到维护大地共同体健康发展的行动当中。

利奥波德认为,持有保护资源基础将更加符合人们的利益和保护生物多样性是符合人类利益的观点的人是协同论者,即"相信只有当我们认为生物多样性自身就是善的时候,我们才会促进生物多样性的发展。只有那时,我们才会出于对自然的尊重而限制我们支配自然的权力,而且也只有在那个时候,我们才将会为生物多样性进行足够的辩护以从中获得最大化的人类利益"①。温茨指出:"做出这个诊断的人是奥尔多·利奥波德,他常被认为是一个非人类中心主义者,因为他似乎是赞成关心自然本身的。"②正如利奥波德所说的那样,大地伦理的作用就是要禁锢人类的贪欲,把人类重新融入大地共同体当中,使得人与土地能够和谐相处。这意味着人类与土地一样,都是大地共同体中的一员,人类在尊重自身的同时,也要尊重大地和共同体本身。

1."共同体概念"的协同伦理拓展

利奥波德认为,"最初的伦理观念是处理人与人之间的关系的","后来所增添的内容则是处理个人和社会的关系的","但是,迄今还没有一种处理人与土地,以及人与在土地上生长的动物和植物之间的伦理观。"③在他看来,应该把处理人与自然的关系作为人的伦理观念的第三个层次。也就是说,利奥波德主张将人与自然的关系纳入伦理学的研究范畴当中。

"土地共同体"作为一个重要的理论概念,是由利奥波德最先提出来的。首先,利奥波德扩展了"土地"的概念,"土地伦理只是扩大了这个共同体的界

---

① 彼得·S.温茨:《现代环境伦理》,上海人民出版社 2007 年版,第 287 页。
② 彼得·S.温茨:《现代环境伦理》,上海人民出版社 2007 年版,第 287 页。
③ 奥尔多·利奥波德:《沙乡年鉴》,吉林人民出版社 1997 年版,第 192 页。

限,它包括土壤、水、植物和动物,或者把它们概括起来:土地"①。其次,利奥波德的土地伦理,把人纳入土地共同体的范畴中,把人类从自然的掠夺者转变成了土地共同体当中普通的一员,人类与土地是平等的。这就意味着人类除了尊重自己外,还要尊重土地及土地共同体。因此,利奥波德概括他的土地伦理的含义:"一个事物,只有在它有助于保持生物共同体的和谐、稳定和美丽的时候,才是正确的;否则,它就是错误的。"②在这个土地共同体中,所有生物都被完整地保存着;并且土地也丝毫没有被损坏,完全可以承载所有生物及其一系列活动;人类与土地之间是相互联系、相互依存的关系,而不仅仅是利益关系。

利奥波德这一土地伦理的含义,也就是他的生态整体主义的评判标准。在这里,生物共同体从根本上是指整个生态系统,即包括土壤、人、动植物、微生物在内的整个循环系统。生态整体中各类物质、物种之间存在着相互依存的关系。利奥波德在"生物区系金字塔"中解释了这一相互关系,在这中间,土壤处于最底层,依次往上,分别是植物层、昆虫层、鸟类和啮齿动物层,大型食肉动物则处于整个金字塔的最顶层,而人类不过是这个金字塔中的一员而已。从这个意义上说,利奥波德所谓的金字塔就是一个整体,在这个整体中,又存在着某种物质和能量间的相互交换关系。而整个金字塔之所以能正常运行,完全取决于结构的复杂性和多样性、各个结构之间的合作与竞争这两个条件。这就要求,人类应该履行对生物共同体的义务,同时,做到保护其在结构上的完整性、多样性和复杂性。尽管说生物共同体有着一定的自我调整功能,但这一功能的实现,仍然需要很长一段时间,因此,人类绝不能过多地干预共同体,干预程度越低,作为生物共同体自身所拥有的修复能力也就越强。为此,利奥波德认为,人类应该正确看待自己在整个生态系统中的地位,从而能

①　奥尔多·利奥波德:《沙乡年鉴》,吉林人民出版社1997年版,第193页。
②　奥尔多·利奥波德:《沙乡年鉴》,吉林人民出版社1997年版,第213页。

把整个生态系统的利益当作其中最根本的利益。

在大地伦理学中,利奥波德强调人类应该在生态整体所能承载的范围内获取自己的最大利益,同时要求人类做到对生态的有效保护。只有这样,人类尊重自然、赞美自然、热爱自然,承认大地共同体中的非人类存在物拥有生存下去的权利;做到把道德关怀的对象扩展到土壤、水、动植物等人之外的领域。利奥波德认为,和人类一样,自然也拥有一定的道德地位,并且享有相应的道德权利,因此说人类应该对自然担负起应有的道德责任和义务。在自然所承受的限度内生存,人与自然和谐共生,其协同作用就发生了。

2."像山那样思考"的协同思维方法

利奥波德在《沙乡年鉴》第二部分《随笔——这儿和那儿》中,系统讲述了他在追求科学生态观的过程中所体会到的种种教训和痛苦。其中,利奥波德在被大自然的魅力和活力所倾倒的同时,也为人类只考虑自己的私利而对自然的蹂躏行为感到叹息。在《沼泽地的哀歌》中,针对自然共同体所遭受到的种种破坏,利奥波德感到十分惋惜;在《像山那样思考》中,针对自己在认识上所出现的错误,利奥波德同样深感惋惜。"一声深沉的,骄傲的嗥叫,从一个山崖回响到另一个山崖,荡漾在山谷中,渐渐地消失在漆黑的夜色里。这是一种不驯服的,对抗性的悲哀,和对世界上一切苦难的蔑视情感的迸发。"①利奥波德所倡导的大地伦理思想,其灵感正是来源于那只老狼的哀怨之声。进而他察觉到,"在这双眼睛里,有某种对我来说是新的东西,是某种只有它和这座山才了解的东西。"②这其中所蕴含着的深刻含义,只有这座长久存在着的大山才能知道,同样,也只有它才能真正听出这只老狼的嗥叫之意。也就是说,"这个世界的启示在荒野",然而,被群山所理解的这

---

① 奥尔多·利奥波德:《沙乡年鉴》,吉林人民出版社1997年版,第121页。
② 奥尔多·利奥波德:《沙乡年鉴》,吉林人民出版社1997年版,第123页。

一深刻含义却鲜有人类能够理解。也正基于此,利奥波德的大地伦理学呼吁人们改变对荒野的传统认识;要求人们重新审视荒野的科学价值、生物学和生态学价值、文化价值等,而不能仅仅停留在它的旅行、休闲、娱乐价值中。而且,更为重要的是,荒野是一种在人类社会发展过程中必不可少而又不可再生的资源。所以说,利奥波德一再强调,人类必须承担起保护荒野的责任和义务。

"像山那样思考"不仅是一种协同思维方式,同样也是一种整体性、关联性的思维方式。一座看起来毫无思考能力的大山,而它的存在却体现了这座山上所有物种之间的整体性、关联性。这一整体性的思维方式把这种物种看作是一个相互关联的整体;把地球上存在的一切物种同样看作是一个相互关联的整体。这完全是一种突出整体论的生态思维,从根本上拒斥单一种类的中心主义,提倡生态整体主义。这一整体性思维方式的本质正是相互依存、相互关联的。它表达了人类应该顾全大自然的整体与和谐,而不是一心只追求人类的发展。人类只有转变了自己的思维方式,才能够做到与自然和谐相处。只有人类觉悟了,转变了思维,人类才会转变其征服者的角色,才会从总体上去尊重土地及共同体。

也就是说,之所以要尊重、保护大地的原因在于,大地是一个生命整体,是一个相互关联的生态系统。正因为大地给予了人类生产、生活所必需的物质资源,所以人类有责任、也有义务去保护它。只有尊重荒野,保护自然,人类才能生活得更好。

第二节　生态女性主义的环境正义观

生态女性主义是当代西方环境运动和女性主义相互结合而成的一种文化思潮,它的产生是女性主义理论和环境运动发展的需要,也是一种必然趋势。正如生态女性主义学者卡伦·瓦伦所言,"女性主义的理论和实践一定要有生态学的角度;环境问题的解决也必须从女性主义的角度来审视"①。环境运动和女性主义的结合,不仅丰富了女性主义的理论内容,更重要的是为环境运动注入一股新生力量,为解决环境危机提供了一种全新的思路。生态女性主义作为当代生态保护运动的一个重要思想流派,虽还存在一定的理论缺陷,但它关于环境正义的基本观点仍值得借鉴,此处正是从其关于人与自然关系的维度,尤其是关于自然生态系统有机整体的视角展开讨论。

一、生态女性主义环境正义思想的基本观点

生态女性主义自 20 世纪 70 年代产生以来,其理论内容及其影响得以迅猛地发展,形成了不同的派别。其中代表性的流派主要有三个,即社会生态女性主义、文化生态女性主义和哲学生态女性主义。社会生态女性主义主要是批判当前社会经济发展模式,认为当前西方的经济发展模式属于父权制的,这种经济模式只会加深对妇女和自然的统治,因而是不可持续的经济发展模式。文化生态女性主义注重研究男性和女性在感受、理解和评价自然方面的差异性,并且认为解决生态危机和解放妇女的根本途径是重视女性思维模式和弘扬女性文化。哲学生态女性主义则是从西方历史发展中的观念层次上探究对自然和对妇女统治的根源,指出造成人与自然、男人和女人之间分裂的罪魁祸首是西方哲学中的理性主义和二元论,并努力建构一套注重"关系"和"联系"的生态女性主义理论。

生态女性主义各个流派虽然研究的侧重点有所不同,但它们有一个共同的宗旨,即按照女性主义原则与生态学原则重新认识和重建人类社会。在这一社会中,男性与女性、人类与自然和谐共处、相敬而生,妇女和自然都因自身的价值得到尊重,从而实现平等正义的社会理想。生态女性主义论者一直都强调妇女所受的统治与其他弱势人类族群及自然所受统治之间的联系,并致

---

① Karen · J.Warren.*Feminism and Ecology*.Environment Review,1987,p.1.

力于打破统治结构,使原先的统治者与被统治者之间形成一种平等的关系。在这个意义上,生态女性主义的理论目的无疑是与环境正义的宗旨相通的。并且生态女性主义学者认为,环境伦理必须包含环境正义在其中,环境伦理应该是关于环境公正的伦理。生态女性主义视野下的环境正义思想则是对一般环境正义内容的丰富和完善。

　　生态女性主义注重阐释协调人与自然关系的道德理由,始终以维护弱势群体的环境权益为出发点,致力于实现全球不同群体间的环境正义。在生态女性主义看来,在被压迫的群体当中,不仅女性被"背景化",所有的殖民地人民包括土著居民也同样被"背景化"。因为所谓的"主人"认为他们不懂科学,没有文明的制度和礼仪,没有历史纪念物的保存,除了一些绘画中存留下来的模糊的往事记忆以外,拥有的就只是野蛮的制度与习俗。他们被那些先发民族和自以为高贵的民族理所当然地称作奴隶,同时他们的文化、生活方式以及他们的成就也被认为不名一文,因此高贵的、文明的民族试图通过统治的方式将他们纳入西方的文明社会中来。

　　所谓的"主人"企图通过自认为更有教养和更为人道的方式来统治殖民地的人民,他们认为自身的德性和优越文明的生活方式,将会帮助这些低劣人群驱走野蛮和愚昧,从而使他们的生活更加文明和更为人道。如果低劣人群不服从他们的统治,他们将会通过战争、武力来实现他们的统治,并认为这种战争是符合自然法的。如此,土著居民的权力与文化被压抑下去了,土著居民被置于从属地位。然而,土著居民的从属却招致环境退化,这是因为与世界上许多地方的女性一样,比起那些破坏环境以获取利益的主子心态的人们,土著居民更了解生物多样性的重要性,并知道如何利用并保护生物多样性。土著居民传统的生活方式是依赖于他们生活于其中且希望继续在其中生活下去的区域中的生物多样性。因此,现今的土著居民在很大程度上且从长远来看可以被认为是生物多样性的最佳监护者。土著居民显示出朴素的保护生态环境的情怀,"在一个殖民地居民(一个非印第安居民)与一个印第安人之间的区别是,殖民地居民想要留给子孙更多的钱财,而印第安人想给子孙留下成片的森林"①。土著居民所在区域艰难地维持着当地与全球的气候稳定性,并且蕴含和保护了丰富的生物与基因多样性。

而西方文明中主人和奴仆的二元思维却无视土著居民的智慧,试图改变和摧毁他们的生活方式和生存环境,而"主人"的这一行为也正在破坏着有利于全球人类持续生存的生态环境。因而,生态女性主义者极力声讨西方以及全世界具有主子心态的人们以牺牲土著居民、破坏环境为代价而获得经济利益的行为,并且认为他们应尊重和保护土著居民,学习他们的智慧与自给自足的生活方式,对自然心存敬意。

生态女性主义十分关注发达国家与发展中国家间的环境正义问题。而为实现发达国家与发展中国家之间的环境正义所作的努力,则主要体现在第三世界生态女性主义的理论和实践当中。其中以印度生态女性主义学者范达娜·席瓦的理论以及她所领导的各种保护环境和维护第三世界人们正当权益的运动最为显著。范达娜·席瓦在其大量著作中以全球化为批判对象,揭露了发达国家对发展中国家进行的不公正行为。席瓦认为,全球化的过程实质就是发生在当今社会的"新殖民主义化"的过程。这种新殖民主义以一种新的方式继续存在,如发达国家对第三世界国家的"援助"。这种援助实则为发达国家对第三世界国家进行控制的一种手段。曾获诺贝尔奖的经济学家廷木根一针见血地揭开了所谓的"援助"的真实面目,在将一切计算在内的条件下,如果第三世界每年从西方拿到5000万美元的援助,将要付给西方1000亿美元。席瓦还指出,伴随着这一"新殖民主义化"的过程,一些国际组织,例如世界贸易组织、国际货币基金组织以及世界银行本身已然成为全球化的工具。他们利用所拥有的资本和自己制定的游戏规则竭力争夺全球范围内的水源、矿产、生物基因等资源,这是一种新的"圈地运动"。在认识到全球化的本质

① Alan Thein During. "Native Americans Stand Their Ground," World Watch, Vol. 4, No. 6, 1991, pp. 10–17.

之后,席瓦不仅对全球化进行了批判而且组织了一些民间运动。她带领印度农民跟国际组织谈判,并在知识产权、农业和食物安全等方面维护并获得了一些合法权益。

然而,相对于第三世界国家在环境权益方面受到的不公正而言,生态女性主义的力量还相对弱小。环境问题上的国际不公正甚为严重。西方发达国家一边剥夺和利用发展中国家的资源以保证自己高质量的生活,一边又向发展中国家输出污染并企图限制其发展。因而,西方发达国家才是环境善物的最大享用者和全球环境的最大破坏者。

因此,要实现全球环境正义,生态女性主义还面临着很大的压力和挑战。但是,关注和维护发展中国家和少数族群的环境权益已是一种趋势,而重要的是,要将这种趋势与制度结合并化为实际行动。生态女性主义认识到保护地球的一条途径,就是尊重所有的人并公正地对待他们。要达到人与自然关系的公正性首先必须保证个人间、种族间、区域间、国家间关系的公正性。因而,生态女性主义的全球环境正义思想就是要尊重所有的人,尤其是尊重少数族群和欠发达国家人民及他们传统的生活方式,并承认他们对全球环境作出的贡献,反对将他们"背景化",对他们进行直接或间接的剥削。

生态女性主义认识到,西方世界的理想人类模式是与动物的、自然界的、非理性的东西保持最大距离和差异的模式。确切地讲,这一人类理想形态是指男性的、基本上是白人的精英阶层,因而它不仅包含对女性的排斥,也包含了对种族、阶级和物种的排斥。从根本上讲,对自然依赖性的否定导致了工具主义倾向,就是将自然作为人类活动的陪衬,自然界中所有物质存在物都是服务于人类这一精神存在物的。自然对人类福祉的贡献被漠视,自然只是服务于专横人类的工具。而机械论的自然观又进一步加剧了工具主义倾向。在机械主义范式中,自然被看成非主动的、被动的、欠创造性的和惰性的。把自然看作一片空白,就容易导致将其视作人类的私人物品,并将其作为满足人类欲望的工具。自然万物本身没有任何价值,所有无主的自然就成为任何能够凭借劳动而提高其价值的人的财产。

可见,西方近代以来抬高人类、贬低自然,用一种两极化、对立化的手段建构了人类与自然的关系。而将人类与自然极度区分的一个重要标准就是心智,人类由于拥有心智和理性而被认为是高级的,相反,自然因为缺少心智和理性而被定义为低等的。而生态女性主义者普鲁姆德却不这样认为,她引入意向性这一概念来加以说明。她认为,意向性将许多类心智的概念,如知觉、选择、意识和目的性纳入心智的范畴。而通过意向性这一概念,人类与自然之间有了延续的基础,二者不是毫无关系、绝对分裂的,这样有助于一种合理的、生态的人类身份的建构,也有助于人类正确地看待人与自然的关系并善待自然。

普鲁姆德将意向性即对某一内容的指向性或关系性,作为心智的一个重要指标,反对理性主义将心智作为将人与自然划分等级的标准。普鲁姆德举例说,一座山脉的形成与发展是拥有一定历史和方向性的;森林生态系统是由多个部分组成的,各部分之间通过一定的原则和规律存在着互动,而这种互动是有着一定目的性的。雷根在其著作《动物权利与人类义务》中也认为,动物对变化着的环境的适应性,可以看作是有意识的思维。无疑,意向性有利于以一种非等级制的差异概念认识人与自然之间的关系,从而使人类改变僵死的自然这一观念,认识到人与自然间的平等关系并意识到二者之间具有的延续性。种际正义的实现需要人类自身建构一种生态的人类身份,而这种身份的建立是通过与自然的联系而不是分离来实现的。

综上所述,生态女性主义将意向性作为心智的一个重要指标,有助于建立人与自然间的平等关系。而建立一种合理的人类身份,使人类尊重自然的特性和差异性,重视人类与自然之间的延续性,正是生态女性主义种际正义的要旨。

二、环境正义思想体现的整体主义方法

生态女性主义者在阐述环境正义思想过程中,十分深刻地揭示了分析和

把握环境正义的整体主义方法。

1. 克服和摆脱二元论

普鲁姆德将二元论定义为,"以主从地位组织两种概念(比如男性和女性的性别身份),并将其关系建构为相互对立和相互排斥的"①。它以等级制的逻辑构建差异。生态女性主义将二元论作为讨论对象,并对其进行批判,是因为生态女性主义所关注并力图消除的性别压迫、阶级压迫、种族压迫和自然压迫分别与男性—女性、脑力—体力、文明—原始以及人类—自然这些二元结构所一一对应。因此,生态女性主义认为,要实现环境性别正义、全球环境正义和种际正义,克服二元化身份和逃离二元论陷阱,是非常必要而且十分重要的。

普鲁姆德认为,二元论用排斥和贬低的方式建构差异,它不是简单的二分法,也不是单纯的等级关系。在二元关系中,就像在等级制中一样,与二元化的诸如女性、少数族群和自然等他者相联系的独特性、贡献、文化习俗和生活方式都被认为是无价值的而被否定和贬低。在这种认识基础上,普鲁姆德通过研究多种二元结构,得出二元论的几个主要特征,即背景化、极度区分、吸纳、工具主义和对象化。

关于背景化。背景化"产生于主宰的统治关系所引起的不可化解的冲突,因为他既想去利用、组织、依赖和受益于他者的服务,同时又要否定由此而产生的对他者的依赖"②。二元关系中处于主宰地位的自我通过削弱他者的地位,否定他者的贡献,甚至否定他者存在的意义将处于他者地位的女性、少数族群和自然背景化。以女性的背景化为例,如上文提到的当今社会以获取薪酬的多少来衡量贡献的大小,而主流思想没有意识到女性连续重复性的日常活动却恰恰是构成男性前台活动的基础和背景。在主宰看来,他者是无关

---

① 薇尔·普鲁姆德:《女性主义与对自然的主宰》,重庆出版社 2007 年版,第 16 页。
② 薇尔·普鲁姆德:《女性主义与对自然的主宰》,重庆出版社 2007 年版,第 36 页。

紧要的。事实上,他者为主宰提供生活资料和服务,这就产生了主宰对他者的依赖性,而主宰却以各种各样的手段否认这种依赖性,将他者背景化。

而极度区分是指"主宰尽可能扩大和强调差别的数量和重要性,并消除共有的性质或使之显得无足轻重,达到分化的最大化"①。作为理性和人类代表的男性被认为是有竞争性、有头脑和积极主动的,而女性只能具有对应和补充的品质,如感性的、无主见的和消极被动的。主宰拒绝承认他者与自己拥有相同的特质,通过极端排斥消除相互重叠的部分,甚至制造界限分明的障碍来阻止任何与主宰可能产生的联系。

吸纳则是指他者只有通过与"自我"相比较,作为"自我"的附属物或对立面才能得以认识。处于较低地位一方的身份和价值,只有通过较高地位的一方才能得到定义和肯定。在人与自然的关系中,自然界万物的价值和重要程度也是根据二元关系中处于主宰地位的人类的需要和喜好而决定的。吸纳这一特征中主人的品质被认为是核心的、主流社会价值的标准,而处于从属地位的、他者的品质被看作是核心社会价值的否定和缺乏,他者被认知的程度也是决定于他者与自我的关系以及被吸纳进自我的程度。

工具主义关系中,中低等的一方"是主宰的工具,是主宰用来实现自己目的的手段……同时,低等的部分被对象化,没有出于它自身考虑的目的和需要,主宰的目的就是它的目的"②。由于极度区分,处于主宰地位的自我不会将他者看作"道德上的同类",并建立一种道德二元论,下层被排斥在道德之外,只是作为服务于上层目的的工具。可以说,工具主义是极度区分的一个重要后果。

同质化是极度区分的另一个重要后果,"在被同质化的过程中,在劣等阶层之间的差异被忽略了"③。在主宰的眼里,所有他者都只是"剩下的东西",

① 薇尔·普鲁姆德:《女性主义与对自然的主宰》,重庆出版社2007年版,第37—38页。
② 薇尔·普鲁姆德:《女性主义与对自然的主宰》,重庆出版社2007年版,第42页。
③ 薇尔·普鲁姆德:《女性主义与对自然的主宰》,重庆出版社2007年版,第42页。

他者与他者之间没有任何差别,拥有相同的本质。唯有将他者同质化,才会使主宰的统治显得理所当然。男人彼此间相似,女人彼此相似,而男人与女人间没有相似之处。同质化是对他者及其文化多样性的忽略和否定,而这些多样性和多元化对于主宰来说是多余的,他者作为个体没有任何特殊性,他者只是工具。

生态女性主义认为,要摆脱二元论首先必须要清楚地认识到并阐明二元论所具有的问题和错误。普鲁姆德在分析并总结二元论特征的基础上提出了摆脱、消解二元论的路线。

首先,摆脱二元论必须认识到二元关系中双方所具有的延续性和差异性。二元论的解体不仅要认识到差异,而且要认识到延续性和差异性二者之间复杂的相互作用。在二元论的五个特征中,背景化和极度区分是对依赖性、延续性、自我与他者联系的否定;吸纳、工具主义和同质化是否定了他者对自我的独立性。就依赖性和延续性而言,男性、西方发达国家以及人类不能否认女性、发展中国家、自然分别为其提供生活资料、劳动力和市场、生产资料所作出的贡献。动物与人类一样具有性欲、情感及意向性,这也是人类与自然间延续性的一个体现。二元关系中的双方事实上是相互联系、彼此依赖的。同时,还应看到自我与他者间的差异性,作为主宰的一方要学会尊重他者的差异性,对曾经被贬低一方的价值和贡献进行重新评估并给予肯定。

其次,消解二元论还需将自主性、主体性和能动性等概念重新延伸到二元关系中被认为低劣的一方。笛卡尔哲学中,主体对对象的观察本身就被视为一种征服统治。主体将对象看作是无心智的客体的存在。然而,后现代哲学开始意识到自然是富有创造力的他者。深生态学的代表人物福克斯承认自然的"动态客观性",他认为,以这一模式观察自然才能将自然世界看作独立的整体,获得完整的知识,并看到我们与自然的联系。女性、少数族群、自然并非本身就是缺乏自主性、创造力的,而是主宰自我和主流文化用强暴、侵略的方式剔除了他们的主动性,并将自我的价值观作为文化的核心强加于他者身上。

因此,要消解二元论必须承认和重建他者的自主性、主体性和能动性。

最后,要打破人类与自然的二元论,还应重建目的论的重要性。普鲁姆德将意向性作为心智的一个重要指标,也正是从这个角度来讲,人类与自然是平等的关系,人类应公平正义地对待自然。普鲁姆德认为,自然界所有生物的各种行为及整个生命过程都是有目的性和意向性的,"对于更广泛的一些生命存在来说,它们则拥有知觉、情感、意志、感受痛苦和快乐的能力以及某些人类所没有的感知和意向能力。对于所有的生物来说,它们都清晰地拥有目的性和整体的生命目标。为了这些目标,它们的身体各部分才被组织起来"①。这里的目的论是外延扩充了的概念,不仅人类意识具有目的性,无生命或无意识的存在也同样具有目的性,"像生长、繁盛这样的概念,是暗含着目的性的,虽然它们并不一定是有意识的;而另一些概念,如功能、方向性以及自我维护型的目标指向性通常都存在于自然系统和过程中"②。这样一来,自然就不能被看作是被动的、冰冷的、空洞的机器了,自然界因其自身的目的性显得鲜活生动起来。因此,我们要重视目的论的重要性,承认并尊重地球上其他存在的需要、目的和追求。

综上所述,二元论是在差异的基础上构建等级的,因此,要消解二元论就需要通过差异的非等级概念来重构一种身份和关系。在这一过程中,自我应承认曾被背景化的他者作出的贡献,并承认对他者的依赖性;以一种整合的方式来重新认识自我与他者的关系,并承认他者与自我具有的相似特质;承认他者的自主性,建立一种独立的他者身份,而无须从自我的角度得以定义;认可他者作为需求和价值的主体,承认并尊重他者独立于自我的目的和需要;承认他者群体的复杂性和多样性,看到个体的特殊性。

生态女性主义对二元论的分析、批判以及摆脱二元论的路线,对消除人类社会和文化当中存在的二元结构和实现环境性别正义、全球环境正义和种际

---

① 薇尔·普鲁姆德:《女性主义与对自然的主宰》,重庆出版社 2007 年版,第 141 页。
② 薇尔·普鲁姆德:《女性主义与对自然的主宰》,重庆出版社 2007 年版,第 141 页。

正义有重要的意义。但由于二元论在西方文化乃至所有文化中的根深蒂固，它的残余还将影响着人类处理与自然的关系，因此，人类在思想观念和实践层面还仍需注意并继续消解二元论。另外，在逃脱二元论的过程中，还应注意两点：一是防止否定差异的倾向：要实现自我与他者之间的平等，并非要否定他者与自我间的差异，将二者简单地合并，而是要在尊重各自差异的基础上实现平等。二是警惕逆反综合症：自我与他者间的平等应是批判性的平等，而不是通过简单的逆反将他者的文化及价值作为人类文化的核心价值，应通过整合从而将双方的价值文化进行扬弃。

2. 整体主义的方法

自然界的万事万物按照各种关系组成一个有机整体，这个整体是真实存在于其各个组成部分之外，具有其独立存在性。环境伦理学的一些流派就表达了这一思想。如利奥波德的土地伦理和以阿恩·奈斯为代表的深层生态学。生态女性主义进一步强调，人们在肯定生态整体主义的同时，决不能忽视个体的存在及其价值。

也就是说，在生态女性主义看来，大地伦理和深生态学所体现的整体主义环境伦理思想过于强调自然作为整体的正常运转，却不关心可能为了整体而牺牲的个体生物。这种整体主义"是一种强调抽象的结构和整体的伦理，它超越了对个体的关怀和同情。这种强调'大'的抽象结构是一种大男子主义的视角，它只能强化传统形式的二元论，如自然—文化，无意识—意识，情感—理性，女性—男性"[①]。因此，有生态女性主义者认为，整体主义应"包含了对个体生物的关怀和尊重以及对整个生态进程的关怀"[②]。可见，生态女性主义

---

① Marti Khee.*Nature Ethics An Ecofeminist Perspective*.ROWAN&LITTLEFIELD PUBLISHERS，INC，2007，p.207.

② Marti Khee.*Nature Ethics An Ecofeminist Perspective*.ROWAN&LITTLEFIELD PUBLISHERS，INC，2007，p.208.

所主张的整体主义哲学不仅关注大的整体,而且还关心个体的存在。

生态女性主义主张以一种整体论的意识来代替西方社会中二元论和原子论的世界观,同时承认并支持各种整体论强调生态系统中所有生物都是相互联系的观点,但他们经常强调避免整体论中只注重整体的倾向。试想,当人类号召要挽救濒危物种如老虎时,所指的是挽救作为个体生命的老虎,还是为了挽救老虎这一物种才对个体的老虎进行特别关照? 显然,只是为了使一个物种得以持续存在才要挽救个体的生物,而挽救的方式多是以动物园等形式的监禁。从整体上看,不论是为了供人们的观赏还是为了获得或者丰富关于这一物种的知识,此物种都得以保存;但从个体生命来看,被监禁的动物却受到了伤害,因为它们被迫离开自然的栖息地,而且未来的食物、栖息处和繁殖都要受到人类的操纵和控制。同时,生态女性主义还反对畜牧业和以基因银行形式保护野生动物的遗传特质。他们认为,畜牧业和基因银行使得人类控制了动物的身体和生产繁殖,这种做法没有考虑到个体动物的健康。

利奥波德的整体主义强调生物群体的健康和美丽,一件事物当它有利于促进生物群落的完美时,它就是正确的。但更需要强调的是,同样的健康繁荣也适合个体的生物。而且,个体的健康本质上与整体的健康相联系。可以通过家庭的比喻来说明对个体的关怀与对整体的关怀是相互促进的。"父母总会为自己作出的决定找理由,而不会将孩子们划分等级。尽管孩子们有着不同的需求,不同的优势和缺点,我们做决定时也会考虑这些因素。但我们做决定时的原则是,我们努力保护每个人的利益,也要维护整个家庭的利益。"①这并不是要求我们要像父母一样对待自然,而是要把生物当作有主观性和感知能力的个体来关怀,并且要看到个体与个体、个体与整体间的差异和界限。"承认他者的界限和对他者的不了解是对他者尊重的一部分。只有主宰意识才会去尝试破坏界限,宣称自己可以包含、穿透和穷尽他者,而这正是征服的

---

① Eliznbeth Dodson Gray. *Green Paradise Lost*, Wellesley, Mass.: Roundtable Press, 1979, p.148.

标准概念的一部分,对女人,对奴仆,对被殖民者和动物都是如此。"①尊重个体的差异和需求是实现平等正义的前提,因而,不能把个体当作所谓的"生物群落""生态系统"或者"大地"这些大背景中的一部分来对待。

3.关怀伦理的路线

关怀伦理学产生于20世纪70年代,是伴随着西方女性主义运动而出现的。其核心思想是,肯定女性独特的道德体验,强调人与人之间的情感、关系以及相互关怀。同任何一种新生理论一样,关怀伦理学的产生、发展也伴随着自身的矛盾和来自各方的批评。例如关怀伦理学家卡罗尔·吉利根就遇到了道德与性别的关系问题,以及关于这一问题的批评。卡罗尔·吉利根的关怀伦理学思想在其代表著作《不同的声音——心理学理论与妇女发展》当中进行了论述。尽管吉利根一再强调这种"不同的声音"是基于主题而不是基于性别的,它只是强调两种不同的思考方式,但她还是被批评家指责为超越了性别,而且她对这一问题的解决并不理想。

从根本上讲,对于关怀与女性、道德与性别这一问题,应采取一种辩证的和历史的视角来看待。一般地看来,女性在道德发展上以关怀为主要倾向,男性以公正为主要倾向,但两者也不是绝对的,女性也可以作出公正思考,男性也可以作出关怀考虑。正如女性主义伦理学不是女人的伦理学一样,关怀伦理学也不表明只有女人才有关怀的能力,才会对他人给予关怀。男性如果从女性的思维和体验出发,不以男权模式来考虑问题,男性也可以是女性主义伦理学家。同理,男性也可以突破差异的统治逻辑,将道德看作网络性的关系结构,把人与人的关系看成是相互平等、彼此联系的平面关系。

虽然各个关怀伦理学家的理论仍存在缺陷,甚至彼此间存在着矛盾,但是,他们都注重关怀、情感,重视责任、能力和对他人的反应,并强调人与人之

---

① 薇尔·普鲁姆德:《女性主义与对自然的主宰》,重庆出版社2007年版,第194页。

间的相互依赖、相互联系和相互关怀。并且关怀伦理学家认为,关怀不是两分的和个体化的,关怀的作用应突破人类的范围,并不局限于人与人之间的相互作用,其对象也包括事物、环境及其他等等。正是由于关怀伦理学强调相互依赖、相互联系的本质和注重关怀的特征,生态女性主义有意将关怀伦理学作为实现环境正义的一条路线。

第一,关系性自我的形成。强调个体间的相互依赖是关怀伦理学的显著特征之一。生态女性主义表明,要颠覆自我——他者二元论,实现自我与他者间的平等正义,让处于主宰地位的自我拥有一种"关系性自我"的意识是必要的。

每个人都不可能孤立存在,都要与周围的人或物发生各种各样的联系。即使独自生活于孤岛多年的鲁滨逊也要依赖于自然界为其提供的生存必需品。因此,我们必须认识到自我在本质上的关系性和依存性,并看到自我在发展过程中与他者所进行的交流与互动。"关系性自我是非工具化模式的一种理论演绎,它包含了尊重、善意、关爱、友谊和团结。在这一模式中,我们不仅没有使他者从属于我们的目标而成为工具,并且还把他者的终极目的作为我们自己首要目的的一部分。"①工具主义中,他者被彻底地当作一种达到目的的手段,他者的独立性、主体性和完整存在性完全被忽略了。正如人类在开发利用自然资源时,没有顾及自然的主体性及其承受力,疯狂掠夺导致环境恶化。人类在与自然的相处过程中,只是把自然当作满足人类利益的手段,丝毫谈不上对自然的关怀和保护,而这种情况正是工具主义所导致的。同时,工具主义也存在于人类内部,那就是对女性和其他弱势群体的工具式对待。女性或母亲角色的意义和重要性只有在牺牲自我、成就他人的过程中得以体现。同样,弱势群体也只是被当作满足所谓"理性"人类欲望的工具,他们及他们的家园只是被作为西方发达国家发展所需的劳动力和原材料的来源地。

---

① 薇尔·普鲁姆德:《女性主义与对自然的主宰》,重庆出版社 2007 年版,第 165 页。

可见,工具主义下的自我将他者排除在伦理的范围之外,他者只是作为一种满足自我需求的"资源"或手段,他者的利益和目的与自我的目的没有关系,也不被自我所考虑。这样的自我在把他者当作资源利用时,缺少了一份尊重。这种关系对自我和他者的长远利益都是不利的。因此,生态女性主义主张一种关系性自我,因为它"描绘了一种包含尊重、友谊和关爱的关系结构,并作为亚里士多德的友谊的一种变体:设身处地的希望他者过得好"①。关系性自我将他者的目的与自我的目的相联系,并认为自己的利益在本质上是与他者的利益联系在一起的。因此,对他者的关爱成为自我身份认同的一部分,这种关系也将成为自我与人类或非人类他者平等共处的基础。

第二,相互性自我的形成。如果说,关系性自我是纠正了工具化的模型中自我拒绝对人类与非人类他者的依赖性,从而承认了自我与他者本质上的一致性,那么,相互性自我就是在认同自我与他者相联系的基础上,承认了他者相对于自我的独立性和差异性,承认他者不同于自我的特征和需求。在通过相互性来形成自我的过程中,"一个外部的他者为自我及其欲求设置了边界和限制,它包含了对其他存在的相似性的认可(他们不是彻底的陌生),但是却也认识到了其不同之处(他们是'他者')"②。

相互性自我意识到自我被他者所塑造,并与他者进行着互动,在这互动过程中,他者是积极的参与者和决定者。他者以其足够的差异性为自我创造了一个边界和轮廓,自我应意识到他者差异性的存在,并尊重他者所具有的不同特征和内在价值。

实质上,相互性自我是把他者当作另一个自我来对待,是同样拥有主体性但却和自我不同的存在,他者制约着自我。生态女性主义认为,承认他者差异性的相互性自我能够避免"道德延伸主义"产生的错误。"道德延伸主义"试图将道德关怀推而广之从而关怀地球上的所有存在,而这种关怀的扩展不是

---

① 薇尔·普鲁姆德:《女性主义与对自然的主宰》,重庆出版社 2007 年版,第 165 页。

② 薇尔·普鲁姆德:《女性主义与对自然的主宰》,重庆出版社 2007 年版,第 166 页。

由于对他者自身的差异性的尊重,而是取决于与人类的相似程度。由此可见,"道德延伸主义"的道德关怀是在抹除个体差异性的基础上进行的。而相互性自我是出于对他者独特性的尊重和肯定而进行的关怀,是设身处地的为他者着想,是对他者内在价值的尊重。

第三,塑造完善的生态自我。完善的生态自我是承认自我与他者的相互联系和尊重他者差异性的结合。相互性自我以关系性自我为基础,关系性自我也受到来自内在价值理论的补充。实际上,关系性自我和内在价值就是对生态自我的美德式描述的一种重要理论互补物。

生态自我描述了一种合理的、恰当的人类与自然相处的方式,它把自然界其他存在的繁荣与其目的包含在了自己的首要目的当中,对地球上的非人类他者报以真诚的尊重、关心与爱护。完善的生态自我既认识到了自然界与人类的差异性,同时也认识到了二者之间的相似性。对生态自我而言,自然界的繁盛本质上与自我的繁盛是联系在一起的,而不是工具性地看待自然界他者的繁盛。虽然生态自我把自然界的福祉和利益包含在人类自我的目标中,但生态自我又完全理性地保持着人类与自然界彼此不同的诉求。正如普鲁姆德所言:"一位母亲并不一定要迁就孩子的所有口腹之欲。我们可以为野外大熊猫的欣欣向荣感到由衷的高兴,但也没必要跟它们一起去吃竹子"①。我们要做到尊重、谅解、同情对方,但也维持各自诉求上的差异性。

生态女性主义认为,荒野的概念是检验生态自我理论是否完善的标准。对待荒野的态度通常有两种:一种是将荒野看作自我的一部分,如深层生态学家阿恩·奈斯的自我实现概念;另一种是将荒野与人类完全分离,如存在主义哲学家彼得·里德强调的"作为陌生人的自然"。这两种对待荒野的态度代表了两种错误的人类与自然的关系,前者将荒野作为自我的一部分,实质上是通过吸纳的方法来定义荒野,从而抹杀了荒野的他者性;而后者则是将人类与

----

① 薇尔·普鲁姆德:《女性主义与对自然的主宰》,重庆出版社 2007 年版,第 172 页。

荒野极度区分,把自然看作异类,如此可能导致人类对自然的疏远和仇视。在生态女性主义者的眼里,"荒野并非一个没有自我与他者互动的存在,自我只是没有将自己强加在他者身上而已。我们应该带着对其本身的欣赏而不是我们自己的一套理由来走进它。在这里,每一个到访的人都是学生而非老师,他们被转变而不是转变者,他们需要从他者的眼中看见自己的样子,因而也应该像所有的客人一样,谦虚地入乡随俗"①。这样一种态度,有助于克服人类在改造自然时的主子心态,使人类认识到走进荒野就是进入了他者的地盘,人类应接受他者对自我的塑造,在转变与被转变之间建立与他者相互性和合作性的关系,完成人类与地球上其他存在的"交互性之舞"。

第三节　盖亚假说的生态整体论

生态伦理是生态哲学的典型代表,当今它的主要研究内容是将道德边界从人类世界扩展到非人类世界。以往有关道德边界扩展的进路多从人文主义的角度来展开,如大地伦理、女性生态学、深层生态学等。还有必要分析当今极具争议性的生态学理论——"盖亚假说",以说明从科学主义角度展开生态伦理的实践基础,并将盖亚假说与传统的生态伦理理论进行比较,说明盖亚假说是一种新的生态整体主义理论。"盖亚假说"的理论争议并非此述的重点,我们关注的只是它关于人与自然关系的整体论视角,因此,在此也仅是从生态科学的维度探讨其关于自然的有机整体性内容。

目前,盖亚假说有五个版本:其一,生物对环境有显著的影响,即影响盖亚。其二,生物的进化与环境的进化是彼此耦联,即同进化盖亚,这里的同进化就是协同进化。协同进化理论将生命的进化与无机环境视为一体,它反对传统达尔文主义意义上的"进化",因为它不携带遗传信息。洛夫洛克的模型

---

① 薇尔·普鲁姆德:《女性主义与对自然的主宰》,重庆出版社 2007 年版,第 177 页。

意味着生物调节无机环境,同时作为一个基因复杂性的一部分。微生物学家林恩·马古利斯对盖亚在基因层次协同进化作出了深入研究,通过她的努力,现在的盖亚假说已经变成了盖亚理论。其三,生物圈(包括生物总体及其环境)之所以保持相对稳定,是因为负反馈机制在起调节作用,即内稳态盖亚。其四,生命使地球的物理和化学环境条件最优化,以最大程度地满足生物圈的需要,即最优化盖亚。其五,生物圈可以视为一个地球巨型生理有机体,即地生理盖亚。其中一、二版本为弱盖亚,三、四、五版本为强盖亚。不同的版本代表着对生态不同的理解,即使对同一种版本的盖亚也有多种不同的生态哲学解释。多样的解释在寻找自然世界的哲学基础时,会产生多元化的混乱与矛盾。这里,主要通过辨析盖亚假说的各个版本,阐明强盖亚的盲目性和弱盖亚的合理性,并指出弱盖亚是一种自然主义的生态整体论。

一、盖亚假说的实质辨析

盖亚假说是由洛夫洛克于 1970 年代初提出的。认为地球是一个自动调节的复杂系统,这个系统由生物圈、大气层、水圈和土壤层紧密耦合并共同进化;它为生命寻求最佳的理化条件。[①] 洛夫洛克首次提出盖亚假说时,认为盖亚是一个单独统一的模型,盖亚所代表的地球是一个超级有机体,即是由众多有机体构成的一个整体。这个概念最常被用来描述一群完全社会性的动物,如蚂蚁、胡蜂等。地球与太阳系的其他行星不同,是富氧的,例如在火星和金星的大气中,二氧化碳含量超过 90%、氮含量不到 3%,而地球的大气组成为 79%的氮气、21%的氧气和 0.03%的二氧化碳。通过分析其他行星的大气环境说明这些行星不适合生命存活。洛夫洛克认为,地球的温度和气体成分数亿年来不断演化,自地球形成以来的 46 亿年中,太阳辐射强度增加了约 30%。

---

① 参见 Lovelock J.E.*The Vanishing Face of Gaia*.New York:Basic Books,2009,p.255。

其中显生宙期间辐射强度增加了 5%,而显生宙时期的地球一直是宜居的。[①]进而,提出地球具有独特性质,具有生命活性。他认为,生命不仅适应环境条件,而且为了保持生命自身的生存,也在控制、改造这些环境条件。此时的盖亚假说属于典型的强盖亚版本。

盖亚假说被提出后,得到了许多科学家和公众的支持。盖亚假说在整个行星层面来看地球之中的相互作用,洛夫洛克称用这种方式进行研究的学科是地球生理学。同时,很多科学家们不同意洛夫洛克的观点,主要批评针对生命目的是保持环境的稳定性的观点,这种目的论与科学的理性精神相违背。洛夫洛克为了驳斥批评,与安德鲁·沃森用计算机建立了"雏菊世界"的系统模型来捍卫盖亚假说。

雏菊星球是一个设想出来的孪生地球。这个行星上只有黑色和白色两种雏菊,它们构成一个简单的生态系统来调节这个星球的环境。太阳光线由弱变强。黑色雏菊吸热能力强,很快遍布整个星球。它们吸收热量,整个星球开始升温。进而,反射太阳光能力强的白色雏菊萌发,很快它与黑色雏菊不相上下。此时星球生态系统达到平衡。太阳进一步升温,白色雏菊泛滥,黑色雏菊退到两极。星球无法吸收足够的太阳能,温度又开始下降。黑色雏菊又繁盛起来,新一轮的循环开始。黑白雏菊就这样形成了一个自我调节温度的星球。

计算机模拟演算结果表明,不是通过经典的"群体选择"理论,而是仅有自私生物就可以实现有益的反馈机制。[②] 许多科学家质疑洛夫洛克的这个理论,认为他模拟的这个世界过于单一。于是,洛夫洛克在雏菊星球中陆续加入了兔子、狐狸、人等生物。结果发现生态系统越复杂,它的稳定性就越高。这个计算机模型可以有力证明弱盖亚,但不能证明带有目的论特征的强盖亚。

[①]　参见詹姆斯·洛夫洛克:《盖亚:地球生命的新视野》,上海人民出版社 2005 年版,第 17—19 页。

[②]　参见 Watson A.J.Lovelock J.E. "Biological homeostasis of the global environment:the parable of Daisyworld", *Tellus*,1983,pp.286-289。

这一系列可能性的解释会导致盖亚争论的混乱。有时候支持盖亚的一部分内容的证据会被当作支持其全部假说的证据而加以使用。

1. 强盖亚的盲目性

在盖亚假说中,三、四版本认为地球是有目的的,版本五认为地球本身拥有生命。应当指出,这些版本的强盖亚是明显错误的。因为地球既无目的,也不是生命体。"目的"是主体达到一定的复杂程度时,主体涌现出的一种能力。目的需要主体有对过去的记忆与对未来的规划。目的需要主体指向某事物,它的前提是意向性。意向性在意识的范畴以内,如人类制造航天飞机、大象寻找水源等。无机物、低等生物是无意识的。这里所说的"意识"是指与人类相似程度的思维过程。我们并不反对朱利奥·托诺尼的集成信息理论所提出的万物都含有一定意识量的思想。地球作为一个无机与有机的整体是无目的的,它不会寻求自身的内稳态(三版本)和最优化(四版本)。生命拥有自我的保存和自我繁衍的特性,而地球不能自我保存和自我繁殖(五版本)。地球在整体上的生命特征与金星、火星上无本质区别,地球不是生命体。所以,三版本至五版本的强盖亚假说并不成立。

强盖亚有一系列的问题,它不能说明已经稳定的环境条件和已经适应环境的生命。众所周知,无机系统反馈机制也可以保持环境条件恒定,如蒸汽机的离心飞锤式调速器可以进行负反馈调节以达到蒸汽机的内稳态。生物学家们有时从工程学的模型中借鉴控制系统理论,以此来描述一些简单的有机体。控制系统能在物理、化学、生化和生物等各个领域内存在。一个控制系统的存在并不能证明承载这个载体的系统具有生命。用控制系统代表所有生命体是错误的。生物可以被视为调节系统的一个重要部分,但生命本身并没有作为这个调节系统的一部分而存在的理由。这部分换成非生物也可以;换句话说,即便摧毁地球上所有的生命,地球系统整体上依然可能达到一个新的平衡态。

强盖亚认为,地球是一个独立的生命体,它不断地演化着,以使生命得以持续。地球是有生命的,这一思想在 1785 年由苏格兰科学家、"地质学之父"的詹姆斯·赫顿的均变说中首先展现出来,其经典地质学著名的均变说,又名"火成论",这个理论认为地球内部压力导致地质运动在地表生成新的岩石,新生成的岩石补充地表上由风、水、冰川侵蚀而带到海底的岩石,这样循环往复、动态平衡。其后在 20 世纪 40 年代,乌克兰的科学家、哲学家沃尔纳德斯基对这种思想有很大推动。进一步,强盖亚将无机的物质环境与有机的生命进化联系在一起称为协同进化。强盖亚版本的错误在于假定盖亚是独立进化而来的生命,认为地球随着光合作用的出现而发生质变。[1] 强盖亚所面临的最大困难是不能设计一个科学实验证明假说的核心内容。如果一个理论本身是科学的话,它检验性存疑,就与科学的研究范式发生了冲突。

盖亚假说的强版本陷入目的论的形式,使得盖亚"她"会有意识地做什么事情。洛夫洛克否认盖亚假说是目的论的,他使用的一些语言来避免目的论的性质。但是,洛夫洛克的这种描述盖亚的方式,又使得盖亚有成为神话的趋势。例如,在描述地球承受来自太空的打击时,洛夫洛克说:"我们行星家园被修复的如此迅速而有效,这是对盖亚力量的礼赞"[2]。他在反思超验精神和盖亚的关系时认为,超验精神是一种信仰。如果以同样的方式试图证明强盖亚的存在则不可行。

由此可见,强盖亚具有很强的目的论特性,不能成立。我们认为,盖亚是指由生物和生物所在的环境构成的一个整体,这个整体中生物与环境之间有着明显的相互影响,它们之间的演化彼此耦联,这个整体本身并无目的、无生命。

2. 弱盖亚的合理性

实际上,雏菊世界模型能够支持弱盖亚,不能够支持目的论的强盖亚;只

---

① 参见 Lovelock J.E.*The Ages of Gaia*.Oxford University Press,2002,p.78。

② 参见 Lovelock J.E.*The Ages of Gaia*.Oxford University Press,2002,p.86。

有一、二版本的盖亚——影响盖亚和同进化盖亚才能够代表科学的盖亚假说。而目的论特点浓厚的内稳态盖亚、最优化盖亚、地生理盖亚不是真正科学的盖亚假说。弱盖亚的有力证据主要还有生物对环境有效的四个作用:调节海洋的盐度;调节大气的氧气含量;调节地表的温度;调节二氧化碳浓度。这些都说明影响盖亚和同进化盖亚的成立。其中第三个作用,即生物可以调节大气,可以用雏菊世界实验来作出很好的说明。

雏菊世界模型作为互动式模型,拥有完善的假设、完整的计算机实验过程和满意的数据实验结果,因而得到很多科学家的支持。它说明星球上的所有生命体(统称为生物群——biota)可以作为整体来影响外部的环境。弱盖亚假说补充、具体和深化很多传统科学领域的研究。人们多年来就知道生物体影响外部环境,例如生物代谢会产生二氧化碳影响环境。这个假说的研究方法是一种整体主义的科学方法,这样可以检查和测试不同生物对大气成分的影响。根据盖亚假说,如果一些物种改变大气条件,使得地球系统远离平衡态,那么系统的稳定性就会动摇;如果人们希望地球系统继续稳定下去,那么应当寻找产生破坏行为相反的方式,就可以扭转生物群的自我调节,使环境系统达到平衡。

雏菊世界模型是稳态过程模型。它提出生物群调节行星的大气环境。调节大气可以使不同物种以总体一致的行动调节它们的生存环境。这种调节可以被描述成一个变阻器,它使生存环境回到预设的规范。调节系统一旦饱和,需要新平衡状态。新平衡会导致一些物种的灭亡。这样灾难性事件在地球上的生命周期转变时会发生,如厌氧条件转化为好氧条件时,地球出现了大规模的"氧气"污染事件。在厌氧的环境中氧气是废气,这与现在大量生物需要大量氧气的情况不同。洛夫洛克认为,氧气作为主要的大气气体是从大约太古代和元古代之间开始的[①]。生命改造地球的大气环境,使其由缺氧的环境变

---

① 参见 Lovelock J.E.*The Ages of Gaia*.Oxford University Press,2002,pp.100-102。

为富氧的环境。

硫循环是弱盖亚的又一个有力例证。硫循环的研究较多,其中以二甲基硫(DMS)最具代表性。① 二甲基硫的例证简单来讲就是:浮游植物生成二甲基硫,二甲基硫降低海平面温度,海平面温度降低,浮游植物的活性降低,浮游植物生成的二甲基硫变少,海平面温度升高,浮游植物的活性增高,生成很多二甲基硫醚,循环往复。以上的这些科学证据可以证实弱盖亚作为一个本体存在的合理性。

二、盖亚假说的生态整体主义特点

盖亚假说作为当代前沿的生态学理论,虽然还存在较大争议,但透析其理论实质,则可以看出其鲜明的生态整体主义特点。

1. 生态整体主义方法论

盖亚假说与传统经典科学的还原论方法不同,它所运用的是整体主义方法,反对二元对立思想。人类的主体性能力是感知周围的自然世界。人类对客体和对象的认识,是现代科学诞生的一个必要先决条件。一旦把自然世界当作纯粹对象化,那么自然世界就可以被理解或被分离为它的组成部分。这就是现代科学的方法——还原论。将物质从精神中分离,将人类从自然中分离,将意识从身体中分离,这些分离体现了典型的二元论思维范式。现代很多反二元论的环保学者认为二元的对立模式是现代生态危机的根源。格蕾丝·詹特伦认为近代科学的类比及其后续的发展只是"装饰性"的,不能解决女性问题和自然问题。

自然主义者以多种解释回应这一说法。第一种解释是更新论。它认为,坚持科学并不是只表现为冷漠的客观性。早期的科学家们深知自然界的超验

---

① 参见 Charlson RJ., Lovelock J.E., Andreae M.O., Warren S.G. "Oceanic Phytoplankton, Atmospheric Sulphur, Cloud Albedo and Climate". *Nature*, 1987, Volume 326。

性,现代科学也秉承这一传统。科学知识本身是完备的,只需要不断地更新科学知识。第二种解释是革新论,反对机械论的活力论思想。格里芬认为,作为每一个个体的目的或意向都可成为科学修正的一部分。这种科学解释有说服力,但基础不扎实,仍然遭到批评。第三种的解释是整体论,它将科学方法理解为一个系统的整体,而不是各个单独的部分。由盖亚假说所启发的就是一种整体论的解释。

生态领域的整体主义方法论已经被运用了很多年。而盖亚假说将整体主义思想扩展到了生态学以外,特别是对生态伦理具有很强启示。新生态原则深化了原有的思维方式,整个地球不再是一个简单的联结组合,而是一个巨大的生态系统。许多绿党哲学家和理论家认为,盖亚假说比传统的科学观点具有更多的内涵。

生态伦理的价值观在当代由个体主义走向了整体主义。走向整体主义价值观的进路主要包括从考虑个人到考虑特定物种、再到生态系统直至整个生物圈的道德优先性。这与生态伦理学中从人类中心主义向动物权利/解放论、生物中心论、生态中心论/深生态学的演进范式一致。生态整体主义运动是整体角度的道德考量,"是一个指向集体所有道德的声势浩大的环境伦理运动"①。盖亚假说加强了整体主义这一走向,它使用了共同体、组织体等术语。盖亚假说在伦理立场上反对个体主义立场,例如:盖亚假说反对保罗·泰勒的理论。泰勒认为所有个体生物都有自己特定的意向或目的,这给了它们固有价值。② 根据泰勒的生物中心论理论,所有生物具有平等的道德地位;而根据盖亚假说,所有生物体作为一个整体将会对环境产生最大的影响。盖亚的协同进化的、相互影响的整体主义特征加强了利奥波德的环境伦理范式的道德

---

① Palmer C."A Bibliographical Essay on Environmental Ethics".*Studies in Christian Ethics*,Volume 7(1),1994.

② 参见 Taylor P.*Respect for Nature:A Theory of Environmental Ethics*.University Press,1986,p.57.

依据,它的基本道德意义在于,认为整体价值大于个体价值。利奥波德的《沙乡年鉴》代表着大地伦理学的诞生,对生态伦理有划时代的意义,此书标志着生态伦理的主流研究从个体价值或特定物种价值转向对整体价值的研究。在利奥波德看来,大地包括土壤、水、植物和动物等所有这些事物都应当在道德层面上被当作是共同体的一部分①。这种人文主义的整体论研究进路是自上而下的,而自然主义的整体论研究进路是自下而上的。它们殊途同归,最终都指向整体主义的方法论。

2. 生态整体主义价值观

值得注意的是,由盖亚假说可以得到两个完全不同的伦理立场:第一伦理立场是将地球作为为人类服务的资源,这是将盖亚作为使用价值的态度。第二伦理立场是给予盖亚的过程和系统以价值,这是将盖亚作为内在价值的态度。两种伦理立场产生两种不同的自然资源管理方式。第一伦理立场持人类中心主义的价值观;第二伦理立场持非人类中心主义的价值观,符合整体主义的价值观。

第一伦理立场的极端观点认为,由于盖亚假说表明地球有自我调节的能力,所以人类的污染是相对的,因此盖亚假说是一种不符合环境伦理的假说。一些环保主义者不接受盖亚假说,因为盖亚假说似乎承认地球可以再承受人类几千年的虐待这一粗鲁的事实。温和的观点认为,人类的责任是保护地球的重要物种和重要区域,比如:热带雨林、深海藻类和原核细菌等。② 因此,对于盖亚而言,那些不重要的物种和区域是可有可无的。盖亚达到一种新的平衡态,将有可能导致包括人类在内的很多物种的毁灭。那么人类应该避免一

---

① 参见 Leopald A.*A Sand Country Almanac*.Oxford University Press,1949,p.50。

② 参见 Lovelock J.E.*Gaia:The Practical Science of Planetary Medicine*.Oxford University Press US,2001,pp.153-171。

些活动,避免盖亚达到一种新平衡态,这样才能避免被摧毁。① 人类中心主义判断行为的依据是人类是否受益。约翰·帕斯莫尔认为只有人类产生价值,非人类中心主义的价值观没有依据。② 这一立场与整体主义的价值观不相符合。

与第二伦理立场思想相近的是利奥波德的非人类中心主义。与帕斯莫尔的人类中心主义不同,以利奥波德为代表的非人类中心主义则将价值由人类本身延伸到非人类的事物上。洛夫洛克反对人类中心主义的价值观,他的理论选择第二伦理立场,加强传统整体主义的价值观。他认为,人类对自身的人际关系的管理都这样失败,更没有能力对地球事物进行管理了。③ 管理行为本身是短视的,且管理行为过于以人类为中心了。这样的行为不能考虑整个星球的利益。人类应该把自身当成是星球的合作伙伴,当成是细菌、真菌、黏菌、鱼类、鸟类和动物们的生物代表。如果不把自身当成是星球的合作伙伴(即人类以人类为中心),那么"盖亚可能无意识地使得地球本身转变成一种新的状态,这种状态将不再适合人类生存"④(而盖亚不是以人类作为中心的)。可以看出洛夫洛克通过支持第一伦理的结果来反对了第一伦理的方法,论证其不合理性。

洛夫洛克没有从道德地位的角度对盖亚的系统性价值进行进一步的说明。但可以结合与之相似的罗尔斯顿的环境伦理思想,对盖亚假说的全过程思维方式和把人自身当成是星球的合作伙伴的思想进行系统性价值方面的说明。⑤ 罗尔斯顿赋予生态系统和生物圈以价值,认为它们是一种"生成的生

① 参见 Dobson A.*Green Political Thought*.London:Unwin Hyman,1990,p.45。
② 参见 Passmore J.*Man's Responsibility for Nature*.Duckworth,1980,p.23。
③ 参见 Lovelock J.E.*Gaia:The Practical Science of Planetary Medicine*.Oxford University Press US,2001,p.175。
④ Lovelock J.E.'Planetary Medicine:Stewards or Partners on Earth?'.*The Times Literary Supplement*,1991,p.8.
⑤ 参见 Rolston Ⅲ H.*Philosophy Gone Wild*.Prometheus,1989,pp.23-31。

活"。他通过以下方式描述系统性价值,"像历史这样的基本价值,不是被完全装封在个体当中,而是弥散在系统里。这个系统的价值不是各个部分价值的综合……系统性价值是生成的过程,它的结果是内在价值融入工具性的关系当中"①。他总结到:客观的系统性过程是高于一切的价值,不是因为它不关心个体,而是因为这个系统性过程是优先的和富有成效的。② 罗尔斯顿这样的观点符合盖亚的整体概念,每个个体生命通过这种方式而得到表达。罗尔斯顿关注个人价值,避免其他生物的伦理体系威胁到个体的价值,进而形成生态法西斯主义。他强调生态系统的完整性、稳定性等价值观概念。罗尔斯顿的价值观与盖亚假说的价值观都是以整体的系统性价值为优先;它们既给系统和过程以价值,又强调不能忽视个体价值。

三、盖亚假说作为自然主义的生态整体论

生态伦理作为生态哲学的一部分,当今它的主要研究内容是将道德边界从人类世界扩展到非人类世界,主流研究方法是整体主义方法。以往有关道德边界扩展的进路多从人文主义的角度来展开,如大地伦理、女性生态学、深层生态学等。

按照道德价值的扩展广延可以将生态伦理区分为人类中心主义理论与非人类中心主义理论,按照道德价值的体现方式来划分可以将各种理论分为个体主义理论与整体主义理论。如果从扩展的维度来对当今的各种非人类中心主义理论进行区分,则可以分为两类:人文/环境主义的扩展、自然/生态主义的扩展。

---

① Rolston III H.*Environmental Ethics:Duties to and Values in the Natural World*.Temple University Press,1987.

② 参见 Rolston III H.*Environmental Ethics:Duties to and Values in the Natural World*.Temple University Press,1987,p.191。

1. 人文主义的整体论

人文主义的整体论主要从权利与道义的角度来提倡生态伦理中的人文道德。人文主义的整体论与政治哲学中的有关公民自由的研究进路类似，都致力于将平等权利扩展到共同体的所有成员。人文主义整体论中的环保主义者通常认为共同体中非人类部分与人类部分在组成的地位上一样。人文主义整体论的代表人物有安德鲁·布伦南、奈斯、彼得·辛格等。安德鲁·布伦南提倡生态人文主义，他认为所有的本体实体，包括动物的与非动物的，由于它们的纯粹存在而具有道德价值的基础。奈斯以及"深层生态学"的追随者均属于这种整体论。他们认为环境拥有内在价值或固有价值——这意味着它本身就是有价值的。彼得·辛格的工作可以被归类为这种整体论。辛格认为"扩大的道德价值"应该重新划分包括非人类动物在内的权利，我们不应该有物种歧视。辛格发现很难接受无意识的生命实体具有内在价值；在第一版《实践伦理》中，他认为不应该将道德价值的范围扩大到无意识的生命实体的圈子。这种方法本质上是生物中心主义的。尽管辛格不认同深生态学，但是，后来在与奈斯会话后出版的《实践伦理》的新版本中，辛格承认无意识的生命实体具有内在价值似乎是合理的。① 总之，以上各家的思想都是从权利与道义的角度来提倡人文主义的道德，属于生态伦理中人文主义的整体论阵营。

2. 自然主义的整体论

自然主义的整体论重点不在强调权利与道义，而在重视生物以及非生物的实体之间的相互依存关系和生物多样性。人文主义整体论的进路是从人文的角度反映自然世界，而自然主义的整体论则是从科学的角度反映自然世界。自然主义整体论的主要代表人物有奥尔多·利奥波德、霍姆斯·罗尔斯顿、贝

---

① 参见 Singer P. *Practical Ethics*. Cambridge University Press, 2011, p.45。

尔德·克里考特、詹姆斯·洛夫洛克等。自然主义的整体论这一划分与史密斯的生态整体主义的划分大致相同。罗尔斯顿认为,生态的各种实体(如生态系统或全球环境)是一个共同体,它们可以作为一个统一的实体具有内在价值。

其中,洛夫洛克作为自然主义整体论的盖亚假说最具代表性。洛夫洛克的盖亚假说认为,行星地球的地生理学结构随着时间的推移而发生改变,这种改变确保了进化的生物与无机环境之间的内平衡。地球是一个统一的、整体的实体。它所拥有的道德价值与人类的道德价值在本质上没有明显的差异。"盖亚假说"是自然主义的整体论,与人文的扩展整体论相比较,它缺少系统价值,具有盲目性,不能超越人为的基础给道德价值以终极支持。但是,它较之人文的扩展具有更强的经验实践性、更明显的可证伪性、更具体的可操作性、更多的内容丰富度。盖亚假说作为道德的基础,既可以为一元论伦理学提供基础,也可以给生态伦理以启示。

3. 盖亚假说中生态整体主义的启示

第一,意识形态的质疑。有人希望将盖亚这种自然主义的整体论作为一种新意识形态。例如:佩德勒将盖亚作为可持续发展的基础,认为人类与环境的和谐是整个有机盖亚整体的一部分。他呼吁:"盖亚"是一种新的生命形式,"人类是这个生命不可或缺的力量,可以称为地球生命体,盖亚的地球精神",这实际上是"由工业化以来唯一现成的解决方案"①。盖亚假说本身虽然并不意味着自我与地球的融合,但盖亚假说的支持者希望能够找到两者统一的完整的意识。生物学展现的图景是人类与无生命的物质拥有相同的分子结构,所有的差别都被消弥,这构成一个新的形而上学。以这种新的形而上学为基础,通过整体主义的方法,佩德勒等人希望能将盖亚作为一种新的意识形

---

① Pedler K.*The Quest for Gaia*.Paladin,January 29,1981,pp.173-174.

态。他们认为这样盖亚的存在对于维护生命更具广泛的直接性。约翰·米尔班克则认为自然主义整体论作为信仰是有问题的。因为它不承认自然概念需要主体和客体的分离。自现代性兴起以来,人们就在自然中寻找新的客观性。转向自然是现代性问题的一部分,所以人们不可能再次找到关键价值。也就是对将盖亚作为一种新的意识形态的作法表示怀疑。

将盖亚假说上升为意识形态就会涉及深生态学问题,涉及奈斯、福克斯等人的理论。这种新的意识形态不只是针对道德本身,而是渗透生活的各个方面;这类似于深生态学的意识运动。这种新的意识形态扩展为不区分自我与非我的无所不包的方法论。深生态学作为意识形态若对应到盖亚上就会面临一些困惑。它主要面对两个责难:第一个责难是盖亚假说只考虑地球,而忽略了对整个宇宙的思考;第二个责难是盖亚假说只考虑整体,而忽略了对个体的思考。第一责难会产生无穷倒退问题,最终使得研究的问题无法解决;第二责难会形成与斯多葛学派相似的生态法西斯主义。这种自我的过度扩展会导致相反的结果,即把自我以一种"人类中心主义"的方式带入世界。这些都与深生态学的整体主义观念相违背,与盖亚的价值观相违背。

盖亚应该是地球的一种视角,用以观察我们及我们与生命的关系的视角。盖亚的启示意义在于对生命本身而不是任何特定的生命形式的坚守。生态女性主义者安妮认为,盖亚作为科学假说的特征与古代宗教理解的地球女神特征产生了巨大的共鸣。盖亚这个概念可以作为一种信念。这种信念是指人类需要摆脱自认为是改造地球的"技术工人"的自我认知,改为自认为是与地球合作的均衡发展的关系。① 因此,在意识形态领域,不能把盖亚作为一种信仰,而可以把它弱化为一种信念。

第二,自然主义的启示。盖亚假说作为自然主义的整体论可以在生物学范围内,为道德寻找基础,进而弥合自然与人文之间的鸿沟。这与传统进化伦

---

① 参见 Pedler K.*The Quest for Gaia*.Paladin,January 29,1981,pp.13-21。

理学中的一元论伦理学的思路相近。同样，像传统一元论伦理学一样，盖亚假说首先需要调和利己主义与利他主义之间的矛盾。

盖亚假说认为，整个星球生物群是一个协作的整体。这与达尔文认为的生物间的竞争性理论的立场不同，它认为所有生物都是合作性的。所有物种在同一平台上作为一个整体性的进化生存者，而不是竞争性的进化生存者。这种协同进化观念在社会生物学家之中影响巨大。协同进化的物种以蚂蚁等自然性动物和人类等社会性动物最为明显。协同进化从自然主义的角度对道德的产生提供了一定的解释。这与理查德·道金斯的所谓"自私的基因"，即进化的行为仅基于自身利益的发展的利己主义研究进路截然相反。道金斯的理论受到包括威尔逊在内的众多理论利他主义主张者的反对。威尔逊作为社会生物学的主要开创者，他的理论通过进化思想将"生物"这个概念延伸到实体的层面上。

在生物学概念范畴内，盖亚假说强化道德价值的自然基础，而且这种自然基础可以作为架起科学与人文之间的桥梁的一种选择。在新达尔文主义的全盛时期，进化论被当成是一种新的哲学基础。这种新哲学远远超出了解释生命起源的生物学的范畴。它成为后续科学如社会生物学、后继学人如理查德·道金斯的理念基础。威尔逊主张进化选择利他行为，道金斯主张进化选择利己行为；但是，他们两人都预设行为是个体对于其他个体的竞争优势的表现，都信奉达尔文的"适者生存"信条。某种意义上讲，二者的思想是生物决定论在乐观主义方向与悲观主义方向上的不同表现形式。道金斯的立场可以明确地表达为：人们是生存的机器——像编程机器人一样保护自私基因；这是一个让人吃惊的真理。

盖亚假说作为自然主义的伦理启示可以与贝尔德·克里考特的思想进行比较。克里考特是典型的自然主义生态伦理学家，他善于运用进化论和生态学的知识来确立生态伦理的整体主义原则。在面对利他与利己问题时，克里考特支持整体价值，但他认为价值是人为产生的。人类中心主义者会认为人为产生的价值不符合整体主义。他采用社会生物学的研究来去除这种责难，以守护他的整体主义。社会生物学认为，人类的进化是由人类与共同体内的非人事物交互作用而完成的。如果人们忽视道德行为的遗传基础，那么就会发现很难将道德行为解释清楚。不能试图分析道德如何进化而来的，不能得出以下结论，即进化的结果是道德行为，而道德行为是人类特质的基础；这一系列的结果都是由自然选择——这个现代生物学的组织原则所决定的。克里考特认为，达尔文的自然选择相对于利己主义行为来说，更支持利他主义行为。他将这种利他主义行为扩展到了包括动物、植物和大地的共同体中，从而支持了盖亚假说的自然主义整体论以及它的跨学科研究。在这个意义上，克里考特的观点符合并协调了盖亚的自然主义思想。

沿袭这种思路以盖亚假说为基础可以来分析人类的行为。例如，萨托利斯认为，人类只有与行星内部各个要素协调一致的行动，才能取得成功。在此，她与生态神学萨利·麦克法格的观点相似。后者认为，罪是没有认识到我们处于我们的行星地球中。① 如若人们过度遵循人类中心的逻辑图式，过分强调自身的主体性，就会使得人类像是地球上的寄生虫和癌细胞。这样，盖亚假说则从自然主义的角度为传统一元论伦理学提供了新的基础。

第三，生态伦理的启示。盖亚假说虽然在意识形态上不能成立，但在方法论上却有巨大创新之处。它作为道德的基础，既可以为道德一元论提供基础，也可以为道德多元论提供借鉴。盖亚假说作为一个科学假说，大胆地将地球这个行星假设成为一个特殊实体/弱盖亚，从科学的角度给生态以尊重与敬畏。其中，强盖亚的可能性在于，未来随着人类文明的发展，地球与人类有可能组成为一个真正的实体/强盖亚，例如，建立意识的整体性复杂度模型和具身模型，星球的整体性复杂度达到一定程度并且具身化，即可拥有意识。

自然主义有着悠久的历史和强劲的更新能力，特别是自伽利略后，自然主

---

① 参见 McFague S.*The Body of God*.SCM，1993，pp.112-129。

义进化为科学主义。① 它在人类学术研究的各个领域,一路高歌猛进,17 世纪及 20 世纪初的物理学,19 世纪中期及 20 世纪中期的生物学,还有近 20 年来潜力巨大的科学心理学。随着学科专业化程度的提高,如斯诺所言,科学文化与人文文化之间的隔阂也逐步加深。② 当前,需要消除或减弱它们之间的隔阂,需要自然主义与人文主义之间进行更多对话。具体到生态伦理的研究中,盖亚假说可以促进自然与人文的深度对话,并为生态伦理的发展提供强有力的动力。

总之,通过以上分析可以看出,弱盖亚将地球上的生命和生命所处的环境看作一个由正负反馈调节而紧密耦合的一个整体,它从自然主义的角度建构了一个生态整体,具有十分重要的积极意义。

第四节　基督教的生态正义思想

自 20 世纪下半叶以来,生态问题不仅成为影响全球可持续发展的热点现实问题,而且也成为哲学、科学和神学共同关注的焦点理论问题。西方学界对这个问题的反思,在理论上形成了多元的生态伦理观,以探求生态危机形成的深层文化原因;在实践中则掀起了极为广泛的环境保护运动,力图调整人类与自然的深层矛盾。由于基督教在西方传统文化中的基础地位和深远影响,当这种生态焦虑遍布西方社会时,随之而来的对基督教的生态抱怨也逐渐凸显。这种反思以美国史学家林恩·怀特提出的对基督教的生态质疑为开端。他在《我们生态危机的历史根源》一文中,将当今时代生态危机的根源归于基督教,并抨击基督教对待自然的态度,由此引发了西方社会对基督教的批判。这

---

① 严格来讲,自然主义在时间线上要早于科学主义。但若将自然主义进行广义的界定,认为只要是用自然科学知识、方法而研究问题的思维进路都是自然主义;那么就可以将科学主义定义为自然主义在当代的表现型,科学主义是更加精确化、更加严谨的自然主义。

② 参见 Snow C.P.*The Two Cultures*.Cambridge University Press,2001,p.3。

一批判被学界称之为"生态学抗议"①。随后,怀特的观点在西方社会持续地发生影响,形成了一个广为流传的"基督教是生态环境的敌对者"的结论。面对这种质疑,很多当代基督教思想家开始重释经典,反思基督教传统教义和历史,并发掘其中的生态思想资源。其结果,在理论上逐渐形成了重新摆正人、自然与上帝关系的当代基督教生态思想,以期对人—自然—上帝的关系进行全面的伦理反思;而在实践中,则通过生态、正义与基督教信仰的结合,将生态、正义整合到传统基督教关怀社会正义的模式中,以此建构基督教生态正义观。在当代生态伦理思想中,生态宗教伦理思想作为重要的表现形态,虽在某些方面存在局限性甚至是较大缺陷,但从人与自然关系的维度,以批判分析的视角对其蕴含的自然的有机整体性思想展开讨论,还是很有价值的。

的确,就传统基督教神学忽视人与自然、上帝与自然的关系而言,西方社会对基督教的质疑是有一定合理性的。因为传统基督教神学更多关注人与上帝的关系,而对自然的关心明显不够。当然,基督教并不是一个静态的现象,它在生态危机的背景下,在反思自身传统只关注人与上帝的关系的同时,也逐渐开始关注人与自然以及上帝与自然的关系,以期提出应对生态危机的有效策略。同时,基督教对自然的关心在历史中呈现一种张力,即基督教传统中既有忽视大自然之处,更有有利于保护以及照管大自然的资源。因此,不少基督教思想家将生态危机视为自身转变的一个契机,以生态学的进路解读基督教传统及经典教义,以正义的视角看待所有生命。简言之,基督教生态正义就是基督教伦理在环境问题上的一个重大实践,表现为围绕受造物的神学地位整合基督教伦理资源。按照这种思路,它将遵循关于自然地位的世俗策略,即通过阐释基督教经验内的自然地位,生态正义将环境议题纳入应尽义务的框架之内。借助"受造物整体"这一概念,阐明自然的内在价值。通过命名并从神

① James Nash. *Loving Nature*: *Ecological Integrity and Christian Responsibility*. Nashville, TN: Abingdon, 1991, p.68.

学上描述"受造物整体",生态正义获得了基督教尊重自然地位的现代模式,亦即基督教的生态实践必须给予地球应有的尊重。

由此可见,基督教在对自身传统的反思和重构中阐明了其生态学旨趣,也深入地挖掘了其传统中的有益资源。正如美国当代神学家约翰·科布所指出的,对其他生物的关心,并不一定要脱离基督教的传统,而是可以通过对基督教的内在转化和进一步发展来进行。因此,深入分析现当代基督教的动态发展和生态学转向,不仅可挖掘基督教传统中有益的生态思想资源,而且也展开了与当代西方生态正义思想对话的路径。

一、基督教生态正义观的基本范畴

在伦理视域下,基督教生态正义概念的内涵和外延非常丰富。主要通过和平、智慧与救赎这三个概念分别从不同层面进行了诠释。基督教视域中的"和平"是人与上帝、人与人以及人与自然之间的一种整体要求,是一种理想的关系状态;"智慧"就是确立人与自然的正义关系以及人对自然的责任;而"救赎"则是包括自然在内的完整拯救。

1.和平范畴的内涵解析

与生态正义紧密相关的是基督教的和平思想。希伯来词语"和平"在《旧约》中出现过200多次,并与整体、完整、福祉和繁荣相关。

首先,《旧约》中的和平与以色列民族的历史命运息息相关。"在饥荒中,他(指上帝)必救你脱离死亡;在征战中,他必救你脱离刀剑的权力。你必被隐藏,不受口舌之害;灾殃临到,你也不惧怕。你遇见灾害饥荒,就必嬉笑;地上的野兽,你也不惧怕。因为你必与田间的石头立约;田里的野兽也必与你和好。你必知道你的帐篷平安,要查看你的羊圈,一无所失;也必知道你的后裔将来发达,你的子孙像地上的青草。你必寿高年迈才归坟墓,好像禾捆到时收藏"(伯5∶20—26)。可见,《旧约》的和平观念更多地停留在现实层面,也更加注重各种和谐关系的建立以及个人与民族之间的和平。也就是说,和平是物质和精神的福祉,是上帝对所受造物的终极目的,是由上帝所确立并由他来担保的人与自然的整体,也是人与他者之间和睦的理想状态。

同时,基督教认为,和平是神圣的秩序,正义是世界秩序的总体。而且和平是这种秩序的表达。正如《诗篇》中所讲,"正义与和平相互拥抱"(诗85:11)。和平的取得必然建立在社会正义和生态正义合一的基础上。非宇宙的正义是不正义的;有限的正义也不正义。基督教关于上帝再创造行为的文献是试图在地球上建立一种宇宙正义。上帝挑选穷人并迫使人们去见证一个可选择的社会(相对于武力统治之下的埃及帝国)。上帝将以色列人带出埃及并与之立约,就透露出上帝的宇宙正义的本质。因此,以色列人在这个世界上能够制定法律并具体表现其宇宙本质。上帝授予摩西的律法体现了宇宙正义。在摩西律法中,宇宙正义是一种包含社会和生态在内的整体正义。因此,上帝的正义既有对个体正义的保护,也暗示对整个创造秩序的遵守和约定,并呼召人类去寻找此项正义。神学家莫尔特曼认为,人对自然无度正是非正义的体现,"正是对弱势人群的暴力,使得对弱势物种的暴力合法化。人类社会的非法,也将自己复制为非法地对待自然……没有第一世界和第三世界的社会正义,就不会有和平;没有人类世界的和平,就只能有自然的毁灭"[①]。在基督教中,和平还代表对上帝的爱和敬畏,它是爱的成果。而建立在神人关系和谐的基础上的和平是上帝的恩赐。当人打破与上帝和平相处的模式(违背圣约),作为对和平否定的不和谐也会进入自然界,形成人与自然的不和谐。总之,没有对正义的尊重,就没有持久的和平,而没有和平同样也无法保证正义的实现。只有当人类世界实现和平和正义时,自然才可能获得真正的解放。

---

① Jurgen Moltmann, "The Destruction and Healing of the Earth: Ecology and the Theology", see Max Stackhouse with Dos S. Browning edited, God and Globalization, volume 2, The Spirit and the Modern Authorities, 2002, p.169.

2.智慧范畴的内涵解析

"智慧"是基督教中内涵极为丰富的概念。根据《约伯记》28 章和《箴言》8 章 22 节至 31 节对智慧的理解,智慧先于万物被创造,上帝通过智慧把万物创造出来,因此上帝也希望人按照智慧来生活。当然,这种智慧要求从上帝的角度看待万事万物。对智慧的态度就是对上帝的态度,所以希伯来人循循善诱地告诫人们:"敬畏耶和华是智慧的开端,愚妄人藐视智慧和教诲"(箴 1∶7)。

第一,智慧思想表现在对正义的宇宙秩序的认识中,并通过将耶和华和神谕的创世秩序在智慧中相等同。

斯特姆认为:"在更为深刻的层面上,智慧是与生态正义相关——智慧的部分作用是确立人类与自然的关系。"[1]包含人与人对自然负责任的价值,以及更高一级存在的秩序,或者人类的工程或目的必须要适应自然,这一要求在传统的基督教神学中是通过"创造的秩序"和"自然法"概念得以表达的。自然法的思想已经扩展到生态正义的议题上,它是以主教约翰·保罗二世的著作为特征的。然而,当传统的自然法思想被拒斥为静态或等级制,自然法就继续成为重要的生态正义文献的一部分,而此文献在宇宙论的视角构成了对人类与自然尊敬的重要基础。作为智慧的正义,这个原则指出善的知识作用以及人类在宇宙中的位置,评判以正义的名义而造成的冲突性需求,并辨明为了体现正义所作努力的局限性。作为智慧的正义对于生态正义的建构有着积极的建设性意义。智慧指导政治去超越个体和群体的利己主义的追求,转而追求一种共同的善——不是对个人善的合计的简化。只有在生态语境中焦点对准人类关系时,智慧才与谨慎相关。社会秩序必定会适应自然秩序的要求。这样,人类的善,当然包括这个意义上的正义,才能被接受并得以维持。

---

[1]　Peter W.Bakken,John Gibb Engel,and J.Ronald Engel.*Ecology,Justice,and Christian Faith: a critical guide to the literature.*Greenwood Press Westport,Connecticut,1995,p.21.

　　然而,问题是如何确定人在宇宙秩序中的位置? 这在有关生态、正义、信仰文献中也是一个尖锐争论的问题。人类独特的尊严和地位从传统上也加强了人权和正义对所有人的承诺。有些人担心生态的视角会破坏人类的卓越和独特性,也许对反对者却是事实。而以负责人的治理或托管的神学看来,智慧意味着认识到人类在自然中的独特角色,并作为人权和人对其余受造物负责任的基础。在神学看来,生态意识扩大并丰富了人之为人的意识,并以独特的包容力去理解和关爱地球。

　　基督教生态正义的标准范式体现了其自身最充分和最广泛的表达,它不仅考虑自然对于人类的价值,也考虑人类行为对个别生物体和生态系统的积极的和消极的影响。在环境伦理学中,这种区别适用于自然的"内在价值"或非人的存在和它们的"工具性价值"。为了识别其他种类的内在价值,就不仅要承认人类的需要,也要承认非人自然界的需要具有基本的和不能削减的道德关怀。从道德上看,物种的减少、生态系统的破坏以及动物的遭遇都是重要的,不仅因为它对人类可能产生的间接伤害,更因为它对非人存在的直接伤害。因此,应深刻反思有感情的动物、所有活的有机体、物种、生态系统亦即地球作为一个超级有机体等存在方式,核心要求在于应对自然世界及其构成给予尊重。

　　实际上,上帝对植物和动物的关爱除了它们对人类的有用性之外,在基督教中被证实具有不同的指向。上帝对受造物的赞美和祝福先于人类的出现。诺亚被命令保护"不纯洁"的受造物,也保护"纯洁"的受造物。以色列人的安息日律法允许家畜动物休息,并给野生动物饲料。人类与非人类之间绝对的价值差别被人类与非人类的共同起源而廉价出售,而他们共同的命运则存在于"一个新天新地"中。这种形式的生态关切被视作传统生态正义与价值的延伸或拓展。而事实上,在19世纪,人类的生态运动已经与女权运动和废除奴隶制的运动紧密地联系在一起了。而且很有可能将自然的内在价值看作一个子集,一个在人类社会中与社会正义平行的价值,一个包含更广泛的和普遍的道德规范的价值。这样,就可以再次使用斯特姆的类型学来考虑对非人的生态个体或系统可能具有的正义。至少对于人们可以询问对非人的受造物"自由"和其过程的尊重是可能的。并允许它们公平地分享可持续的生活资源,将它们视为地球共同体的一个伙伴,或者在新的创造中根据它们恰当的位置对待它们。

　　第二,将技术置于受造界整体利益之后,给予智慧地观照。基督教对于技术的态度,也就是将技术置于受造界整体利益之后,似乎可以给目前的生存困境开出一剂良方。基督教认为,技术有一个倾向,就是想离开任何创造界的整体利益并以独断的方式追求和实现自己的目标。而这一倾向应该得以抵制。"经济增长必须面向社会正义和生态上的合适性,'最快发展'这个原则必须服从于人的良好生存。社会正义和生态要求不只是关系到当下的正当利益和需要,而且还关系到未来的人类生活。"①可以说,基督教的这种对待技术的智慧,不仅体现了它对于经济增长的理性视角,也从伦理的角度为当今社会如何对待环境提供了一个有益的参考。无疑,对自然生态的正义思想,以及将技术置于整个生态健康和受造界整体利益之后的观点,是对自然最切实、最生动的观照,同时也是对未来社会向可持续发展的一个长期的发展策略。这恰恰是基督教生态智慧的一个特殊表现。

3. 救赎范畴的内涵解析

　　救赎是基督教的一个重要主题,它起源于耶稣基督的赎罪之死,用来表示基督的拯救活动。但发展至今,这一观念发生了很大变化。基督教传统中的救赎论关注人类的、个人的和灵魂的救赎,而忽视了整个世界的、肉体的和宇宙的救赎。其结果就是人的自我膨胀和生态危机。但在基督教看来,基督是宇宙的救赎者,万有通过他获得宇宙的和解而与上帝和好。世界本身就具有

---

　　①　卡尔·白舍客:《基督宗教伦理学》,生活·读书·新知三联书店 2002 年版,第 820 页。

被创造和被救赎性,即上帝与被造物之间及被造物间的创造与被创造及救赎与被救赎的关系。

第一,救赎的原因。人与自然在各自独特的方面有其各自的命运;不过,就被奴役和自由而言,它们有着共同的境地。"两者都处于同一境地:它们全在现状的痛苦中呻吟(罗8∶22),两者都依赖希望"(罗8∶24)。在人与整个被造自然界之间存在着一种痛苦和希望上的团结。这里,被造物的"焦急等待"及"渴望",更适用于被造物的当前状况。"受造之物屈服在虚空之下,不是自己愿意,而是出于使它屈服的那位的决意;但受造之物仍怀有希望脱离败坏的控制"(罗8∶19—21)。

但是,当人犯罪时,其他受造物也同时遭受审判:"因此这地悲哀,其上的民,田野的兽,空中的鸟必都衰微,海中的鱼也必消亡"(何4∶3)。也因为罪的缘故,人与宇宙同时受到罪恶的侵扰和破坏,"因为世人遭受的,兽也遭受,所遭遇的都是一样,这个怎么死,那个也怎么死,气息都是一样。人不能强于兽,都是虚空"(传3∶19)。因此,不仅人类,而且整个被压抑的创造界都盼望上帝的拯救,以此带来新天新地。

第二,救赎的对象。一般来讲,救赎有三个对象:上帝、宇宙和人。耶稣基督的化身、死亡和复活预示了上帝的救赎,使得耶稣基督能完成这一目的。然而,这种救赎行为并不限制于人类的灵魂或者人类的历史,而是包括所有受造物的宇宙记录(Beker,1980)。正是这种救赎期望能将人们从最后关于末世论的教义中解救出来。也就是说,救赎包括对整个造物的救赎,体现为上帝、宇宙、人三重关系的和谐。基督教传统还断言:在连续创造中,上帝是一个活跃的救赎的参与者。上帝维持着受造物并与可能完成其目的的受造物之间相互影响。

显然,基督教末世论体现了强烈的神学维度。上帝将受造物带入一个赎回的未来。正如许多神学家所主张的那样,赎回未来的标志是耶稣从死亡中复活。在基督复活中,可以看到创造的目的,即耶稣不仅仅是所有受造物的第一个存在,而且他也是众多中的第一个。这种救赎和末世论将人与其余受造物等而视之。因为基督复活不过是历史和自然复活的一个前奏。救赎和末世的信息不仅仅给予人类,而且也给予所有受造物。从一定意义上讲,基督复活只是历史与自然或人类与天地万物复活或得到解放的前奏而已!基督教希望一个新的创造,包含上帝、人类和自然关系救赎的一个宇宙秩序。也就是说,基督教的盼望预示着:新的创造是宇宙的重新安排,它包括恢复神、人和自然的关系。在新的创造和复合中代表了一种宇宙正义,即其余受造物与人类共同成为一个整体。基督复活意味着新的创造的开始,新的创造意味着人与自然的重生,整个宇宙将不再有死亡,万有借着基督将在末世达到完满并进入永恒的上帝之国。而且这种在新的创造中的希望,鼓励或形成了目前的道德评价、行为和政治的品性。

进一步理解,救赎历史意味着救赎生态。这不仅是基督教对救赎的一个重要理解,也是基督教生态正义的一个特殊表达。真正的基督教对生态危机有确切的回答,它提供了一个对自然平衡和健康的态度,表现为源自万物得自上帝的信仰;在此它也提供了对堕落的结果予以希望和可持续的治疗,主要源自基督救赎这一事实。也只有当基督教整个教义体系和神学反思开始重视自然的价值、自然的地位时,人与自然的关系才能得到真正的和谐。"如果人得救,世界也将被救赎、实现转化。在创造中,人不是孤立的,人与世界相依相伴。在救赎中人与世界也不存在冲突,创造史的顺序是天和地在先,人在最后;救赎史则是由新人类开始,最终实现新天新地。人属于整个创造的持久的凝聚体。受造物对人类有意义,而人类对受造物共同体也有意义"①。如果人们要理解人类存在是什么,人类命定或被要求成为什么,就必须把这些人类看成属于上帝历史与世界、与创造的历史以及救赎的历史的无所不包的一致之中。

---

① 莫尔特曼:《创造中的上帝:生态的创造论》,生活·读书·新知三联书店 2002 年版,第85 页。

同时，救赎人意味着救赎自然。人与历史和自然不能分割，要救赎人就必需同时救赎历史和自然。可是，自然需要的并不像人类与历史那样的与上帝和好，而是救赎。因为自然是在诅咒之下而不是在过犯之下的被造之物，因此，它缺乏的是自由。基督是"处在为历史在此的中心"和"处在为自然在此的中心"。这样，自然在其中心基督那里寻求的，就不是和好，而是被释放。释放是指从为人的过犯奴役中得自由，不再被人的罪恶压迫和蹂躏。在这个意义上，耶稣复活使人与自然的道德复兴成为一种可能。而美国福音派环保组织发起人考尔·德·维特对《基督教·约翰福音》3∶16中的"上帝爱世人，甚至将他的独生子赐给他们"提出新解。他认为，"世人"一词在希腊文中是世界（cosmos）之意。因此，上帝献出独生子，不只是为了救赎世人，也是为了救赎整个世界。

第三，救赎的目标。在朋霍费尔看来，圣礼乃是旧受造物变成新受造物的记号，是自然得到释放的盼望的记号。圣礼何以承载这样的一个记号？可以说，"基督在圣礼中，是自然与上帝之间的中保，并代表一切被造物，站立在上帝面前"。圣礼中，基督临在于自然物的饼与酒之中，乃是基督整个身位的降卑。圣礼本身就是上帝之言，自然物不再受到奴役失去自由不能宣讲上帝，当自然物因着基督降卑的临在而成为圣礼，就被释放出来，为上帝的出口，宣讲创造之言。当基督乃是"旧世界的终结和新天新地的开端"，其临在于饼与酒之中，就表明了旧的创造之物要向新的创造之物的转化。基督借着圣礼，在一个特定点上，突破了堕落的创造，就成为新创造的人。作为新创造的人，体现的是饼与酒这一新的创造。这就是为什么圣礼是一个自然得释放的盼望的记号："旧的被造之物的元素，成为新的被造之物的元素。"基督作为新造的人，是我们灵性与身体的还原创造，这身体是出于泥土的，新造的人必须包括新造的身体。也就是说，在这人身上的自然元素是新创造的。在基督所临在的圣礼当中，饼和酒的自然元素亦因着基督的新创造的自然元素而被更新再创造，成为"还原创造的元素"。由此，基督作为新造的人，即为自然被拯救的可能所在,借着圣礼,诉诸我们的身体,仅在于可以触摸的自然之域。

上帝拯救的目的是使世界成为被更新的地,使人成为新的"变荣的"具体形象,世界将成为上帝荣耀与和平的王国,而不是一种没有具体形象的概念或精神的永恒。所以,在上帝的拯救过程中,以相信天国的宣告开始,以新的、公正和正义的世界而告终,以相信肉体复活和生命不朽为开端,以肉体的更新改变而告终。因此,生态共存的追求是以未来盼望为基本特征的,而其所引出的生态学含义表现为,救赎自然并不是用另一个世界取代现有世界,而是现有世界的康复和更新。新天新地成为上帝、人与自然和平相处的理想境地。

二、基督教生态正义的生态伦理原则

基督教生态正义思想建立在"爱所有受造物"的信仰基础之上,并根植于对自然的感同身受和欣赏的态度,这种伦理寻求一种包含正义和希望感的未来。其深刻的含义通过以下四个伦理原则——可持续性、充足、分享和团结得以全面彰显。

1.可持续性原则

可持续性一般是指长期地提供充足的资源以满足人类的基本需要以及保护自然界完整的一种战略。它表示对未来一代的关心和对整个地球的关怀,从根本上杜绝有害于生态系统的经济增长。1975 年,在内罗毕召开的世界基督教团结大会明确指出,人类社会的根本目标和神圣理想是建立"一个公正的、参与的可持续的社会"。

实际上,主张万物种际的可持续性,正是基督教生态正义的重要原则。而可维持规范也有一些重要的神学和基督教基础。创造教义将上帝视为维持上帝受造物的创造主。所有受造物是各从其类的,神看这是好的。诗篇是一首宏大的赞美诗——庆祝上帝在可持续上所作的努力,"你发出你的灵,万物便被造成。你也使地面更换为新"(诗 104：30)。同样"上帝在应季时给它们食物,并使每一种活物的愿望得到饱足"(诗 145:15—16)。创造教义也强调人类帮助上帝完成可持续任务的天职。创世记第一个创世故事根据"治理"一词,描述了管理的任务(创 1:28),第二个创世故事将这一任务制定为"叫人耕种看守乐园"(创 2:15)。这两个故事都强调人类对上帝所有受造物的负责任的"托管"。路加福音书中关于好的管理的寓言也说明了这个观点。托管者不是房屋的所有人,而是管理和维护家人,以使所有人都有食吃并能吃饱(路 12:42)。福音书还提到其他几个生动的托管隐喻:牧羊人照顾丢失的羊群,地球是一个葡萄园,人是佃户为其服务。

"约"是可持续原则的另一个重要的基督教基础。挪亚时代的约,庆祝上帝与其他所有地上活物之间的永久之约,"这就是我与你们,与一切跟你们同在有生命的活物所立之约的记号,直到万代"(创 9:12),从而表明了上帝对生物多样性和对所有物种的关心。然而,最能启示约与可持续之间存在关联的是西奈山之约(the Sinai Covenant)。① 鉴于前面由上帝宣布的与诺亚和亚伯拉罕之间的约是单方面和无条件的,而西奈山之约是以人类在约中享有互惠和有条件的分享为特征的。"如果你遵守上帝颁布的诫律,那你就可以存活"(申 30:16)。因此,西奈山之约的核心是基于对地球的正义和托管两个极为相似的关切之上的。

2. 充足原则

充足原则强调所有生命形式都被赋予享受受造物的权利。然而,在基督教传统中,分享受造物并不意味着无限制的消耗、储存或对地球上货物的不公平分配。相反,充足被定义为基本的需要、分享和公平,它拒绝浪费和有害的消费,鼓励谦卑、节俭和慷慨。这个原则在基督教中出现过若干次。在出埃及记之后,上帝之子在荒野徘徊,上帝每天发送足够的食物以维持这个共同体。

---

① 参见 James B.Martin-Schramm Robert L.Stivers.*Christian Environmental Ethics:a case method approach*.Orbis Book:Maryknoll,2003,p.39。

摩西命令人们去"收敛当日所需的"(出 16：4)。

　　充足这一原则也是周年纪念所不可或缺的。这些律法促进了对土地的托管,促进了对动物和穷人的关心,促进了对财富再分配的原则。尤其是周年纪念强调,第七年应该让土地休息,把出产留给百姓中的穷人吃;他们吃剩的给野兽吃(出 23：11)。一句话,所有受造之物都有权享有充足的食物以维持生存。此外,在基督教经文中,充足还与丰富相关。耶稣说;"我来你可能会有生命,充分地拥有它,并且得的更加丰盛"(约 10：10)。"你们要谨慎,远离一切贪心,因为人的生命并不在于家道丰富",耶稣拒绝"好的生命不在乎家道丰富"(路 12：15)。相反,好的生命的结果不在于物质财富,而在于分享以便其他人能够充足。"上帝能把各样的恩惠多多地加给你们,使你们凡事常常充足,多做各样的善事"(林后 9：8)。基督教也倡导适度消费,"其实敬虔而又知足,就是得大利的途径,因为我们没有带什么到世上来,也不能带走什么。只要有衣有食,就应当知足"(提前 6：6—8)。而这恰恰是生态正义伦理所寻求的一种境界。

　　基督教在消费观上的基本要求表现在自我否定和对适度消费水平的满意之间。持适度消费的一方演变成后来的禁欲运动;适度消费的方式是"心满意足,满心虔敬,大有益处"(提摩太 6：6—8)。因为人们一无所有地来到这个世界上,不会从这个世界带走任何东西。但如果有食物和衣物,就会满足。分享和可持续是相关联的。因为生态正义寻求维持的是物质和精神的必要的资金,已满足各种生命形式的基本需要。通过人们日益认识到人类当前的消费水平(尤其在富裕国家),他们的消费远远超过了充足,而且在很多方面是不可持续的。只有强调充分、节俭和慷慨的伦理和实践才会确保一个可持续的未来。

　　可见,充足的伦理规范提供了人类伦理正在扩展到自然的绝佳例证。强调经济增长的后"二战"时期是受人类中心主义支配的,经济学家和政治学家一致专注于人类的充分。大多数基督教传统的人类中心主义强调这种专注。

然而,随着不断增强的环境意识,这种专注似乎不再恰当了。尽管其他物种没有能力去实践节俭或简朴,但在人类层面他们的确是一种伦理的存在。充足的规范适用于人与其他物种是如何相关的。看护就是实践克制。人类应该是节俭的,与其他植物、动物分享资源,因为它们在上帝的眼中是有价值的。所有受造之物都是善的,应该得到伦理上的考量。无论如何,对充足的关注是实践生态正义的一部分。

3. 分享原则

分享原则同样来源于对所有生命形式的肯定和对正义的呼唤。分享的规范依靠创世记两个创世故事的叙述。这种描述强调上帝创造万物的价值和人类的责任,进而承认万物的利益。随着耶稣的到来,一种对上帝之国或上帝共同体的概念得以重视。尽管上帝共同体并不等同于任何一个人类共同体,但它们是相关联的,并为人类共同体的一般模式服务。在科布看来,人类的价值不是建立在贬低其他受造物的价值基础上的,而应建立在人类社会内的平等以及与其他受造物共同分享这个世界的基础上。而且不解决人类社会自身的问题,也就无法从根源上解决生态危机。

福音书中明显地体现着对穷人的关心。这是另一个"分享"规范的有力支撑。如果没有正义的外貌,就可能没有对共同体的分享。如果共同体内部没有这种利害关系,那么极端的财富和贫穷以及权利的不均衡就会在下层社会产生一种嫉妒和愤怒。平等的价值、大致平等的权利和政治自由对于真正的共同体是首要条件。早期教会有一些小的共同体非常繁荣。耶路撒冷的教会,尽管是穷人也有非凡的分享意识。在保罗给罗马人的书信中,就是在现有的著作中也包含对最理想的共同体的表述(罗 12)。

4. 团结原则

团结原则建立在所有生命形式相互联结和相互依存这样的事实基础上。

"那人独居不好,我要为他造一个配偶帮助他"(创2∶18)。这表达了人与人的相互依赖,人对自然环境的依赖。基督教认为,人是自然的一部分,上帝造人后,将他安置在伊甸园,从此人与自然朝夕相处。团结原则不仅建立在人与自然相互依存的基础上,更要求强权者分担弱势群体的困境,要求富人去倾听穷人。

人类价值要在整个生态系统中才能实现。基督教创世故事强调,所有上帝的受造物之间存在深切的相互关系,人类是为共同体而被造的"团结"的基础。尽管所有受造物都是独一无二的,但它们作为上帝受造物的一部分彼此之间是相互关联的。从现代生态学的视角来看天地人的创造的完成,它不仅表明人与自然是一个整体,也反映了这一整体具有内在和平、和谐、统一的关系。在这种和平关系中,人类正义、分享构成了人的伦理性存在的要素。质言之,人类只有在成全自然的内在价值中才能获得伦理存在的实现。

总而言之,基督教整体正义是一种引导我们行为的规范。它建立在爱上帝的信仰关系基础上,并根植于对自然的感同身受和欣赏的基础上,这种伦理关注的焦点在于当前的环境挑战。这种挑战源于历史上的基督教传统,在当前社会和环境状况中发现它的文本,寻求一种包含正义、期望和希望感的未来。基督教语境中的非正义是人类对约的违抗,不仅是人与上帝关系失和之所在,也是人与自然矛盾的根源。面对生态危机,则需要通过一种尊敬一切受造物的实践宇宙正义的行为来完成。正义并非基督徒的一项选择,而是道德上的命令。对正义的爱好包含了对公义的爱。这种对公义的爱必须特别聚焦在保障穷人及受压迫者的需要和权利上。

综上所述,基督教通过其特有的可持续、充足、分享和团结等四个伦理原则,清晰地表达了它所具有的生态正义思想,引领着实践正义行为的规范。在生态危机严峻的当代,这样的进路无疑会提供丰富的释困资源和纾困启示。因此,可以得出结论:《新约》语境中的生态正义,本质上一种生态正义或者宇宙正义,它不仅是属人的,也是包含整个世界在内的生态正义,并且人受托管理这个世界。这一结论,不仅表明了在生态正义中世界具有自身的价值,更指出了人对世界具有的伦理责任。

三、基督教自然观的整体性传统

深刻阐释基督教中的整体正义思想,需要进一步了解和把握基督教中的整体性传统,即上帝与自然的互渗相寓,尝试为新型生态伦理的建构提供独特的精神资源和价值理念。基督教关于身体的整体性传统,包括人的灵肉关系反映人与自然的关系,也是克服人与自然分裂状态的一个独特路径。圣父、圣子、圣灵的三位一体的整体观念相互内住于彼此之中,此种相互寓居性体现了合一性和关联性。而辩证内在的思维方式使得人类与其余造物相互关联,从而克服了片面地将人独立于自然之外的现代性危险。

1.上帝与自然的互渗相寓

希腊文"Perichoresis"最初的含义是指旋转和滚动,它描述了基督教"三位一体",即圣父、圣子、圣灵相互内在的空间关系,意味着圣父、圣子、圣灵相互共存、相互扶持和彼此契合。换言之,它旨在在上帝、自然与人之间建立一种圆融、和谐与统一的关系。对此,莫尔特曼批判了传统的上帝观。他拒斥两种认识上帝的常见观念,即作为终极实体的上帝和作为绝对主体的上帝。其中有两种例证即亚里士多德——托马斯传统或笛卡尔——黑格尔的发展路线,都存在着把三位一体论归结为一神论的做法,都不恰当地强调三一真神的统一性。这就不自觉地也不可避免地把三位一体论融化在绝对一神论之中。这里,没有上帝的内部自我分化,神圣的三位性消失在神圣一位性之中。莫尔特曼认为,社会的三位一体论必然意味着或包含着相应的生态论的创造论。如果我们不再以一神论的方式把上帝视为一个绝对主体,而是圣父、圣子、圣灵的同一,那么上帝与世界的关系就不再是单方面的支配和客体关系,而是共同体的错综复杂关系。

上帝内住于世界。自然虽然不具有上帝的形象,但它显示了上帝的踪迹,表征在对自然的掠夺就会影响神圣的生命。这就揭示了基督教关于不干涉自然价值的观念,进而限制我们对自然控制的愿望和价值观念。人类寄居在自然体系中,与圣灵寄居在人类的灵与肉一样,是一致的,这种对人与地球、人与自身身体的类比观念使人类与自身的异化宣告结束。作为宇宙的基督不断地充满整个世界,如同太初那样。而圣灵到处活灵活现,保存、养育万物并赋予它们以活力。在共同体的"灵"的实践中,即在祷告、唱颂歌、默祷和在世界安息日时的灵休之中具体化。

而在传统的三位一体创造论的讨论中,主要集中在三个位格的相互区别上。莫尔特曼则在坚持区别的前提下强调合一性,即三者不仅共同作为世界的根源,而且自始至终都共同参与在世界的创造之中。这种父、子、灵三位一体的上帝概念暗示世界本身就是一个不可分割的整体,人和自然是构成整个宇宙的两个重要因素,是三位一体的复制和彰显。上帝创世进入万有,上帝就不仅是一,又是多,即三位一体的上帝。上帝与世界的神学直观,可以说是基督教结合生态学对世界复杂多样性的基督教诠释。如同现代生态学是研究所有生命系统相互关系的科学,它包含万物,不分等级;它尊重生命,不论贵贱;它重视价值,不论等级。同样,每一个来自上帝的个体,因善的本质而平等,因自身的价值而受尊重,更因圣约而被聆听。在这个意义上说,三位一体的上帝观与生态学所强调的整体性相一致,都重视关联性、尊重整体性、尊重生命的价值。

创造世界不同于引起世界。如果创造主凭借圣灵的力量亲自存在于他的受造物中,那么,他与受造物的关系应当被看作由单项的、双向的和多侧面的关系组成的复杂网络。在这个关系网中,创造、保护、维持和完善,肯定都是单向关系;而寄居、同情、参与、陪伴、持续、取悦和荣耀则是用来描绘上帝圣灵与他的所有被造物之间的宇宙生存共同体的相互关系。如果不选择没有世界而选择一个世界时,这个世界只能是一个"非暴力的、和平的、生态论"的世界。

圣灵创造论就是为这样一个世界共同体提供了神学基础,也有助于消除神学创造论和科学以及科学理论之间所人为划出的界限,从而使科学和神学在解决人类所面临的危机中成为合作的伙伴。一切生物互相依赖、彼此需要的生存方式恰恰体现了"万物相通"的朴素道理。可以说,这种相互渗透或融贯的三位一体的关于生命的概念,为基督教的生态正义思想奠定了基础。

2. 身体的整体性传统

自我支配和自我控制是工业社会的道德箴言。借助于这些主体原则,人们控制着自然,也支配着自身的身体。其结果,造成了人类与他的肉体的节奏和循环相异化。身体变成了劳动和享受的工具。只是当身体不能发挥正常功能或者生病的时候,人才会认识到肉体的存在。作为整个人格的本能的、情感的冲动之媒介的身体,基本失去了存在的敏感性和完整性。

在基督教语境中,身体、思想和精神被看作是一个完整的人的不同方面。自我是一个能够思想、感知、有行动力的统一的整体存在。自我总是社会性的,因为我们是由我们的关系以及我们所介入的契约所构成的。我们始终是共同体中的人,而非孤立的个体。正如魏斯曼所指出:"基督教并没有说人是由身体和灵魂构成的或是由身体、灵魂和精神构成的。上帝的创造是这样一个完整的存在,因此,上帝不仅关注'灵魂',也同样关切身体。"①而十诫中关于安息日"无论何工都不可做"(出 20:9—10)的训诫,不仅要求人停下一切工作去休息,而且也暗示了肉身的休息。人在休息、闲暇和沉思的过程中,心灵才能更加纯净和智慧。因此,基督教关于人是身心整合体的存在的观点,不仅暗含人是灵魂与肉体的完整存在,而且也是克服人与自身关系异化的一剂良方。

---

① Brennan R. Hill. *Christian Faith and The Environment: Making Vital Connections*. Maryknoll, Orbis Books, 1998, p.39.

全面把握这一整体性传统,有必要注重深化以下两方面的认识。

一方面,应深刻分析历史上的灵肉二元分裂现象。由于受到晚期希腊思想的影响,早期基督教一般都将人类看作是暂时居住于身体的单独的灵魂。近代以来,笛卡尔对精神和物质的截然区分导致了二元论。一种绝对性思维在人与其他受造物之间被应用,因为人类被看成是有灵魂的或者是具有理性思考能力的存在。18—19世纪,越来越多的学者认为这种二元论是站不住脚的。当然,现代世界观并没有否定人的灵魂的终极实在及其本质的重要性的意向。二元论的学说断言,世界是由两个平行的实体构成的,包括灵魂和肉体、心和物。这种二元论的动机在于,提高人的意识或灵魂的重要性,并且维护肉体死后永生的主张的可能性。[①] 也主要传承了历史上灵肉二元分裂的观点,显示了无一例外的分裂和支配关系结构。

关于柏拉图的"沉思死亡"。古希腊人认为,肉体就是一个异己的东西。柏拉图以灵魂不朽为背景对此作了描述,即死亡乃是"灵魂离开肉体"[②]。实际上,柏拉图的"沉思死亡"强调灵魂的至上性。"当灵魂'沉思死亡时',它是通过肉体的感官进行的,既在肉体的帮助下进行的。但是当灵魂完全独立地进行探讨时,它就离开肉体飞向那些纯粹的和永恒的及不死的和不变的东西,仿佛与它血缘相同似的,仍属于那种存在。"[③]因此,灵魂是永恒的、不死的,而肉体是短暂的、有死的,从而这导致了人活着的时候灵魂以一种完全君临的态度面对肉体,保持灵魂对肉体的超越性。当然,柏拉图对死亡的沉思同样也强调肉体的卑劣性,它对肉体生命了无兴趣,甚至于把肉体生命贬为灵魂的一个无足轻重的"小匣子",把肉体降低为尘世的残渣,只不过是使人苦恼的负担。因此,死亡成为灵魂自由的节日,肉体死亡成为值得向往的事。在柏拉图那里,肉体和灵魂的人类学二元论从属于有关永恒存在和无常实存的本体论二

---

① 参见大卫·格里芬:《后现代宗教》,中国城市出版社2003年版,第37页。

② 柏拉图.斐多篇.64c.

③ 柏拉图.斐多篇.79d.

元论的框架,即灵魂是更高的不朽的实体。柏拉图对肉体的这种分离、贬低和剥夺其生机的观点,意味着灵魂不朽的观念很难与基督教中创造信仰协调起来,尽管早期教会神学接受了这一点,而且在某种程度上直到现在仍坚持它。

关于笛卡尔的机械论肉体。笛卡尔虽然保留了柏拉图的基本思维模式,但与柏拉图不同的是,他遵循奥古斯丁派形式的基督教传统,不再把灵魂看作是更高的实体,而是真正的主体。灵魂既是人类肉体的主体,也是万物组成的世界的主体。在笛卡尔看来,肉体只是广延的而不是思维的东西。完全可以肯定,灵魂确实不同于肉体,并且能够离开肉体而存在。对笛卡尔来说,把思维而无广延的灵魂和广延而无思维的肉体结合起来的乃是上帝已经指派给世间的每件事物的组合。笛卡尔把无广延的的思维的心智或主体与无思维的、广延的肉体或客体的关系描述为单方面的支配关系,即"我"是思维着的主体,"我"拥有自我的肉体。这样,在笛卡尔的灵魂与肉体二分中,灵魂支配和拥有肉体,作为思维着的主体的"我",站在肉体的对立面发号施令,并把它看作自己的财产。而肉体与特定的思维的"我"的联系纯属偶然。最终,古代的肉体与灵魂二元论被笛卡尔改造成了近代的主体与客体的二分法。

关于巴特的"为统治的灵魂服务的肉体"。巴特不同于柏拉图与笛卡尔的地方在于,他是"在关于耶稣基督这个人的反思以及对上帝圣灵的经验的神学背景上去看待这一问题的"①。巴特简略修正了柏拉图、笛卡尔的答案,依然遵循着西方文明精神化和工具化的总的趋向。他认为,灵魂统治肉体,肉体服务于灵魂。这一观点将柏拉图式的精神第一性和笛卡尔关于灵魂与肉体的占有关系融为一体。

总之,在西方历史上,占主导地位的灵魂与肉体的关系一直是二元论的。先后经历了柏拉图式的以灵魂不朽为背景的肉体死亡,到笛卡尔式的灵魂对肉体的绝对支配关系(偶然结合),以及巴特主权神学背景下灵魂君临于肉体

---

① 莫尔特曼:《创造中的上帝——生态的创造论》,生活·读书·新知三联书店2002年版,第342页。

中进行统治,经历了灵魂从与肉体没有关系到有关系再到灵魂对肉体的统治的历史演进。其中,肉体一直处于被贬低、被否定的位置。这种否定是与对世界的否定一致的,是对所有具体形象的否定。但是,这样一种贬低和否定具体形象的传统,却与基督教传统相对立。它也是导致当代生态危机的主要原因之一。莫尔特曼就指出,具有这种高抬天、灵魂、男人和贬低地、肉体、女人的秩序的世界,必定不是一个和平的世界。正是人类对自身的分裂和施暴,才导致了对自然的无情蹂躏。因此,基督教生态正义更表现在基督教对身体的整体性传统,即人对自身的整合和肯定,而且只有一个完整的人才能看到完全的世界,并因而拥有一颗关怀生态的完整的心。

另一方面,应深刻把握身心整合体的基督教传统。基督教整体性传统关注世界的整体性,它不仅表现在社会正义和生态正义的整体正义思想中,还体现出其特有的关于身体的整体性传统。在基督教观点中,人们接受人的整体性特征,认为人是思想、感知、意志和行动的整体中心;能够接受身体的社会性和肉体的特征。人恰恰是通过他的身体才成为受造物整体的一部分。

基督教的创世说和拯救说都强调人是肉体和精神的统一。基督教传统认为,世界的创造是一个从无到有的过程,这个过程是赋予世界的存在。地球是上帝丰富的、创造性的爱心的对象和场所,人作为上帝形象的造物是完整的、肉体的、感性的类存在。上帝的第一条戒命就是"要生养众多,遍满全地"(创1:28)。如果否定人的动物的一面,仅仅把没有具体形象的精神看作人所独有的,本身就是对上帝创造的否定。实际上,当人类否定自己的肉体时,同时也就否定了世界的存在。笛卡尔的二元论之所以加剧了人与自然的分裂和对立,原因则在于此。

对于《旧约》中的人来说,不存在灵魂与肉体的人类学的基本划分,也不存在不朽存在者和有死个体实存之间的这种本体论的划分,而是对自身的完全不同的体验。莫尔特曼认为,自己隶属于一个特殊神圣的历史。它的狭小环境是由神召、解放、立约和应许的历史勾画出来的。其广阔的远景则是由世界的创造和拯救的历史。在此神圣的历史中,人类总是作为一个整体出现。也就是说,犹太人是在上帝关系的历史中来体认自身的,而不是以定义来确认人是什么。人类自身无所谓实体,而是历史的存在。在这样的历史存在中,人虽然在不同的关系中采取不同的具体形式,但人作为一个整体而存在,根本不存在灵魂和肉体的二分,人本身是活的灵魂,本身是有血有肉的。这种整体存在的观念,使人从未把精神从肉体独立出来。"上帝用地上的灰土形成了人,在他的鼻孔内吹了一口生气,人就成了一个有灵的生物。"(创2:7)基督教对人的描述阐释了人是物质和精神双重性合体的观念,其价值在于,肯定人的精神性又不忽视人的物质性。如果说人与上帝的相象是人的精神性的宗教表达,那么不忽视人的物质性则从根本上杜绝了人对自身物化的贬斥,从而使得人不得对自然进行破坏。因为人在否定自身肉体的同时,也就否定了世界的存在。因此,人的精神性与物质性是人之来源不可分割的一体两面。

基督教对人的构成的基本观点,既反对柏拉图的夸大了的精神论,也反对机械的唯物论。柏拉图认为,人的物质实在(肉体)是精神的羁绊,从而夸大了人的精神性特征。而机械论又走向柏拉图的反面,将人视为一架机器,精神成了空洞的名词。基督教则明确地主张,人是物质性与精神性的结合,二者结合而成为人,而二者的分离即是人的终结。否定任何一方都是在否定整个的人。可见,在灵魂与肉体的关系中,在圣灵中整体存在的人才可以谈到灵魂与肉体,不存在只有肉体而没有精神的身体,也不存在只有灵魂而无肉体的复活。实际上,这种整体性的观念非常重要,它不只是肯定了关系的存在和世界的关系的本质,也与现代思想作了最深刻的区分——关系的存在不是像莱布尼茨所说的单子那样拥有一个与外界沟通的窗户,而是除了窗户之外就没有存在。关系是内在的、相互渗透的关系,是你中有我、我中有你、离开你就不能界定我、离开我就不完全的关系。《新约·以西结伪书》中关于"瞎子和瘸子"的故事暗喻了肉体与灵魂的关系、死人复活的特点以及末日审判的不可避免。一如瘸子与瞎子的组合,意味着人本是肉体与灵魂的结合,二者共存于一身,任何事都应协同去做。

虽然人死时灵魂与肉体分离，人的概念也就此终结，但在末世审判中，肉体与灵魂被上帝重组，使之得到公正奖赏与惩罚。奥古斯丁对于灵肉问题的看法对此观点作了很好的发挥。他在肯定灵魂与肉体结合而成为人的同时，还区分了二者的主从关系。灵魂与肉体既是不相混合的团结，又是各自独立的实体。他认为，只有这样才能解释死人的灵魂和肉体何以在最后审判的时刻重新团结。进而他提出了"双重人格论"，即每一个人都是外在人和内在人的结合，外在人是人的形体、表象，内在人是"理性灵魂的幽深之处"。内在人具有相对本质，不能离开外在人，但内在人不会与外在人相混，它只与永恒的理性相通，它是上帝之光的受体，道德实践的主体。显然，奥古斯丁的人论出于"肉身复活"教义的考虑，在自然观领域反对贬低肉体的柏拉图主义；出于人与上帝关系的考虑，在伦理观中又明显带有推崇灵魂纯洁的柏拉图主义特征。尼布尔为了强调身体和精神的统一是基督教个性观的主要观点，以《新约》中耶稣复活的角度说明了精神与肉体的合一。福音书的记述表明，耶稣复活不仅是精神的复活，而且还是肉体的重生。

当然，人与自然的和解是通过肉体进行的。"和解"一词常用来指圣礼（sacrament）。和解意味着"再次走在一起"，暗示一种关系曾经的破裂。① 在上帝对世界的拯救中，耶稣基督以道成肉身的方式进入世界，采取了人类有罪、有病和有死的肉体，通过在与自身的交流中救治这个肉体。上帝以肉身实施拯救，也在他的肉身中使分裂、对立的世界关系重新统一在创造主的永恒生命之中。所以，和解既是肉体的，也是通过肉体实现的。因此，生态生存必然也不是一种乌托邦的精神运动，而是人类肉体存在与自然具体存在的和谐建立的过程。

对此，朋霍费尔认为，人是用身体思维的。"这个一般原则反映在下面的

① 参见 Brennan R. Hill. *Christian Faith and The Environment: Making Vital Connections*. Maryknoll, Orbis Books, 1998, p.148。

事实中:精神的或情绪的冲动被认为存在于肉体的不同部分。人用他的肉体进行思维。大脑和肉体器官相互指导。情感、观念、意向和决定都同全部的有关的肉体器官相联结。这无疑表明,在这一人类学中,灵魂和肉体、内在生命的核心与外在的精神领域,都被看作存在于相互连接和相互贯穿中。"①朋霍费尔也清楚地表明:"躯体是灵魂的存在形式"。也就是说,没有这躯体,人就不会发现同胞和兄弟;而有了这躯体,人因为倚靠和被依靠,发现了同胞和大地。言外之意——上帝的形象和土地的形象不能分割,更非彼此独立,上帝为他的自由乃要透过土地的身躯来实现出来,以此表现肉身的重要性。因此,莫尔特曼认为:"交流、合作、相互影响的关系概念更接近基督教人类学。人的灵魂和肉体、内在的和外在的、中心的和边缘的统一应当在立约、交流、互利、相互环绕、尊重、同意、和协和友谊等形式中被认识。"②

总之,基督教关于人是身心整合体的观点不仅没有僵化过时,而且对于克服现代文明的片面性具有内在的批判力。当人对自身肉体实行非正义的时候(或者有的学者直接就将地球视为自身肉体的一部分),又如何能对自然实行正义呢? 实际上,当人类否定自己的肉体时,把人的高贵仅仅看作是一种不可见的精神时,也就否定了世界的存在。因为人的灵肉关系反映着人与自然的关系,或者说人对自然的态度总是集中反映在人对自身肉体的态度上。如果人类社会要在自然环境中找到家园,那么人的灵魂也相应地应在人的肉体存在中找到家园。把自然界当作"家"来居住和通过灵魂与精神唤醒人自身的肉体存在是一致的。从这个意义上讲,基督教传统将人看作身心整合体的传统,不仅是建立人与自然共同体的基础,构筑人与自然整体生存模式的关键,也是克服人与自然分裂状态的一个独特路径。

---

① 莫尔特曼:《创造中的上帝——生态的创造论》,生活·读书·新知三联书店2002年版,第349—350页。

② 莫尔特曼:《创造中的上帝——生态的创造论》,生活·读书·新知三联书店2002年版,第350页。

3."三位一体"的整体性思维

基督教信仰"三位一体"的上帝,上帝只有一个,但有三个位格,即圣父、圣子、圣灵。父、子、灵相互内住于彼此之中。此种寓居性也表现出永远的团体,借着他们之间的相互寓居和相互渗透,上帝之内的三个位格成为永远的团体。就如《约翰福音》所说:"我与父原为一"(约翰 10∶30),"父在我里面,我也在父里面"(约翰 10∶38)。虽然在基督教中没有"三位一体"这个词的专门表述,但其基本思想已暗含在《旧约》经文之中,在《新约》中,圣父、圣子、圣灵的说法已经较为普遍。耶稣说:"天上地下所有的权柄都赐给我了。所以,你们要去使万民作我的门徒,奉父、子、圣灵的名给他们施洗。"(马太 28∶18—19)。此外,《以弗所书》2∶18,《希伯来书》9∶14 和《彼得前书》1∶2 等章节都以不同方式而将圣父、圣子和圣灵三名同列,从而体现出基督教信仰的"三一"之神的寓意。

基督教用"三位一体"表述了上帝本体的三个不同位格及其共在一体的关系。这种"三位一体"的关系就是"融会契合"的相互依存的关系。整个宇宙是从这一神圣的关系性的相互作用中流溢出来的。"要照所安排的,在日期满足的时候,使天上地上所有的一切,都在基督里面同归于一"(以 1∶10)。在新的创造中,通过圣灵的居住,上帝存在于世界之中,世界也存在于上帝之中,并且这种寄居是整体性的。由此可见,要保持上帝的完整性就要保证生态的完整性。

在这种整体性思维中,自然不是无主财产,生命被定义为面对他自身的身心整体,肉体不应当被看作是我们所拥有的东西;人被理解为"受造物的共同体"的一员,受造物当然不应当是人类征服的世界。这种整体性思维方式为人们找到进入这一契约、这一整体、这一共同体道路而扫清了障碍。其结果就是,人类态度的转变:欣赏自然。欣赏就意味着相互交流,也是对对象的承认和尊重。

4. 内在关系思维

怀特海指出,现代西方世界在伦理观上存在局限,人们因此承受其所带来的苦果。现代世界观不仅忽视各有机体与其环境的利害关系,也对环境内在价值有所遗忘。而有机体与环境的相互关系以及环境内在价值在当代的重要性是不言而喻的。基于此,基督教中存在的内在关系思维可为治愈这种局限提供有益的资源。

自文艺复兴以来,西方基督教神学忽略了上帝"三位一体"彼此共契的内在合一的属性,而只强调上帝的超验性。近代神学强调人与上帝的差异,忽视了自然与上帝的关联。因此,人的敬畏将自然排除在外,随之失去了对自然的尊重。原因就在于:启蒙运动将人类中心主义、二元论和个人主义强加于人们的精神,近代哲学则以实体概念阐发了这些观念的最终根据,即包括人在内的一切实有是一种自我包含的存在,与其他东西仅属于一种外在的相关,因而思维方式将人与人、人与自然、上帝与世界的关系看作外在关系。这样,作为现代世界主导思维的外在关系思维,不仅割裂了人与人之间的相互认同,也损害了人与自然之间的相互关联。对此,科布用基督教作为权威来反对因盛行这种思维而产生的消极影响,包括在神学和教会方面的影响。科布指出,从使徒保罗身上可发现一种发人深省的洞见,哲学上称之为内在关系:在保罗看来,圣灵和基督在我们之中,而我们也在基督之中。这样的相互内在不是修辞上的错误,而是弄清基督教经验的关键所在。对于基督徒而言,每个人既是其他人的一部分,也是作为基督身体的教会的共同部分。相互内在的生动事例遍及保罗的著作,但后来很少有人维持这种观念。

其中道成肉身的教义是内在关系思维的生动体现。在安提俄克,该教义根据神内在于耶稣得以理解。怀特海哲学克服了该教义中的神秘主义,从形而上学的高度更一般地提出一个实有内在于另一个实有的学说。关于内在关系的观点,怀特海基于基督教神学的这种洞见并从哲学上概括了它,而科布又以实际应用的方式发展了这个观点。科布认为,基督教神学的生态建构需要以内在关系的观点影响了他读基督教的方式,但肯定这种观点是对基督教思想的规范和健康的表达。具体而言,道成肉身是上帝在耶稣身上显示他自己,正如《约翰福音》中说:"道成了肉身,住在我们中间,充充满满地有恩典、有真理。"(约翰1:14)

上帝与世界的关系是内在关系思维的生态学表达。在上帝与世界的关系中,上帝在世界中,世界也在上帝中;不存在没有上帝的世界,也不存在没有世界的创造主。上帝内在于世界、世界也存在于上帝之中的互渗相寓,最能体现基督教的生态思想。因为包括人类在内的世界万物都是由上帝创造的,上帝内在于世界,并出现在他的每一个受造物之中,就像《所罗门的智训》(11:24—12:1)里所说的:"主啊,你爱有生命的,你的不朽的灵居住在万物之中"。正因为如此,人类必须敬畏和热爱自然,爱自然万物就是爱上帝;人类还必须学会与万物共同生存,靠对方生存和为对方生存。只有这样,人才能与上帝同在。

不仅如此,在人与自然的关系中,人与自然相互依赖,又相互成全,不存在专为人创造的自然,也不存在与自然没有区别的人。在灵魂与肉体的关系中,在圣灵中整全存在的人是身心整合体的存在,不存在只有肉体而没有精神的身体,也不存在只有精神而无肉体的复活。这样的认识,不只是肯定了关系的存在和世界的关系本质,更直接表明了人与人、人与自然以及上帝与自然的关系是辩证内在的关系。在这个意义上,运用内在关系思维来理解人、自然和上帝的关系,也是构建基督教的生态正义观所必须的。

四、基督教的整体正义思想

正义是人类恒久的价值诉求。在伦理视域下,正义概念的内涵和外延非常丰富。而基督教哲学和西方哲学对此有着不同的理解。在基督教传统中,正义根植于上帝的存在,它是上帝爱的共同体的基础,并且认为人类是社会关系、其他物种与生态系统关系的试金石。这里，以基督教经典《圣经》为文本全面论述其整体正义思想，有益于为新型生态伦理的建构提供独特的精神资源和价值理念。

生态正义关涉人和自然两大领域，而生态非正义往往将自然排除在外。显然，如何对待自然，则成为生态正义的关键。基于神学视野来看，"自然是受造物的一个世俗化了的同义词"①。而生态正义概念的建立，则在于生态和社会正义不可分离这样一个事实。"生态"一词表征的是一个包含人类在内的全部物种及其栖息地的概念，"正义"一词则指谓独特的人类领域以及人与自然之间的秩序、道德关系。生态正义作为"生态"和"正义"内在联合的概念，其基本内涵是指人类对人与自然共同体所应具有的现实价值关系的概括和反映。与此相一致，《圣经》中所揭示的整体正义思想认为，人类和自然共同体在伦理上都是很重要的，个人和社会正义必然内含着生态正义。这种整体正义思想从本质上说是一种圣经的、神学的和以神学传统为基础的伦理，它设法处理由人类原因引起的威胁人与自然共同体的问题。可以说，《圣经》的整体正义思想体现了一种对人与自然关系的独特认识，实质上蕴含了人类及其整个创造物的生态正义。

遗憾的是，在过去的很长时期内，由于受到时代背景与认识视域的限制，鲜有论及《圣经》所蕴含的整体正义思想及其对人类生态正义的扩展所具有的理论价值，也少有重视宗教在社会正义和生态正义方面所应担负的责任。全球性生态危机的暴发为人们从正义角度解读《圣经》提供了契机，也让人看到宗教作为人类追求社会正义的媒介的西方文明式特征。《圣经》作为基督教经典，在历史上呈现出对正义的复杂理解，并通过其整体正义思想得以全面表达。

---

① 克里斯托弗·司徒博:《环境与发展——一种社会伦理学的考量》，人民出版社 2008 年版，第 61 页。

1.《旧约》的整体正义思想

基督教生态伦理蕴含深刻的整体正义观念。20 世纪 60 年代,西方社会环境问题的出现迫使基督教神学家们思考公众意识并积极行动。他们认为,环境是基督教投身于正义与和平必不可少的组成部分。为此,出现了将生态、正义和基督教信仰整合在一起的努力,这种努力也是基督教思想和伦理实践的重要组成部分。[1]

希伯来和希腊文的“正义”一词,在《圣经》中出现一千多次(例如,申16∶20;赛 61∶8)。正如克里斯·马歇尔所说:“《圣经》正义触及生活的方方面面——个人和社会、公众和私人、政治和宗教、人类和非人类。”[2]在基督教思想中,上帝是天、地和人的创造主。作为宇宙万物的创造主,上帝的正义不能被分割为社会正义和生态正义,而应当是一种整体正义或者说是普遍正义。因此,上帝的正义不仅指他对授予个体信仰者的正义保护,也指他的整个创造工作的美和秩序,创造工作本身就见证了上帝的正义,并呼召人类去寻找此项正义。[3]《旧约》整体正义从与穷人、弱势群体以及与土地的关联性方面,阐明了其所包含的社会正义和生态正义的双重性。

社会正义方面,主要表现为对穷人和弱势群体的关切。

在《旧约》中,上帝的正义根植于对人类福祉和拯救的关怀,暗含对上帝所有创造物的福祉和拯救。[4]《旧约》全书不断用希伯来人的流亡史提示人们要善待穷人甚至各类牲畜。“不可摘尽葡萄园的果子,也不可拾取葡萄园所掉的果子,要留给穷人和寄居的”(利 19∶10)。“在你们的地收割庄稼,不可割尽田角,也不可拾取所遗落的,要留给穷人和寄居的”(利 23∶22)。同样,

---

① 参见 Peter W.Bakken,John Gibb Engel,and J.Ronald Engel,*Ecology*,*Justice*,*and Christian Faith*:*a critical guide to the literature*.Greenwood Press Westport,Connecticut.London.1995,p.3。

② Chris Marshall,*The Little Book of Biblical Justice*.Intercourse,PA:Good Books,2005,p.11.

③ Mark Bredin,*The Ecology of the New Testament*.Biblical Publishing,2010,p.22.

④ Mark Bredin,*The Ecology of the New Testament*.Biblical Publishing,2010,p.14.

上帝授予摩西的律法使得不断遭受苦难的以色列人能够体验和实践整体正义。在摩西律法中,整体正义包含社会和生态正义。上帝挑选穷人并迫使人们去见证一个可选择的社会。上帝将以色列人带出埃及并与之立约,这透露出上帝整体正义的本质:"公义必当他的腰带,信实必当他肋下的带子"(赛11:5)。因此,以色列人在这个世界上能够制定法律并具体表现其宇宙本质。

可见,不论是摩西律法,还是利未记的规例,都有对穷人和弱势群体的同等关注,认为他们可以同等地享有这些规则所提供的权利,同时也要接受这些规则的限制。这体现了原始基督教意识里"优先穷人"的人道主义精神。在这个意义上,正是《圣经》所蕴含的人际正义的体现。

生态正义方面,主要表现为对土地和动物的关怀。

默里认为,"社会非正义和生态破坏之间存在关联,而《旧约》从未将对土地的关怀置于社会正义之外,其中很多文本都暗示上帝、人类与其余受造物之间存在错综复杂的关系网络"①。现代生态危机要求我们理解《旧约》所陈述的,"六年你要耕种田地,收藏土产,只是第七年要叫地歇息,不耕不种,使你民中的穷人要有吃的。他们所剩下的,野兽也可以吃。你的葡萄园和橄榄园,也要照样办理"(出23:10—11)。《利未记》进一步说:"六年要耕种田地,也要修理葡萄园,收藏地的出产。第七年地要守圣安息。"莫尔特曼认为,《圣经》中安息年观念深藏着生态学的智慧,是造物主上帝维持生命的基本原则。"土地安息年,表明安息日不仅是人类的节日,它是整个创造物的节日。在第七年,全地都狂欢。"②英国伦理学家、神学家诺斯考特认为,"土地的安息日具有生态价值"③。可见,土地安息是《旧约》中与环境保护直接相关的律法。

---

① Robert Murray, *The Cosmic Covenant：Biblical Themes of Justice, Peace and Integrity of Creation*.Sheed &Ward,1992.

② 莫尔特曼:《创造中的上帝——生态的创造论》,生活·读书·新知三联书店2002年版,第390页。

③ Mark Bredin,*The Ecology of the New Testament*.Biblical Publishing,2010,p.26.

当安息日的休息到来时,它将标志着上帝创造工作的结束,人成为参与者,即被造的辅助创造者,并使人成为对周围世界负责的被造者。因此,安息所带来的休息概念和时间节奏,不仅是引领人类走出生态危机的策略,更指明了人类的伦理责任。

在有关安息日的规定里,对待动物的正义也得到了广泛的延伸。"六日你要做工,第七日要安息,使牛、驴可以歇息。并使你婢女的儿子和寄居的都可以舒畅。"(出 23∶12)"第七日是向耶和华你的神当守的安息日。这一日你和你的儿女、仆婢、牛、驴、牲畜,并在你城里寄居的客旅,无论何工都不可作,使你的仆婢可以和你一样安息。"(申 5∶14)之所以这样对待动物的原因在于,基督教认为,在上帝创造的世界里,所有生命物种都是"各从其类"的,也"各有尊严"。"上帝顾念所有一切,甚至包括天上的飞鸟和地上的花草。"(太 6∶26—28)希伯来人相信,上帝通过自然揭示了神圣本身,自然对于人类生活具有教益。正如圣人所观察到的,即使是很小的蚂蚁也能昭示智慧;观察动物能教会母亲爱她们的孩子,甚至冒生命危险去保护他们。在这个意义上,正是《圣经》所蕴含的种际正义的彰显。

诺斯考特清晰地阐明了整体正义的本质。"《旧约》中的正义是宇宙的或者说是普遍的,而不仅仅是属人的。反映神圣正义的人类行为确认并坚持被造的整全性"①。这样,《旧约》从整体正义的角度明确了正义伦理和环境之间的关联性,"你要追求至公至义,好叫你存活,承受耶和华你神所赐你的地"(申 16∶20)。

2.《新约》的整体正义思想

《新约》对地球的生态关切,主要体现在它的一个主张:受到威胁的生命、粗暴的帝国主义和种族主义是引发生态危机的核心。而上帝对完成这个希望

---

① Michael Northcott,*A Moral Climate∶The Ethics of Global Warming*.DLT,2007,p.164.

抱有信心。正是这种希望驱使基督徒去关怀地球、相信上帝的再创造。《新约》文本将上帝"再创造"行为视作在地球上建立未来宇宙正义之国的工作,它根植于一个普遍的政府建立全球环境和谐的信念(赛 11：1—9)。①《新约》整体正义思想正是通过再创造、荒野和爱这三个概念得以充分表达的。

关于再创造。"在再创造的活动中,上帝向人类启示了宇宙正义的含义"②。在《旧约》中,上帝的意图是在宇宙正义的基础上重建他的世界。在上帝再创造的世界里,不在乎吃喝,只在乎公义、和平和喜乐。在撒旦和天使之间,动物似乎处在一个模棱两可的处境中。但从《旧约》中,我们能感受到一种强烈的期望:上帝的再创造包含荒野和其所代表的一切。在上帝再创造的世界中,正直的人和野兽之间是和谐的。③《约伯记》中有这种和谐的希望:因为"你必与田间的石头立约,田里的野兽也必与你和好"(伯 5：23)。这种和好是一个承诺和邀请,但明显还没有成为充分的现实。上帝与受造物间的和好过程在他的儿子耶稣基督已经开始了。而"周年纪念,更为我们指明在再创世的世界秩序中,人与其余受造物的两极化将不复存在"④。

关于荒野。在西方主流文化思想中,动物和其他受造物仅仅是满足人类需要的存在,是一种工具性的存在。在上帝再创造的世界中,人类与野兽之间的敌对状态得以治愈。耶稣与野兽和平相处的图景呈现出鲜明的反主流文化思想——荒野文化。

在荒野中,耶稣体验到上帝对所有受造物的关切,人只是上帝创造共同体的一部分;动物和其余受造物不仅仅是为了满足人类需要的存在,更为重要的是,人与动物之间具有伦理特征。"义人顾惜禽兽的生命,恶人的心肠残忍刻薄"(箴 12：10)。对动物的残忍是一种道德侵犯。摩西十诫中的安息日也包

---

① 参见 Mark Bredin, *The Ecology of the New Testament*. Biblical Publishing, 2010, p.23。

② Mark Bredin, *The Ecology of the New Testament*. Biblical Publishing, 2010, p.17.

③ 参见 Mark Bredin, *The Ecology of the New Testament*. Biblical Publishing, 2010, p.45。

④ Mark Bredin, *The Ecology of the New Testament*. Biblical Publishing, 2010, p.26.

括动物在内:第七日是向耶和华你神当守的安息日。这一日你和你的儿女,仆婢,牲畜,并你城里寄居的客旅,无论何工都不可作(出 20:10)。"牛在打场的时候,不可笼住它的嘴"(申 25:4)。这种禁令表明对牛的怜悯感情。动物与人一样,是上帝所爱的受造物。这样的视角让我们明白:环境危机正在促使我们深刻反思这种关系,即我们如何在更广泛的意义上解释人与上帝的关系、人与地球共同体的关系。从本质上而言,这是一种感同身受式的伦理,也是《圣经》整体正义思想体现的一个特征。

另外,荒野是上帝再创造的一个场所。正是通过荒野,上帝向人类展示了他的创造本质。上帝将以色列人带入荒野。在荒野中,以色列人学会了如何按照上帝所设立的宇宙正义的标准生活,也理解了上帝之国的价值。简言之,律法要求以色列人根据"整个受造物都是上帝的"这一信念来行动(出 19:5)。它号召以色列人对每一个他者以正义和怜悯来行动,因为万物得自上帝。

关于爱。在上帝的爱中,人与自然才得到完全。爱是任何道德体系的极限概念。在《圣经》中,爱是核心,而正义是爱的教谕的重要方面。"在基督教思想中,正义是爱的社会性和生态学的表达,意味着对穷困者的关怀,对自由和平等的大致计算,意味着对建立一种公正关系的热情。"①约翰·安德斯在《自然之书》中就极力排斥当时把地和受造物视为满足人类之需要的思想潮流,而认为在人类和自然界之间存在着一种爱的关系。在上帝的爱中,人和自然都可以得到完全。《新约》的爱是通过耶稣的"受难之爱"表达的(这与旧约的上帝的"创造之爱"不同)。而"爱上帝"就是"爱上帝所创造的所有受造物",即要向上帝的所有受造物(包括自然)表达爱。《新约》认为,对受造物的爱是必须表达的,表现在"上帝将会居住在地球上的未来现实的宇宙正义愿景"②。耶稣对所有受造物表达爱的教谕为生态伦理提供了可能。有些生态神学家认为生态正义的伦理观已经包含在耶稣的言行之中。夸克·普伊兰指

---

① Mark Bredin, *The Ecology of the New Testament*. Biblical Publishing, 2010, p.38.

② Mark Bredin, *The Ecology of the New Testament*. Biblical Publishing, 2010, p.11.

出,生态正义一开始就处于耶稣教谕的中心,社会生态不能从自然生态中分离出来。艾克林更是明确指出,路加福音是《新约》中最具有生态意义的文本,原因在于耶稣关于社会正义必须包含生态正义的教导:对苦难的人的解放和治愈等同于对其余受造物的解放和治愈。[①]

综上所述,《圣经》整体正义思想,通过对穷人、土地和其他受造物的关切,表达了其所蕴含的社会正义和生态正义思想;通过再创造、荒野与爱的概念建构了其整体正义的独特内涵。在《圣经》整体正义思想中,所有生命在生存境遇上是相通的,而人类对自然感同身受的伦理也突破了传统伦理的局限,为人类敬畏、尊重自然提供了可能。

3. 基督教整体正义思想的当代启示

人类在面临毁灭性的生态危机时,一种蕴含生态正义的生态宗教观念对于人类的整个利益而言,是不可或缺的。《圣经》对正义的关切似乎可以为生态危机的解决提供自己的独特贡献。基于对《圣经》整体正义思想的研究,可以进一步揭示其所蕴含的敬畏自然伦理观、契约伦理观和责任伦理观。

第一,敬畏自然伦理观。

在近现代西方发展史中,人类统治自然已经成为人类对待自然的正当意识,这与现代西方人渴望像上帝一样统治世界的观念相关。而《圣经》整体正义思想首要的基本特征是对自然的敬畏。西方文明在某种程度上要重新发现这一态度,因为在笛卡尔和牛顿为代表的指导思想中,机械唯物主义的态度占了上风,其后果是人们失去了对自然的尊敬之情。如果人们不回归到一个敬畏一切生命的态度,就不可能纠正近代对待自然的基本态度。

敬畏自然,首先要求认同自然价值,即生命和一切存在物有它们自己的善和价值。在《创世记》开头几章中就自然表明了基本观点。"上帝看他造的一

---

① 参见 Mark Bredin, *The Ecology of the New Testament*. Biblical Publishing, 2010, p.47。

切,认为样样都甚好。"(创 1：31)受造物对于上帝是有价值的,因此上帝关爱它,并且阻止那些对他的造物进行破坏的人。在上帝所创造的万物中有着正义、秩序和美,包括自然界存在的秩序和繁荣。自然具有内在价值。自然对于上帝来说是珍贵的,这个观点贯穿于整个《旧约》。"不只是人的生命,而且动物和植物的生命和无生命的自然界,都应该获得欣赏、尊敬和保护。"《圣经》关于创世的教义深深地影响到我们的观点,促使人对地球采取恰当的尊重,也就是对全部物质的被造之物采取尊重态度。因为,好是终极性的价值判断。上帝从终极的角度肯定了自然的价值,也形而上地赋予了自然存在的道德意义和权利。

同时,自然启示了人类控制的有限性。荒野作为尚未被开发的自然,是人类了解自身有限性的一个重要途经。当人类在体认自然之无限和自然之无情之时,感受到自身的有限性。这是从有限和惩戒的意义上对自然产生的敬畏,其结果是要求人类从创造共同体、道德共同体的角度治理和爱护自然。对此,贝里认为,"荒野是有教益的——荒野揭示了人控制自然的有限性,同样荒野也是人的重生之地——人类在荒野感受谦卑和敬畏、悲伤和喜悦"①。因此,敬畏不只是一种宗教的虔敬信仰,更是一种伦理规约。

第二,遵守契约伦理观。

"约"是《圣经》重要主题之一。主要有三方面的约,包括上帝与人之约、人与人之约以及上帝与所有活物之约。西奈山之约是上帝与以色列人所缔结的约。上帝按照自己的形象造男造女,借此使人与他保持亲密关系,即代表他管理世界。人亦接受上帝交付的约规和命令,安息日正是为此设立。圣经中大卫与约拿单情同手足,缔结盟约:"约拿单爱大卫如同爱自己的性命,就与他结盟。"(撒上 18：3)他们的约不只是兄弟情深的标志,也是约束他们互守承诺的保证。而"虹"即是上帝与世上所有活物立的永约(创 9：16)。

---

① Mark Bredin, *The Ecology of the New Testament*. Biblical Publishing, 2010, p.29.

契约不可违背,是《圣经》的一种基本精神,而耶和华是契约的监督者。在《圣经》语境中,生态危机是人类对约背叛的一个恶果,是对上帝所建律法的违抗。① 上帝的圣约见证了宇宙秩序和人类秩序之间的关系,并允许所有生命追求和发展像上帝所意愿的最初的"甚好"。《旧约》利未记记载了土地每七年休耕一次是至关重要的。原因在于以色列人需要铭记土地属于上帝,土地的丰饶来自上帝对自然的关心,而不仅仅是通过人类的操纵(申 8：11—18)。贝里将这种周年纪念的诫命看作是启示的宇宙正义。在贝里看来,"作为礼物的土地"这一概念是非常重要的。因为堕落,人类居住在一个与其余受造物敌对的环境中,将土地视作人们能控制的机器,并且为所欲为。然而,其余受造物并不是人类的机器,而是一个能够享受快乐的活的存在。

这一周年纪念诫命的伦理启示就在于,它要求人类重新回到对自然的关怀和敬畏,因为上帝与所有受造物都立了约;周年纪念更是《圣经》整体正义的一个例证,同时也建构了一种新的契约生态伦理观。正义并非只是基督徒的行为选择,而是所有人类应当践行的道德命令,从而人在实施正义中成为伦理性的存在,在实践整体正义中实现可持续的社会。

第三,坚持责任伦理观。

如前所述,人类是上帝之约的一个主体。这主要体现在《圣经》创世记上帝赋予人具有上帝形象的教义中。"我们要照着我们的形象,按着我们的样式造人……"(创 1：26—28)。这一终极之约表明人对上帝的应负之责："人应代表上帝管理这个星球上其余的受造物,是负责任的统治。在这个意义上,人具有上帝的形象。"②可见,上帝的形象不仅是上帝赋予人的身份,更表明人在世界中忠诚地、负责地行动的义务。作为神的形象,人类是上帝在他的创造物中的代理人,并代表他。不仅如此,人类之于上帝自身就像是一个副本,上

① 参见 Mark Bredin,*The Ecology of the New Testament*.Biblical Publishing,2010,p.23。

② C.F.D.Moule,*Man and Nature in the New Testament：some reflections on Biblical ecology*.The Athlone press,1964,p.6.

帝在他们身上可以看到自己,就像一面镜子。

因此,在这样一个创造共同体中,秉有上帝形象的人的当代意义则在于,它不仅从形而上的神学维度确定了人对终极神圣负责从而对自然负责的原则,也强调在现实中人承担着对一切受造物托管与看护的责任及义务。《圣经》也试图告知人们,人类使用自然这个问题和人与自然的关系,二者共同作用于人类的生存环境,其中上帝赋予人对其他受造物的统治是与人对上帝的服从相关的。人对自然的责任不是抑制人对物质世界的使用,而是要人类负责地使用。①

通过整体正义蕴含的敬畏自然观、契约伦理观和伦理责任观,可以得出一个结论:《圣经》对生态危机的反思,不仅是对自身被误解的现实回应,更建构了一种新型的生态伦理原则,为中西方生态正义理论的丰富、完善提供了重要的价值资源。同时,这一结论也印证了基督教一再告诫人们的"以圣德和正义管理世界,以正直的心施行权力"的传统。的确,"只有张扬生态正义,人与自然才能和谐共生,人才能'诗意地栖居于大地上'"②。

---

① 参见 C.F.D.Moule,*Man and Nature in the New Testament:some reflections on Biblical ecology.* London:The Athlone press,1964,p.6。

② Bate Jonathan,*The Dream of the Earth.*Cambridge Harvard University Press,2000.

第四章　中国古代哲学中整体主义环境伦理思想

第一节　先秦道家思想的整体性生态伦理意蕴

尽管生态伦理学被关注,肇始于 20 世纪中叶以后的西方社会,但深入探究中国传统文化,也可以发现其中内含着的生态伦理意蕴。其中,以老庄为代表的先秦道家思想中就蕴含着丰富而深刻的生态伦理智慧。

先秦道家不同于中国古代传统儒家哲学以政治伦理为轴心的思想,强调道法自然,将伦理思考的范围从人类社会扩展到大自然,树立了朴素的整体观念,揭示了人与自然之间和谐统一的关系,并把实现二者之间和谐统一的关系作为最高的追求。因此,揭示和研究先秦道家思想中的生态智慧和有价值的合理元素,不仅可以继承和弘扬道家的优秀文化传统,而且有助于发展和丰富中国的生态伦理思想,对构建有中国特色的生态伦理思想有着重要的参考价值与借鉴意义,从而进一步达到反思并改善人类与自然关系的目的,最终为解决现代社会的生态危机问题提供启示和指导的作用。

为了深入挖掘先秦道家的生态伦理思想,更好地指导当今人类的行动,有必要深刻研读《老子》和《庄子》等原著。概括地讲,先秦道家认为,道作为天地万物的本原,不仅产生了包括人在内的天地万物,而且规定了万物的性质和发展规律。因此,人类与天地万物作为道的产物,不仅具有共同的本原,而且在本质上也是统一的。这就揭示了人类与天地万物在原则上是平等的,任何一种存在都不具有特殊的地位和凌驾于其他存在的权利,体现了一种生态平等的观念,具有鲜明的整体主义特点。同时,为了更有力地说明先秦道家思想的现代生态意蕴,也有必要通过与当代西方生态整体主义思想进行对照分析。

一、"物我同一"的生态整体观念

先秦道家的生态伦理思想是建立在天人合一、物我同一的整体观念之上的。老子和庄子都认为,天地人是一个有机的统一整体,人与自然界的其他存在物有着共同本原,并且遵循同一法则。这种认识,在一定意义上,是与现代西方理论界的整体主义的生态伦理思想相一致的。以现代生态学为科学基础的生态整体主义,致力于维护整个生态系统的整体性,认为在具有整体性的生态系统中,一切存在物都是其中必不可少的组成部分,它们相互依赖,共同发展,是一个有机统一的和谐整体。而人类不过是其中的一分子,其本身并不具有凌驾于自然界之上为所欲为的特权。人类与自然是一个密不可分的整体,良好稳定的生态环境对人类的生存至关重要,可以为人类提供必要的生活资源和精神资源,所以必须保护整个生态系统的完整、美丽与和谐。

1. "万物得一以生"

道家认为,道作为万物之始、万象之源,不仅产生了天地万物,而且支配着天地万物的运行与发展。老子对此有明确的论述:"天得一以清,地得一以宁,神得一以灵,谷得一以盈,万物得一以生,侯王得一以为天下正。"[①]

老子认为,天地万物是一个有机的整体,而且,它们在根源上都源于道,都

---

① 老子:《道德经》中国社会科学出版社 2000 年版,第 46 页。

是以道作为其存在的最大共性,而且,宇宙间存在的天、地、人和道一样伟大,即"道大,天大,地大,人亦大"①。而在这"四大"之中,人作为其中的一个存在物,只是其中之一,即"域中有四大,而人居某一焉"②。但是,这四者之间的关系并不是并列而存的,而是各有差等的。这就是说,天、地、人的伟大是因为它们是作为道的产物而存在的,它们产生于道,也体现着道,而道作为宇宙万物的本原,是伟大的,因为它生生不息,独立不改,周行天下,无所不在。世界上的一切存在物和现象,都要依赖道才能不断发展。其次就是天,天作为道的产物,是为道所包含的,但是它还覆盖着大地;接下来是地,地是被天所覆盖的,但是作为大地,孕育和承载着天地万物,滋养和哺乳着人类;最后才是人类,人类作为天地自然的一部分,其生存与发展都离不开大自然,必须依赖大自然提供的物质资源与能量,只有遵循自然法则,才能得到生存与发展。

值得指出的是,先秦道家从人与天地万物同根同源出发素朴地论述到宇宙整体性与生态和谐系统的思想。在这一意义上,与现代西方的整体主义生态伦理思想具有一致性。如整体主义生态伦理学的倡导者利奥波德,从整个生态系统的角度出发,提出了人与自然环境相互依存的伦理观念,提倡人们应热爱大自然,亲近大自然,尊重大自然,与大自然的一切存在物结成一种和谐相处的关系。另一代表人物罗尔斯顿也从大自然具有的内在价值和系统价值出发,论述了自然价值的客观性,提出维护和促进整个生态系统的完整和稳定是人类应当承担的一种客观义务,当人类面对自然环境时,不应只是出于自己生存与发展的需要利用自然,而应尊重自然、敬畏自然,以实现人与自然关系的和谐发展与良好互动。提出深层生态学的奈斯更加明确地指出,人类得以生存的大自然是一个整体,人类生命的维持和发展依赖整个生态系统的动态平衡,③并提出了建构"人—自然—社会"协同共存、有机统一的生态世界观。

---

① 老子:《道德经》,中国社会科学出版社 2000 年版,第 47 页。
② 老子:《道德经》,中国社会科学出版社 2000 年版,第 47 页。
③ 参见薛勇民:《论环境伦理的后现代意蕴》,《自然辩证法研究》2003 年第 9 期。

2."万物与我为一"

老子关于人是天地万物的一分子的认识,被庄子所继承和发展。庄子明确指出:"天地与我并生,而万物与我为一"①。意思是,天地与我一同生存,而万物与我合而为一,即所谓的人离不开大自然,需要大自然提供各种资源,主张人类只有在大自然中才可以生存和发展。

庄子认为,存在于浩瀚无垠宇宙中的人类,就像大海中的小鱼、天空中的小鸟、大山之中的一株草一样,只是其中普通的一员。这就要求人们,在面对大自然时应具有一种谦卑、尊重的态度,而不是以统治者、主宰者自居。虽然这一认识产生于春秋战国时期,并非出于超越现代人类中心主义的立场而言,但在一定程度上却与现代西方的生态整体主义的思维方法相通。如利奥波德强调生态系统的整体价值,运用生态学的理论,把包括土壤、水、空气以及大自然存在的动物、植物在内的"大地"作为伦理学的研究对象,认为大地是一个共同体,人只是其中的一个成员,而不是大地共同体的征服者,而且作为其中一位平等的、善良的代表,把追求整个生态系统的完整、稳定和美丽作为最高的善,把维护共同体本身的完整与和谐作为价值评判的最高标准。罗尔斯顿继承了"大地伦理"的精华,进一步提出了哲学的荒野走向,在他看来,荒野即大自然,"是一个呈现着美丽、完整与稳定的生命共同体"②,是一切价值的根源。奈斯以现代生态学的发展为理论基础,明确揭示了作为大自然整体中的人类与环境密不可分。

可见,无论是中国古代先秦道家,还是现代西方大地伦理学、自然价值论以及深层生态学等生态伦理流派,都站在整个生态系统的角度上,认为包括非生命的山川、河流、植物等在内的整个生态系统有最高的终极价值,都追求生态系统的完整、稳定与和谐,尊重和保护整个生态系统中所有成员的价值和权

---

① 　陈鼓应:《庄子今注今译》,中华书局 1983 年版,第 71 页。
② 　霍尔姆斯·罗尔斯顿:《哲学走向荒野》,吉林人民出版社 2000 年版,第 10 页。

利,保护大自然,致力于实现人与大自然的和谐统一的关系。

二、"物无贵贱"的生态平等思想

在道家思想中,大自然的天地万物都产生于道,在德的滋养下发展、成熟,道和德是道家进行价值判断的根本标准。由此,道家提出了"物无贵贱"的生态伦理观念。这种观点认为,道是宇宙中万事万物的最终价值源泉,天地万物都是道的产物,都遵循道的运行法则,而道本身所具有独特的内在价值,即是德。因此,从事物本身所依据的价值本原的绝对意义上看,万事万物都是平等的,这就是庄子所谓的"物无贵贱"。

1. "尊道贵德"

道作为先秦道家思想的基本概念和最高范畴,不仅是世界万物的本原,而且是支配天地万物和人类社会发展演变的总规律。与此相随,体现在每个具体事物上则是德,德是每个具体存在的本质特征和内在要求。所谓"道生之,德畜之,物形之,器成之。是以万物莫不尊道而贵德"①。即是说,道作为世界万物的本源和本质,德作为具体事物的内在本性和规定,二者构成了世界万物的基础,所以宇宙间的万事万物莫不"尊道而贵德"。

道作为天地万物的本原,是独立自存、永恒存在的客观实在。虽然道在人们的感官世界无法触及,但现存的一切具体事物都不过是道的具体表现。道的存在是一种自本自根的存在,其存在是以自身的原因为根据的,是自古以来就存在的,是天地万物的总根源,是一切价值的源泉,是人类应该追求的总的价值目标。现代西方的生态整体主义也主张把价值建立在整个生态系统中,认为生态系统的整体利益是人类应当追求的最高价值,把是否有利于维持与保护生态系统的完整和谐、稳定、平衡以及持续存在作为衡量和评判人类社会

---

① 老子:《道德经》,中国社会科学出版社 2000 年版,第 46 页。

发展和生活方式的根本尺度和验证标准。利奥波德的大地伦理思想把"大地"作为一个有机的整体,提出生态伦理实践应遵循的基本道德原则是:"当一件事情有助于保护生命共同体的和谐、稳定和美丽的时候,它就是正确的。"①就是把整个生态系统的和谐、稳定和美丽视为最高的善,把维护共同体本身的完整与和谐作为价值评判的最高标准。而罗尔斯顿则借助现代生态学的理论,认为人在整个生态系统中,作为其中普通的一员,不再是价值判断的依据和标准,而是客观存在于生态系统本身及自然万物中的属性,是不以人的主观意志为转移的,即"在一个意义上,荒野是最有价值或者说最有价值能力的领域,因为它是最能孕育这一切价值的发源地"②。因此,无论是现在日益兴盛的生态整体主义思想,还是古老的道家传统文化,都要求人类以维护生态系统的完整、和谐、稳定、持续发展作为行动的指南。

2."物无贵贱"

在道家看来,人与万物之间是平等的关系。虽然它们在存在形式和具体特征上各不相同,但其在本质上是一致的,都是道的表现形式,都具有道的性质,具有平等的内在价值。这就是庄子所讲的"齐物"。

庄子在《秋水》中说:"以道观之,物无贵贱,以物观之,自贵而相贱,以俗观之,贵贱不在己。"③这就是说,世界万物存在着差别,但它们的差别是由于不同的人以不同的视点和角度进行的价值判断,带有人的主观意愿。就其根本而言,从道的角度看,自然万物都是道的产物,是道的外在形式,是平等的存在。也就是说,天地万物之间本无贵贱之分,之所以有所谓的贵贱之分,只能是人类的主观意识根据自身的需要和偏好来认定的。

实际上,"道"对任何事物都是一视同仁的。因为"道"作为宇宙间一切事

---

① 奥尔多·利奥波德:《沙乡年鉴》,吉林人民出版社 1997 年版,第 213 页。
② 霍尔姆斯·罗尔斯顿:《哲学走向荒野》,吉林人民出版社 2000 年版,第 233 页。
③ 陈鼓应:《庄子今注今译》,中华书局 1983 年版,第 420 页。

物的本原,天地万物包括人都是道的自然运作和无为自化的产物。尽管所有事物都是由道生成的,但道也普遍地、平等地存在于天地万物之中。正因为此,万物才具有了自身的价值。站在道的立场上看,天地万物都具有同等的价值,没有贵贱之分,它们在整个大自然中只有所处地方、表现方式的不同,而没有地位的差别,发挥着同等重要的作用,为了维持生态系统的完整与稳定,缺一不可。

这种认识告诉我们,在"大地共同体"中,人也只是其中普通、平等的一员,并不具有凌驾于任何其他生命存在的特权,不是其他生命物种的主宰者和支配者。因此,人必须重新定位自己的角色,明确自身的道德义务,人作为自然界的一部分,对自然是有义务的,要尊重每一个生命的存在与发展,为维护这个大地共同体的健全功能而共同努力,而不要自恃聪明,以自己主观的意愿和需要评价天地万物,贵己贱物。

庄子的"物无贵贱"思想,在一定意义上颠覆了传统的价值评判标准,以"道"的视角来界定天地万物的存在与价值,反对人类站在自我的角度进行价值评判,主张万物平等。认为天地万物的价值不仅是平等的,而且是独特的,是不能相互替代的。"道"的绝对性、无差别性,造成了万物得"道"的平等性,从而赋予万物在价值上的平等性。庄子反对从人的主观需要去区分有用、无用,划分高低贵贱。他主张在处理物物关系时,坚持"以道观之",反对"以物观之"和"以俗观之"。正如罗尔斯顿所说:"生态系统所产生和承载的价值以及作为后来者的人类对它的有意识的价值评价行为,都不完全是主观的,与我的有意识的偏好无关"①。生态系统的一切存在物,作为整个生态系统的一部分,只要是存在,就有其存在的价值,而人作为整个生态系统中普通的一员,不再是价值判断的依据和标准,价值客观存在于生态系统本身及自然万物中,不以人的主观意志为转移。

---

① 霍尔姆斯·罗尔斯顿:《哲学走向荒野》,吉林人民出版社 2000 年版,第 163 页。

这也要求我们,必须彻底抛开世俗利益观念的影响,站在整体主义的视角观看世界,做到整体地、客观地认识人与大自然、与其他物种的关系。只有尊重客观的自然规律,才能在面对纷繁复杂的外部世界时,始终保持清醒的头脑,从根本上彻底改变人类对待自然的狂妄自大的态度和恶劣行为。

三、"万物不伤"的生态道德思维

道作为宇宙中一种终极存在,它生成了宇宙万物,也推动了宇宙万物的发展,更是制约宇宙万物发展的总规律和基本法则。在道的作用下,宇宙万物组成的生态系统是一个有机联系的整体,而且这一整体应是和谐而又完美的存在。从一定意义上讲,老子和庄子凭借自己的直观经验和直觉思维,已经意识到维护和保持生态系统的平衡与和谐的重要性。

1."知常"与"知和"

先秦道家从"物我为一"的整体观念出发,强调天地人的有机统一,追求整个生态系统的平衡与稳定,即"知常知和"。

第一,知常曰明:顺应自然规律。先秦道家尤其是老子和庄子认为,作为道的产物的宇宙中的天地万物是一个有机联系的整体,有其自身发展的规律,而且这些规律是客观存在的,是由道的自然无为的特性规定的。"自然",即事物自身自然而然的存在状态,"无为",即人类对于事物的发展应当采取遵从其自由发展的态度,而不掺杂过多的人力因素。"夫物芸芸,各复归其根,归根曰静,静曰复命。复命曰常,知常曰明。不知常,妄作,凶。"[1]这里,老子告诉人们,虽然自然界的万事万物纷繁变化,但最终都会回到其本原的状态,这就叫"静","静"也叫"复命",而"复命"就是指回归到生命的自然本性状态。在这一状态中,人类才能体悟到万事万物运动与发展变化的规律,而真正

---

① 老子:《道德经》,中国社会科学出版社 2000 年版,第 28 页。

认识到万事万物生长的发展规律,就可以得到人类所追求的大智慧。可惜的是,现实社会中的人,往往还没有掌握宇宙万物发展的客观规律或法则,就去轻举妄动,而一旦恣意妄为,难免就会招致灾难和祸端。

在庄子看来,作为宇宙中客观存在的天地日月、山川草木、鸟兽鱼虫等,都有其自身的生存、发展规律,人类活动不应过多地去干预,否则,就会破坏自然界的平衡,造成一些无法挽回的生态问题。

第二,知和曰常:维护万物和谐。以老庄为代表的先秦道家不仅强调"知常",还进一步强调"知和",并且提出了"知和曰常"的著名论题。

老子认为,道作为永恒的本体,不仅生成了宇宙万物,而且制约着宇宙万物的发展,是宇宙万物生成与发展的总规律,即"万物负阴而抱阳,冲气以为和"①。这就是说,宇宙间的世界万物都是于阴阳之气的中和之中形成的。在老子的思想中,阴阳二气相互作用而形成的"冲气""和",是一种平衡、和谐的状态。正是由于这一状态的维持和支撑,万事万物才得以生存和发展。这也表明,和谐是自然界本身的常态,是事物演变的根本准则,也是道的基本存在形式。因此,人类必须努力维护自然界的和谐。

庄子也明确指出:"夫明白于天地之德者,此之谓大本大宗,与天和者也。"②意思是说,人类要想达到与自然和谐的状态,就必须掌握天地自然、宇宙万物的根源,即明白宇宙天地的自然本性。不仅如此,庄子还从反面论证了维护这一和谐的重要性,在其《在宥》篇中,庄子就对黄帝和云将试图运用人为的力量去干预甚至是改变自然界周期循环的规律的做法进行了谴责,他认为这样就会破坏自然界的和谐,会造成一系列的自然灾难。因此,对人而言,尊重和顺应自然规律以达致和谐,则是有天地之德的表现。

第三,知常知和:保持生态平衡。先秦道家的"知常知和"的思想蕴含着保持生态平衡的伟大智慧,告诫人类要尊重自然规律,维护生态系统平衡,要

---

① 老子:《道德经》,中国社会科学出版社 2000 年版,第 76 页。
② 陈鼓应:《庄子今注今译》,中华书局 1983 年版,第 340 页。

求以自然无为的态度对待自然万物,这是因为自然存在的天地万物本来就是自满自足的状态,这是符合道的本性的,人类不应盲目地运用自己的主观意志去改变万事万物的本来状态,进而造成损伤和破坏。这就要求人类尊重自然万物的自然状态和习性,维护生态系统的稳定与和谐,也对当今社会的环境保护运动和生态伦理思想的发展大有裨益。

2."知止"与"知足"

道家不仅要求尊重自然规律、维护万物和谐、保持生态平衡,更重要的是提出了人类在开发和利用自然资源时知止知足的原则。老子认为,和谐是天地万物生存与发展的第一法则,相应地也是人类必须遵循的根本法则。因此,对于人类来说,不仅要知常、知和,更要知止、知足。从根本上要求人类认识到自然界的承载力,在开发和利用自然时,必须坚持适度原则,要适可而止、自我满足,坚决反对竭泽而渔、杀鸡取卵式地对自然进行掠夺。

第一,知止不殆:明确大自然的承受界限。先秦道家认为,天地万物有自己的承载界限,人类的行为不能为所欲为。老子就明确指出,"知止可以不殆"①,即是说,只有懂得适可而止,才能避免危险的发生。在老子看来,在现实生活中追求过度的物质享受,必然会对人的身心造成巨大的伤害。"五色令人目盲;五音令人耳聋;五味令人口爽;驰骋畋猎,令人心发狂;难得之货,令人行妨"②。也就是说,斑斓绚丽的色彩会使人视力下降,繁杂纷乱的声音则会使人听力受损,佳肴美味也会使人的口味变差,骑马打猎行乐会使人的心发狂,而珍贵稀有的物品则会使人作恶。因此,为了自己的身心健康,也要克制过多的物质欲望。

庄子则继承和发展了老子的这一观点,认为"知止其所不知,至矣"③。这

---

① 老子:《道德经》,中国社会科学出版社 2000 年版,第 49 页。
② 老子:《道德经》,中国社会科学出版社 2000 年版,第 38 页。
③ 陈鼓应:《庄子今注今译》,中华书局 1983 年版,第 74 页。

里,庄子要求人应当进一步止步于未知的领域,这才是最明智的做法。因为在庄子看来,"天下皆知求其所不知而莫知求其所知者,皆知非其所不善而莫知非其所已善者,是以大乱"①。意思是说,当时天下大乱的原因就是人们只知道探究他们所不知道的,而不知道探究他们已经知道的,只知道非难他们认为不好的,而不知道非难他们认为好的,这就导致了"上悖日月之明,下烁山川之精,中堕四时之施"②。即由于人们不知界限而行动,结果导致了整个自然秩序大乱,不仅遮蔽了日月的光辉、消耗了山川的精华、扰乱了四季的交替,更使宇宙间的万物丧失了本性。因此,人类在改造大自然和利用自然资源时,一定要知道、明确大自然的承受界限,适可而止;一定要认识到自身相对于大自然所具有的局限,决不造成破坏。

第二,知足不辱:克制自己的欲望。要做到适可而止、不遭受危险,就必须克制自己的欲望,即知足。从这个意义上讲,知足是知止的前提,因为知道满足就不会超越大自然的承载界限,就不会遭受危险。因此,老子坚决反对在物质享受方面的不知足、不满足,即所谓的"祸莫大于不知足,咎莫大于欲得。故知足之足,常足矣"③。这就是说,最大的祸害源自人类的不知足,最大的罪过只因为人类的贪得无厌,而只有知道满足才是最大的满足。这就告诫人们,利用自然万物时,要懂得克制自己的欲望。对此,老子提出了具体的方法,即"是以圣人去甚、去奢、去泰"④。意思是说,人类追求的物质享受应限制在满足正常而必要的生理需要的范围内,克服极端的、奢侈的、过度的消费和享乐。

庄子也反对追求骄奢淫逸的生活方式。在他看来,"鹪鹩巢于深林,不过一枝;偃鼠饮河,不过满腹"⑤。意思是说,鹪鹩虽然处于深山老林,但其栖息的地方也就是其中一个树枝,而偃鼠面对一整条河,它也只能喝一肚子水。这

① 陈鼓应:《庄子今注今译》,中华书局1983年版,第263页。
② 陈鼓应:《庄子今注今译》,中华书局1983年版,第263页。
③ 老子:《道德经》,中国社会科学出版社2000年版,第90页。
④ 老子:《道德经》,中国社会科学出版社2000年版,第46页。
⑤ 陈鼓应:《庄子今注今译》,中华书局1983年版,第18页。

就要求人们,在面对现实中充裕的物质财富和各种各样的物质诱惑时,贵在知足,一定要控制自己的贪欲。

第三,知止知足:合理利用自然资源。在老子看来,知止和知足是密切相关的。知止,即认清自然界的承载限度,适可而止;知足,即自我满足,克制自己过分的主观欲望。知足就蕴含着适可而止的因素,而知止也包含自我满足的成分。换言之,由于大自然具有的承载界限,因此,人类的行为活动也应有界限,有其自主活动的区域,应克制自己的主观欲望。

这里,知止知足作为道家改造和利用自然资源的总原则,其实现内容中就蕴含着既对人类整体利益和最终价值追求的肯定,也有对大自然所具有的内在价值及其道德权利的承认。这就要求人类在开发和利用自然资源时,要在尊重自然规律和维护生态系统平衡的前提下,在大自然可以承受的范围内,合理地开发大自然,有节制地利用大自然。这一认识为目前所追求的实现人与自然和谐目标的可持续发展提供了思想渊源,对人类解决全球范围内日益严重的环境破坏、日渐加剧的生态危机具有一定的指导作用。

四、"自然无为"的生态道德境界

"道法自然"体现在人类的行为原则上即"自然无为"。其中"自然"是指道以及由其产生的天地万物存在的本来状态,也是其自由发展的过程,而"无为"则是指人类尊重自然规律的具体行为,是道法自然的行为方式。"自然无为"是指人类应顺应自然万物的本质规律,以顺从天性的态度去对待宇宙间的天地万物。概括地讲,先秦道家的这一思想致力于追求主体与客体的合一、人与自然的和睦相处,有助于人类的长久生存与持续发展。

需要指出的是,先秦道家的"无为",并不是消极地无所作为,而是在尊重自然规律的前提下有所作为,是依据事物的内在本性和客观规律而采取的适宜的行为。它要求人类在认识与利用自然时,不能依据自我的主观意志随意地采取违反自然的行动,不能过多地干预自然的本来状态与自由发展。道家思想中所提倡的自然无为的道德境界,无疑是一种"视域高超的天地境界"。其重要的意义在于,把人类从追求世俗名利的迷茫中唤醒,引导人类领略大自然的博大,体悟人生的真谛,反思自己的行为,调整自己的心态,为自己的心灵创建一个可以安身立命的精神家园。

1. 热爱大自然的生态伦理情趣

道家重置了自然与道德的关系。认为大自然是人类的精神家园,是人类追求真善美的源泉,是一切道德的根据,人类通过赞美大自然、热爱大自然,实现人与大自然的沟通,进而实现人与自然的和谐统一,最终实现人与大自然共同、良性的发展。

庄子明确提出"天地有大美而不言"[1]。认为大自然是美的,而且这种美是至高无上的。庄子在《秋水》中对大自然的这种美进行了具体而形象的描绘:秋水时至,百川灌河。径流之大,两涘渚崖之间,不辨牛马。于是,焉河伯欣然自喜,以天下之美为尽在己。顺流而东行,至于北海,东面而视,不见水端,于是焉河伯始旋其面目,望洋向若而叹。[2] 这种感觉不难理解,人们常说在雄伟壮阔的大自然景观面前,个人得失、功名利禄等现实人的追求,都是渺小的、微不足道的。不仅如此,大自然的一切如山川草木、鸟兽鱼虫,都是以其自然的本性而生存的,它们的存在不仅丰富了大自然,而且可以给人许多生命的启示,使人在其中寻求心灵的安慰,从而忘掉自己的世俗私利,达到一种与自然纯然合一的生态道德境界,让自己免受世俗私利的牵绊与制约,从而获得快乐的人生。

人们只有从内心深处热爱大自然,发现大自然独特而永恒的美,进而认识到大自然现存的一切存在都是有机联系的整体,无论是对整个大自然还是人类而言,都是不可或缺的存在,大自然本身就是和谐的统一体,作为处于其中

---

① 陈鼓应:《庄子今注今译》,中华书局 1983 年版,第 563 页。
② 参见陈鼓应:《庄子今注今译》,中华书局 1983 年版,第 411 页。

的一分子的人,也应热爱大自然,学习大自然的博大与无私,进而开阔自己的心胸和视野,提升自我的精神境界,追求心灵的宁静。正所谓"圣人者,原天地之美,而达万物之理。是故圣人无为,大圣不作,观于天地之谓也"①。

2.回归朴实无华的生态道德心境

道家思想坚持的是尊道贵德的价值取向,认为人的生命价值就是为了求道,而道的原初样态是朴实无华。在老子看来,"朴"就是一种没有受到污染、遭到破坏的纯洁的原初状态,是人们一切道德行为和努力所要达到的最高境界。朴实无华、真诚无妄是人类道德的原初状态,也是人类道德应当追求的理想状态。为此,老子明确提出"常德乃足,复归于朴",就是要求人们应致力于追求与道为一的道德境界,回到朴实无华的道德的原初境界,进而回归自我的精神花园,最终追求一种自由自在、平静祥和的生活。

在老子看来,社会中的每个人都应保持自然质朴的品质,人们的思想观念应回到纯净无杂、纯洁无暇的状态,以此实现自己心灵与灵魂的纯净。但是,现实生活中的人类道德,却往往背离大道,实质上是一种道德退化和道德堕落的表现,即"失道而后德,失德而后仁,失仁而后义,失义而后礼。夫礼者,忠信之薄而乱之首。"②在老子看来,只有自然纯朴、恬淡清纯才是道德的内在本质,一切人为地虚情假意、矫揉造作都是违反自然的,是不道德的。因此,为了拯救人类的道德,必须追求道德的回归,从自己的内心观看事物的本真面目,返朴归真,对个人的身心以及外界的存在物都应尊重其自然性质。

人类追求的素朴无华使人的精神境界得到了最高的发展,如果人人都能追求心灵的纯洁与宁静、返朴归真,不再一味地追求世俗的名利与金钱,就能极大地提升自我的精神境界,有助于个人聪明才智的极大发挥,人生价值的真正实现,整个社会风气的净化,最终实现人与自然协调发展。

---

① 陈鼓应:《庄子今注今译》,中华书局 1983 年版,第 563 页。
② 老子:《道德经》,中国社会科学出版社 2000 年版,第 60 页。

3.坚持少私寡欲的生态道德生活。

老子认为,少私寡欲是人类返朴归真的重要方式。这里的"寡欲",指的是人类为了维持基本的生存与发展,合理满足人类生存与发展的必要欲望。只有这样,人们才会安于自然,真正做到知止知足。在生活中,坚持少私寡欲,以崇尚节俭为荣,以骄奢淫逸为耻,克制自己内心过度的物质欲望,来保持自己内心的平和与宁静。这就要求,在现实中应坚决反对一味追求物质利益的拜金主义和享乐主义,反对在巨大的经济利益和物质诱惑面前,不顾一切地以破坏大自然为代价而大肆捕杀、砍伐濒临灭绝的珍稀物种的行为。

第二节 儒家仁爱思想的生态伦理智慧

仁爱思想是儒家伦理文化的核心内容之一。历代儒学大师以其对人类社会与大自然的深刻反思,以仁爱思想为基础表达了儒家成己成物的最高道德理想,赋予仁以普遍意义和价值关怀。这里,主要通过解读儒家仁爱思想的独特生态智慧,深入分析仁爱所具有的仁民爱物、生生大德、万物一体的生态伦理内涵,阐释仁爱从人际道德向生态道德扩展的推理方式、爱有等差的道德递推原则,以及人类价值与自然价值统一的生态伦理建构逻辑,进而挖掘其对当代社会的有益价值资源和理论哲思,以提高人们尊重自然、敬畏生命的道德自觉,促进人的自我生命与天地万物达成和悦共生。

一、仁爱思想的生态伦理内涵

儒家哲学以孔子为代表,提出了以"仁"为核心的伦理思想体系。仁爱不仅具有经济、政治、文化、社会等方面的内容,也具有深层的生态意蕴。儒家思想主张通过从家族、社会再到自然界的推进方式建立一种普遍和谐的人类理想社会,体现出人与自身、人与人、人与社会、人与自然实现整体和谐的最高境界,也是人的价值的全部实现。

1.仁民爱物:仁爱的生态维度和内在诉求

爱是各种文化伦理体系的普遍原则。儒家推崇仁爱,讲究"恻隐之心",倡导仁者爱人,这是一种由亲情推衍而来的普遍的人类道德情感。"仁者人也,亲亲为大。"(《中庸》)"夫仁者,己欲立而立人,己欲达而达人。"(《论语·雍也》)仁爱的自然基础就是亲亲之情,仁爱虽然始于亲,却不终于亲,儒家的仁学不仅主张爱人,而且还要爱物。孔子曰:"知者乐水,仁者乐山。"(《论语·雍也》)孟子进一步提出"亲亲而仁民,仁民而爱物"(《孟子·尽心上》)。这一思想把仁的道德关怀范围从人类扩大到了浩瀚的宇宙万物,将适用于人类社会的殷殷之爱投向一切生命。由仁民到爱物,是儒家仁学的内在逻辑诉求,这种仁爱的精神始于孔子、成熟于孟子,经过历代儒学大师的传承,成为儒家的一个重要思想传统,体现了儒家一贯追求的仁爱生命、善待万物的崇高博大道德精神。宋明儒家的开山祖师周敦颐以诚说仁,仁是天道之诚的展开方式。"天以阳生万物,以阴成万物,生,仁也;成,义也。故圣人在上,以阳育万物,以义正万民。"①仁在这里不仅是对人的关爱,更是对自然生命的一种普遍关怀。张载认为,天地之性,就是人性,人与物同出一气,"乾称父,坤称母,予兹藐焉,乃浑然中处。故天地之塞吾其体,天地之帅吾其性。民,吾同胞也;物,吾与也"②。这一主张将天地看作父母,将人民看作同胞,视万物为朋友,体现了一种博大宏远的道德精神。程颢又提出"万物一体论"的观点,将道家的"道通为一"和儒家的天理论融合在一起,论证了人与自然的有机统一。认为"医书言手足痿痹为不仁,此言最善名状。仁者天地万物为一体,莫非己也"③。

---

① 《周敦颐集》,中华书局1990年版,第23页。
② 《张载集》,中华书局1978年版,第62页。
③ 程颢、程颐:《二程遗书》,上海古籍出版社2000年版,第65页。

"放这身来,都在万物中一例看,大小大快活。"①王阳明又发挥了程颢的万物一体论,将"仁"推及瓦石等一切非生命物质,将万物一体论推致到了天人合一的境界,通过人心,将自然万物联系到了一起,对人的同情从动物至植物进而到了无生命的物质。这里,万物不再是外在于自己的他物,而是与人休戚与共、血肉相连的一体的一部分。

2. 生生大德:仁爱的生生之意和道德价值的最终本原

随着"仁"的对象范围的不断扩大,儒家认为对自然万物价值的评价应该是依赖于其本身所具有的内在价值,而这种价值就是在自然界生生不息的创生过程中产生的。在儒家看来,生就是仁,仁就是生。天地伟大的德性就是生养万物,哺育万物,生生不已,让生命得以代代绵延下去。当然,天作为一个生生的过程,难免会遭遇不可预测的力量偶尔破坏其稳定而致失衡,但这种破坏并不会造成长久迷失,进而使天的运作变成一个破坏生命的过程。《易传》提出"天地之大德曰生","生生之谓易"。将天地看成是一个生生不息创生万物和人类的运行过程,这个"生"具有生养、养育、生长、变化等多方面的意义。宋明理学继承并发展了《易传》的这一思想,将它与仁联系起来。周敦颐在《太极图》中缜密地论述了宇宙的创生过程方式:"无极而太极,太极动而生阳,动极而静;静而生阴,静极复动……"②太极之气,为混沌之元气,它本身不具形质,却为有形质的万物之最终根源。张载认为,天地之德就是"生物"之心,"大抵言'天地之心'者,天地之大德曰生,则以生物为本者,乃天地之心也。"天的生生之德存在于每一事物,人心能够体悟到其中的仁,天地的生意和生理即为天地生物之心。理学集大成者朱熹更是从"只是从生意上说仁",认为"仁"的意思就是"生生","仁是天地之生气"③,"仁者,心

---

① 程颢、程颐:《二程遗书》,上海古籍出版社 2000 年版,第 84 页。
② 《周敦颐集》,中华书局 1990 年版,第 3 页。
③ 黎靖德:《朱子语类》,中华书局 1986 年版,第 107 页。

之德,爱之理"①,"仁者之心,在天地则块然生物之心,在人则混然爱人利物之心"②。此外,理学家还喜好"观天地生物气象",体悟万物勃勃生机。周敦颐"窗前草不除",认为"与自家意思一般"③,野草的生意就如同自己心中的生意一样,希望它能够充满生机地生长下去。大程观鸡雏,张载听驴鸣,这些动物的状态同样也表现出了盈盈生机。植物虽无知觉,但同样会有枝繁叶茂、果实之仁、憔悴不堪等生意。所以,在儒家看来,宇宙生生不息,这是宇宙间必然和普遍性的规律,人理应顺应遵循这一规律,决不应阻隔生生之机之运行,人与物类不同而根同、形不同而意近,都体现为天地的生生大德,都生存于万物一体的共同体中。

3.万物一体:仁爱的整体主义生态伦理本质

人与天地万物在生命价值上的统一,是儒家道德价值体系的基础,也是其人文价值观的出发点。儒家注重从本体论、心性论、境界论、功夫论等维度表达其博大深远的"天地万物一体"思想。本体论方面,无论是以张载为代表的"气本论",还是以程朱为代表的"理本论",抑或是以王阳明为代表的"心本论",都表达出了"天地万物一体"是儒家一贯崇尚和追求的天人合一的道德理想境界。心性论方面,儒家强调通过仁爱之心的扩展、天地之心的德性、心之仁本的体认等将人与天地万物合为一个有机的统一整体。需要强调的是,这里的"一体之仁"并不是浪漫空想,而是对万物息息相关的高度体认。而且"一体之仁"作为心的无限知觉,就植根于人的天性之中。王阳明认为,人心能够从天地生育万物之理,觉察到人与自然的有机整体联系,视天下万物为一体,并把这种万物一体推致到了生命本原意义,达到了人与自然万物的整体生

---

① 朱熹:《四书章句集注》,中华书局 2011 年版,第 187 页。
② 朱熹:《朱子全书》,上海古籍出版社 2002 年版,第 3280 页。
③ 程颢、程颐:《二程集》,中华书局 1981 年版,第 60 页。

命的统一。他认为:"人心与天地一体,故'上下与天地同流'"①,因此,"大人之能以天地万物为一体也,非意之也,其心之仁本若是,其与天地万物而为一也。岂惟大人,虽小人之心亦莫不然,彼顾自小之耳。是故见孺子之入井,而必有怵惕恻隐之心焉,是其仁之心与孺子而为一体也;孺子犹同类者也,见鸟兽之哀鸣觳觫而必有不忍之心焉,是其仁之与鸟兽而为一体也,鸟兽犹有知觉者也;见草木之摧折而必有悯恤之心焉,是其仁之与草木而为一体也,草木犹有生意者也;见瓦石之毁坏而必有顾惜之心焉,是其仁之与瓦石而为一体也。"②境界论方面,儒家认为,"天地万物一体"是一种去"小我"的无私的"大我"理想境界,也是一种拯救社会、救赎万物的生态目标与责任。在这种境界中,我之身即是天地万物,我之意识亦是大我意识:"夫圣人之心以天地万物为一体,其视天下之人无外内远近,凡有血气,皆其昆弟赤子之亲,莫不欲安全而教养之,以遂其万物一体之念。"③功夫论方面,儒家认为,"天地万物一体"这种高远的境界及理想人格的达到,必须通过"克己复礼""格物致知""大其心""致良知"等道德实践途径去获得,要打破自身躯壳和外部世界的隔阂,要具有拯救大众和万物的道义担当,并将自己置于万物之中从而享受这种人心天地贯通的身心愉悦。

二、仁爱思想的生态伦理建构逻辑

儒家主张以回归自己为其求道的起点,注重寻求人的生命与宇宙生命的关联与统一,从而导引出天人合一的体验与意识。深入儒家的仁爱思想之中,则不难看出,既有强调血缘差等的一面,也有"泛爱众"的普泛性的一面;不仅是普遍的人类之爱,更是仁爱万物的道德情怀。这种仁爱思想蕴含一个独特的生态伦理建构逻辑,即通过爱心将人与万物连为一体,使其超越人类社会的

---

① 《王阳明全集》,线装书局 2012 年版,第 185 页。
② 《王阳明全集》,线装书局 2012 年版,第 70 页。
③ 《王阳明全集》,线装书局 2012 年版,第 132 页。

藩篱,扩展到无限广袤的天地万物,将人类精神融合到宇宙精神中,从而实现由家庭伦理、社会伦理向生态伦理的拓展和深化。

1. 人际道德向生态道德扩展的推理方式

仁作为儒家文化的核心观念,不仅主张爱人,而且还要爱物,主张把对人类的仁推及对所有生命甚至所有事物的爱,把对人类社会特有的情感和道德关怀扩展到广袤的宇宙万物,把对人与人的道德关系扩展到非人类动物、植物、无机物。亲亲而仁民,仁民而爱物,由人及物,推己及物,类比外推,形成了儒家仁爱的独特道德关怀方式和推理逻辑,具有深刻的生态意蕴。与道家、佛家的生态理念完全不同,这是一种从自我内心的修为出发,通过求善去仁爱万物的道德情怀。孔子把人的道德态度当成人的内心感情的自然流露,甚至认为动物也具有与人相似的道德情感,进而可以引出人的良知。"丘闻之也,刳胎杀夭则麒麟不至郊,竭泽涸渔则蛟龙不合阴阳,覆巢毁卵则凤凰不翔。何则? 君子讳伤其类也。夫鸟兽之于不义尚知辟,而况乎丘哉!"(《史记·孔子世家》)在孔子看来,有灵性的动物如麒麟、蛟龙、凤凰等尚且对同类的不幸感到悲伤,人类就更应该自觉禁止伤害动物的行为,主动地保护它们。孟子也认为,人人皆有恻隐之心,动物临死前的颤抖哀鸣,触动人心,能激发人类的同情之心。"君子之于禽兽也,见其生,不忍见其死;闻其声,不忍食其肉。是以君子远庖厨也。"(《孟子·梁惠王上》)任何一个人看见动物被杀害时的恐惧模样,都会产生"不忍"之心,这种不忍就是人与动物在情感关系中的一体感通性,这种不忍就是对所有生命的一种体悟和尊重,会使人产生强烈的保护生物的道德意识。儒家这种类比外推、推人及物认为动物与人具有相似情感的心理,对生态保护产生了深远影响,昭示人类更应发自内心地去珍爱万物、保护生命。

2. 爱有等差的道德递推原则

儒家仁爱思想将道德的对象和范围从人类自身扩展到宇宙万物,在肯定人具有最高价值的同时,也强调要把仁爱关怀推及至物,肯定了无机物、植物、动物在自然的进化链上具有高低不同的自身价值。也就是说,儒家对万物的爱心并不是完全等同的,而是从人类这一最高层级一层层向外推展并逐次衰减的,一旦在实践中遇到难以都做到满足时,则主张按照一定的次序作出选择。可见,这种仁爱也是一种以血缘亲疏和社会等级关系为中心,由亲到疏、由近及远逐步地由内向外扩展、按价值高低而采取不同程度关心的道德阶梯观念,是一种爱有等差、仁分亲疏的价值论和递推原则。《论语·乡党》记载:"厩焚,子退,曰:'伤人乎?'不问马。"孔子问人不问马,表明了孔子视人的生命为最珍贵者,在人与物之间,人优先,这种爱人,就是"泛爱众,而亲仁"(《论语·学而》)。这里,提出了"爱""亲""仁"三个相互关联的概念,这三个概念在儒家学说中具有重要的意义和区别,并且也代表了仁爱观念的三个层次。孟子说道:"君子之于物也,爱之而弗仁;于民也,仁之而弗亲。亲亲而仁民,仁民而爱物。"(《孟子·尽心上》)对于"亲""民""物"这三个不同的对象采取了"亲""仁""爱"的三种道德关怀方式,在这种层次分明的仁爱观念中,亲亲是仁的基础,仁民是仁的重心,爱物则是仁的最终结果。在宋明理学家看来,人与自然界中万物的价值并不等同,人类的价值要高于所有自然物的价值,并且自然物的价值也具有等级高低的不同;人类社会的秩序也高于自然界的秩序,表现在人具有理性能力,能清晰地认识并运用"仁"之感通性,而物则做不到。程颐认为,人的价值之所以高于动物的价值,就在于人具有仁义之性。"君子所以异于禽兽者,以有仁义之性也。"①朱熹也说:"至于禽兽,亦是此性,只被他形体所拘,生得蔽隔之甚,无可通处。"②可见,仁爱从对人的义务与对物的义务也具有亲疏远近的区别,王阳明对此有明确的说明:"禽兽与草木同是爱的,把草木去养禽兽,又忍得。人与禽兽同是爱的,宰禽兽以养亲,与供祭祀,燕宾客,心又忍得。至亲与路人同是爱的,如箪食豆羹,得则生,不得

---

① 程颢、程颐:《二程集》,中华书局 1981 年版,第 323 页。
② 黎靖德:《朱子语类》,中华书局 1986 年版,第 58 页。

则死,不能两全,宁救至亲,不救路人,心又忍得。这是道理合该如此。乃至吾身与至亲,更不得分别彼此厚薄。盖以仁民爱物,皆从此出。"①因此,儒家的仁爱是一种仁分亲疏、爱有等差的道德递推方式,这与道家物无贵贱、佛家万物平等的生态伦理是不同的,当然也不同于墨家的兼爱。

三、儒家仁爱思想中生态伦理意蕴的当代启示

儒家的仁爱思想蕴含丰富深邃的生态智慧,具有独特的生态伦理建构逻辑,不仅具有齐家、治国、平天下等社会维度的内容,也具有仁爱万物、万物一体、人与自然和谐相处等自然维度的观照。仁学思想的意义绝不只是局限于人际伦理层面,除了对人的重视之外,对自然界也有一种发自内心的普遍关怀。诚然,儒家仁爱思想所蕴含的生态伦理,是传统农业文明条件下人们生存实践的经验体验,是农业文明时代人们解决人与自然矛盾关系的思想观念和道德方式,这种朴素的生态伦理思想无疑存在一定的局限性。但不可否认的是,面对当今社会日益剧烈的生态环境问题,传统儒家思想蕴含的"天人合一""仁民爱物",以仁爱之心对待天地万物的生态伦理,为新时代的人们正确处理人与自然的关系确实提供了一种有益而独特的思想资源,昭示众多深刻的启示。

1.遵循人与自然协调发展的原则,维护生态系统的平衡

人类源于自然,人类的生存和发展离不开自然,人类与自然处于相互联系的整体格局中。人与天地万物的关系是互济互利、相互依存的协调关系。人类进入工业社会以来出现的森林锐减、沙漠扩大、水土流失、动物濒临灭绝等生态失衡现象,对人类的生存造成了极为严重的威胁。当前,重新反思人与自然的关系,重建人类的和谐家园尤为必要。

---

① 《王阳明全集》,线装书局 2012 年版,第 187 页。

因此,"唯天下至诚,为能尽其性。能尽其性,则能尽人之性。能尽人之性,则能尽物之性。能尽物之性,则可以赞天地之化育。可以赞天地之化育,则可以与天地参矣。"(《中庸》)"天地合而万物生,阴阳接而变化起,性伪合而天下治。"(《荀子·礼论》)儒家所倡导的"天人合一"的生存境界,实质上是一种真善美相统一、人与自然和谐相处的理想境界。

当前,人类不能再自视为自然的主人而主宰一切,必须恪守人与自然协调发展,树立人与自然万物共存共立的原则,遵循生态运动的规律,以平等的心态对待自然万物,以开放宽容的胸怀接纳自然,应将人与自然看成一个有机的整体。"必须在人与自然的关系上坚持一种整体主义的立场,把人和自然看作是相互依存和支持的生态共同体。"①只有这样,人与自然才能共生共存,人们才能拥有一个和谐的美丽家园,人们才能诗意地栖居在地球母亲的怀抱中。否则就会共毁共灭,人类看见的最后一滴水也就只有自己的眼泪了。

2. 恪守仁爱万物的生态理念,树立对自然的友好态度

工业文明以来,在经济利益和人类贪欲的驱使下,人们专注于物质利益的增长,人类一直在唯我至上、唯我独尊、以自我为中心的道路上肆意行走,无所顾忌,主宰万物。日益严重的全球化的生态危机表明,人不是游离于自然之外的,更不是凌驾于自然之上的,而必然生活在自然之中。儒家强调"亲亲""仁民""爱物"等,虽然具有爱有等差的推理逻辑,但其精髓却是天人和谐、仁爱万物,而且在人类社会中施行的仁义等伦理原则,在自然秩序中也是连续的和一致的。如果在人与自然的关系上视他人、后代、环境的利益于不顾,割断人与他人及万物的生命联系,就会麻痹,就会不通,就会生病,这就是不仁的表现,"医家以不认痛痒谓之不仁,人以不知觉不认义理为不仁,譬最近"②。因

---

① 薛勇民:《走向生态价值的深处:后现代环境伦理学的当代诠释》,山西科学技术出版社2006年版,第210页。

② 程颢、程颐:《二程集》,中华书局1981年版,第33页。

此,人类要生存和发展,就要克服人类中心主义与个体利己主义世界观,避免唯我独尊、唯我独优的行为,发扬"毋我"精神,要"以觉训仁","故仁,所以能恕,所以能爱。恕则仁之施,爱则仁之用"①。不仅要爱人,还要爱自然,爱宇宙万物,珍视一切生命,敬畏天命,要做自然永远的伙伴和朋友,积极承担起保护自然的义务和责任,发扬儒家"仁爱万物"的精神,恩及禽兽,感通万物,善待自然,达到与自然互爱无私的和乐之美,从而实现"仁者,与天地万物一体"的理想境界。

3. 树立人对自然合理利用的价值观,实现人类社会的可持续发展

儒家具有仁者与天地万物为一体的胸襟和气度,崇尚"民胞物与"的道德理念和价值观,以仁爱宽厚之心去对待一切生命,以恻隐之心对人,以不忍之心对鸟兽,以悯恤之心对草木,以顾惜之心对瓦石。并且按照这些自然物与自己的亲疏关系进行有差别的道德关怀。实际上,人类利益和生物利益之间的两难选择是当代生态文明发展进程中不可规避的问题,这就要求人类应当谋求在生态利益方面的友好、公平与正义,要公正公平地对待所有的生命,处理好公正与差别的矛盾。

基于生存价值论来看,人类和动物都具有基本的生存利益和非生存利益,虽然人类基本的生存利益高于动物的生存利益,但人类的非生存利益并不高于动物的基本生存利益。人类在某些时候可以为了自身的生存牺牲部分动植物的生存权益,为了避免饥饿进行捕捞渔猎,采摘植物,为了拯救癌症等患者可以解剖动物进行科学实验,但是人类不能为了过度享乐、享受美食等非基本的生存权益去伤害动植物。儒家认为,天地之伟大仁性的表现就是天地自然化生和养育万物与人,人类应体天地之化,识天地生物之心,尊重万物生长发育之理,合理节约利用资源,取用有度。"天行有常,不为尧存,不为桀亡。应

---

①　程颢、程颐:《二程集》,中华书局 1981 年版,第 153 页。

之以治则吉,应之以乱则凶"(《荀子·天论》)。"大人者,有容物,无去物,有爱物,无徇物,天之道然。"①自然资源是有限的,并非取之不尽、用之不竭,人类只有遵循规律,合理取用,才有余食、余用、余材,才能维护与自然的长久和谐关系。当前,要走出单纯追求物质现代化的陷阱,抛弃那种"以邻为壑"式的追求自我经济利益或只保护自己的生态的恶劣行为,理顺经济发展与环境保护的关系,"取物在顺时","取物不尽物",提高资源利用率,开发可再生资源,发展循环经济,实现人类社会的可持续发展。

4.完善个人的人格修养,保护环境从自身做起

儒家把现实的物质世界看成是一个血脉相连的有机整体,认为生态伦理的目标就是让人们达到仁者与天地万物一体的境界,其关键是人成为仁者,然后将仁爱之心施行于社会与自然。而人要成为仁者,则须从修身开始,正所谓"修身、齐家、治国、平天下"。而修身的根本则在于修"仁",也即所谓的"修身以道,修道以仁"(《中庸》)。通过"修仁",从而实现"个体""家""国""天下"的整体和谐。可见,仁作为儒家思想的核心观念,不仅包括建立在血缘基础上的"父慈子孝""兄友弟恭",也包括"泛爱众"的"仁民",更包括"体万物而与天下共亲"的"爱物"。儒家的这种"个人→家→国→天下"的逻辑推理模式,是伴随着爱的范围不断向外扩大的血缘关系的逐渐扩展。省思当今社会愈演愈烈的全球生态危机,科学技术的进步促进了人类经济利益的增长,也激发了人类向自然掠夺的强烈欲望,种种环境问题促使处于危机的人们不断思索解决生态危机的方式方法,然而任何经济的、政治的、法律的、科技的、甚至宗教的单方面的手段与途径,都不能解决人类业已膨胀的私欲贪婪。人类不仅面临着生态危机,也面临着精神危机,为物所碍,为利所困,不能自拔。因此,生态问题的解决还依赖于人类的觉醒与悔悟,在于人们通过提高自身的修养,努

---

① 《张载集》,中华书局1978年版,第35页。

力营建内心的精神世界,去除私欲,达到性天相通的仁者境界。在这一方面,理学家强调存天理、去人欲。何谓天理? 在王阳明看来,"吾心之良知,即所谓天理也"①,"良知只在声色货利上用功。能致得良知精精明明,毫发无蔽,则声色货利之交,无非天则流行矣"②。因此,儒家反对一切不正当的人类欲望,要求人们通过完善自己的人格修养,恢复天理,克服物欲横流、享乐主义的生活方式,通过内心寻求真正的幸福感,保护环境从自身做起。

综上所述,儒家仁爱思想不仅体现了一种人与人之间的道德关怀,更是一曲"万物一体"的生命赞歌。四时代谢,云行雨施,品物流行,天命流行之初,造化发育之始,万物莫不由此资始。儒家以仁心感通生命、体认万物,以天理参赞万化,识天地生物之心,明了天地生生之理,万物并育而不相害。山水风物,木石花鸟,在静观自然之美的过程中实现了人与自然之美的"物我合一"。应当相信,积极而与时俱进地展现儒家仁爱思想中的生态伦理智慧,必定会实现人与自然相和谐的"生态梦",真正赢得可持续发展的"绿色未来"。

第三节　宋明理学生态伦理思想的整体性特征

宋明理学生态伦理思想作为一种古老的东方生态伦理智慧,对生态环境的探讨较前代有很大的进步和发展,积淀了许多协调人与人、人与社会、人与自然关系的生态伦理思想,作为融儒释道精华于一体的学说,其生态伦理思想亦具有综合性质。作为儒家生态伦理思想的一个重要发展阶段,宋明理学生态伦理思想既有儒家生态伦理思想的共同特征,又有其独具特色的一面。

---

① 《王阳明全集》,线装书局 2012 年版,第 123 页。
② 《王阳明全集》,线装书局 2012 年版,第 203 页。

一、天人合一的理论基础

"天"与"人"是中国哲学具有特色的一个范畴,中国哲学的一个基本问题就是天人关系问题,即"究天人之际,通古今之变"的问题。对于这一问题不同时代的儒者们从各个视角对这一问题作出了不同的探究。儒家思想总体上来说是强调天人合一的,纵观中国哲学史,这个思想的产生、发展是一个螺旋式上升的过程。先秦讲"天人合德"之论,汉儒有"天人感应"之说,到了宋代,在理学家这里,天人本无二,不必言合,这就是宋明理学家追求的"万物一体"。因而可以说,"天人合一"发展的顶峰和成熟就是宋明时期的"万物一体"。关于"天人合一"之内涵,不少学者从"义理之天""命运之天"等方面进行了解读,对于宋明理学所崇尚的"万物一体"而言,这种思想也蕴含了"自然之天"的内涵,这是宋明理学生态伦理思想的重要理论基础和基本特征。宋明理学家普遍具有一种"天人合一"哲学观为基础的生态环境意识,这是人们与自然友好相处、和谐发展的一种存在方式。因此,无论是"万物一体"的生态价值旨归、"孔颜乐处"的生态道德境界、"圣贤气象"的生态理想人格的追寻等,都体现了宋明理学家对人与自然和谐,"天道"与"人道"统一的追求,皆通向了"天人合一"之理想境界。

在宋明理学家中,对于"天人合一"这一命题的探究从"性与天道"开始就贯穿理学始终,它也成为处理人与人、人与社会、人与自然关系的最基本的准则和标准。从周敦颐开始,宋明理学家对这一问题展开了深入的探讨,赋予这一思想以丰富多彩的内涵和意义,从而为中国传统生态文化的发展奠定了一种坚实的理论基础。

周敦颐关于"天人合一"的思想,在他著的《太极图说》与《通书》中有深刻的体现。他继承了《易传》与《中庸》之天人合一的思想传统,并汲取佛家、道家的思想理论,以"太极"立"人极",通过对有机宇宙观的阐述,形成了"天人合一"之道德本体论的文化价值体系,对宋明理学"天人合一"思想的发展具有重要的影响和意义。周敦颐认为,世界的本原是太极,万物都是由太极之气,经由阴阳二气与五行之气的交合而产生的,万物在这种充满生命力创造的过程中,不断发展进化。同时,他又把宇宙的创生思想与"诚"这种儒家的伦理思想连接了起来,认为"诚"是天与人的本原,"诚者,圣人之本",①圣人境界的根本就是"诚",这个"诚"具有本体的意义和天道属性,与"诚"合一就是与"天道"合一。当然,周敦颐论"天道",也是为了探寻一种"人道"的永恒根据。

而在中国哲学史上第一次提出"天人合一"这一命题的是张载,这不仅是对天人关系研究的一个重大的发展,又是一次系统性的总结与升华,为宋明理学"天人合一"之学奠定了深厚的基础。张载提出"儒者则因明致诚,因诚致明,故天人合一"②,"性与天道合一存乎诚"③,在他看来,"天人合一"的理想境界就是天道与人道的统一,天道之诚就是天德,人要通过明来达到对诚之天德的认识和掌握,从而实现儒学天人合一、物我一体之理想境界。并且,人的道德与天道的根本法则统一,人要认识天道,要与自然和谐相处,要将人民视为同胞,将万物视作朋友,要具有一种"民胞物与"的道德情怀和精神。

此外,二程更是将"天人合一"思想推致到了一个高度,认为"天人本无二,不必言合"④。并从天理的维度阐发了对于天人关系的认识。在二程看来,"天"与"人"本来是一体的,不必去探究是否合一,"仁者以天地万物为一体"⑤,人与自然万物都是一体存在的。天人之所以一本,就是在于本于仁,仁就是一种理的体现,通过将仁从人对物的扩展,就可以实现"天人合一"之仁的理想境界。

南宋朱熹更是用"天人一理"来表达"天人合一"之理想,他认为"理"是

①　《周敦颐集》卷2,《通书·诚上第一》,中华书局2009年版,第13页。
②　《张载集》,《正蒙·乾称篇第十七》,中华书局1978年版,第65页。
③　《张载集》,《正蒙·诚明篇第六》,中华书局1978年版,第20页。
④　程颢、程颐:《二程集》,《河南程氏遗书卷第六》,中华书局1981年版,第81页。
⑤　程颢、程颐:《二程集》,《河南程氏遗书卷第二上》,中华书局1981年版,第15页。

万物的规律与本原,"气"是具体存在的物质,"理"又生"气",万物与人类之理本原相同。而作为中国哲学史上"天人合一"之说的集大成者,王阳明用"一气流通","天地万物与人原为一体"来体现其对于"天人合一"的认识与追求。之所以能够"与天地万物为一体",就是因为"心之仁本若是",所以能够与鸟兽、瓦石、草木同为一体。天地万物在"仁"的充塞流行中,从而生生不息。

当然,宋明理学"天人合一"之仁学思想,不仅是一种思想意识,更是一种伦理责任。人作为万物之一分子,要效法天地之德,参赞天地之化育,要承担起对天地万物的责任和使命,在社会中要守人伦,在自然中要徇"物理"。要以仁爱之心对待万物,致良知,推己及人,推恩及物,视人犹己,视物犹己,克服私欲,克服小我,成就大我,使生命的本性得以顺然地呈现,从而在一体之仁的流行发生中为人与天地万物负起一份真正的承当和使命,实现人与自然的和谐共生理想。

二、人类价值与自然价值的统一

尽管宋明理学生态伦理思想具有推己及人、由人及物的类比外推特征,虽然这种生态伦理思想的建构逻辑有远近亲疏和等差之别,但是从另一个方面来说其又有普遍性和统一性的内涵。尽管理学认为人因其道德理性而优越于动物,但并不表明人的价值就绝对比其他生命价值高,并不意味着人们可以为了自己的利益而置其他生命的利益于不顾。人与天地万物在生命价值上是统一的,人类社会与自然界是相互依存的,天、地、人、物是一体的,人与自然之间的关系是共生共存、内在统一的。理学家们更是汲取《易经》的天人合一思想,并吸纳道家"道法自然"与佛家"众生平等"的思想,将仁爱的理念扩展至宇宙万物,并从哲学宇宙论、价值论和道德论等方面论证了人与自然的有机统一,在伦理上实现了人道与天道的彻底贯通、人际道德与生态道德的和谐以及人类价值与自然价值的统一,体现了儒家一贯追求的万物一体、仁爱万物的至高道德理念和天人和谐的生存境界。

张载以人与社会、自然的和谐为出发点,展开仁义礼智的文化体系内涵,其"民胞物与"之说,将人民视为同胞,将万物视作朋友,将"仁"的关怀范围扩大到万物,体现了对人类价值和自然价值的充分肯定。在其著名的《西铭》中,开篇便有"乾称父,坤称母;予兹藐焉,乃混然中处"之论,"乾坤"就是天地自然界,人作为一个渺小的一分子就是乾坤天地的孩子,人与万物同处于天地中。可见,张载的乾坤父母之论以一种情感的方式表达了对大自然价值的充分肯定和尊重。此外,程颢提出的"仁者,以天地万物为一体"的命题,继续从道德价值论的角度论证了人类价值与自然价值的统一,逐渐把儒家的仁由亲亲、仁民,扩大到爱物,并最终把仁的对象范围扩大到了天地万物和整个自然界;王阳明更是通过人心这个"发窍之最精处",将自然万物联系在了一起,将万物一体论推致到了生命本原的天人合一,将爱物落在了实处,体现了人际道德与生态道德的和谐统一。如其所说:"'仁者以天地万物为一体',使有一物失所,便是吾仁有未尽处。"①"人的良知就是草木瓦石的良知,万物与人原是一体,其发窍之最精处是人心一点灵明"②等等。

虽然"自然价值"在西方生态伦理学界阐释得较多,在宋明理学中没有"自然价值""自然权利"之类的概念,但是,这并不能说宋明理学没有关于"自然价值"的思想学说。宋明理学"万物一体之仁学"生态伦理思想始终贯穿的一个鲜明主题,便是对自然价值和自然权利的肯定、尊重,承认自然界本身的内在价值。而这种自然的价值不是由人类所赋予的,是在自然界生生不息的创造过程中产生的,是一种"生"的价值,"天地之大德曰生","生"就是"仁","仁"就是"生"。如戴震所说:"仁者,生生之德也……所以生生者,一人遂其生,推之而与天下共遂其生,仁也。"③显然,宋明理学评价自然的价值不是以

① 《王阳明全集》卷1,线装书局2012年版,第101页。
② 《王阳明全集》卷1,线装书局2012年版,第187页。
③ 戴震:《孟子字义疏证》,中华书局1961年版,第48页。

人类的主观判断为标准，不是从自然界对人有利与否的角度为准绳，而是从自然界生命创造的内在目的中来评判的，自然界在此种意义上来说就成为某种价值主体，以一种"生生不息"的创造过程实现其价值主体的作用。而人与自然界的内在关系，就在于人能够通过实践活动来实现自然界的价值，能够实现天地之"性"和"天德"，以一种自然界内在价值的承担者来履行自然界所赋予人类的神圣职责和使命，也就是如张载所说的"为天地立心"。因此，在解决与自然之间的矛盾时，人不能以自然的主人自居而为所欲为，要尊重自然界事物的价值和权利，物我兼照，泛爱万物。

宋明理学关于人类价值与自然价值统一的思想，表明了自然界万物有其存在的合理性，这种存在也是其他生物存在的前提，人与万物是一体同在的。因而人与万物应该各安其位、各司其责，要和谐共处、协调发展。当然，宋明理学在承认并尊重自然界内在价值的同时，也强调了自然界工具价值的作用。即是说，人们可以有效地利用自然，可以从自然界获取对人类有用的生产生活资料。但这种使用要合于仁义，取之有时，用之有节，要遵循客观规律，要不以破坏生态系统的平衡为前提条件。如朱熹所说："草木春生秋杀，好生恶死，仲夏斩阳木，仲冬斩阴木，皆是顺阴阳道理。自家知得万物均气同体，见生不忍见死，闻声不忍食肉，非其时，不伐一木，不杀一兽，不杀胎，不夭夭，不覆巢，此便是合内外之理。"[①]也就是说，对于天地万物，一草一木，都不应该去破坏，而应该怀有仁爱之心爱护万物，要尊重自然万物的内在价值，维护生物的多样性。

三、成己与成物的统一

与近代以来西方的人与自然主客二分、相互对立的思想不同，宋明理学生态伦理文化是一种天人合一的德性伦理文化。这种生态德性伦理，主张人以

---

① 朱熹：《朱子语类卷第十五》，中华书局 1986 年版，第 296 页。

德性为主体,而不是知性为主体,以实现自我的完善和发展为使命,以成就理想人格和道德境界为价值追求,以完成自然界的"生生之道""为天地立心"为责任,最终达成"天命之性""天赋之德"的天人合一境界。这种德性展开的起点是以血缘为基础的亲情,其最终要实现的是"万物一体"的生态价值旨归、"孔颜乐处"的生态道德境界、"圣贤气象"的生态理想人格,也就是要实现人与人、人与社会、人与自然的一体和谐。因此,德性的完成首先是个体道德修养的完善,成就主体之仁,即"成己"。但仅有"成己"并不够,还要将这种德性扩展于其他客体,推己及人,由人及物,成就他人,成就万物,即"成物",从而成就性之全德。只有成己成物,参赞天地化育,泛爱万物,人才能实现与自然的和谐相处。深入地看,"成己"与"成物"是宋明理学生态伦理思想的主要精髓和基本特征,对我国传统生态伦理思想的演变发展具有重要的意义和影响。关于"成己成物"来源,出自《中庸》:"诚者非自成己而已也,所以成物也。成己,仁也,成物,知也,性之德也,合内外之道也。""成己"与"成物"二者辩证统一,不可分割。"成己"主要在于成就个人美德,达到精神自觉和完善,"成物"主要是个人美德外显的实践。

宋明理学认为,成己是成物的内在根据和前提,成物是成己的目的和归宿。成己寓于成物之中,成物寓于成己之中,成己是为了成物,成物是为了成己。人只有成己,完善自己的精神世界和道德境界,才能将这种美德扩展于外物。只有成为仁者,胸怀仁爱之心,才能爱护天地万物。人通过将美德施与万物的道德实践,也就实现了成己的道德追求,也就是说成物不仅是人的使命,也是实现人作为人自身价值的必然选择。如陆九渊所言,"宇宙内事乃己分内事,己分内事乃宇宙内事"①。宋明理学以"万物一体"为价值旨归,寻"孔颜乐处"的道德境界,以"圣贤气象"为理想人格,这种追求就在于宋明理学家普遍具有天地万物一体的仁者情怀。如程颢所说:"仁者,浑然与物同体"②,

---

① 《陆九渊集》卷36,《年谱》,中华书局1980年版,第483页。
② 程颢、程颐:《二程集》,《河南程氏遗书卷第二上》,中华书局1981年版,第15页。

王阳明也说:"夫人者天地之心,天地万物本吾一体者也,"①真正的仁者是一个德性主体,不仅能够成就自己,也能够成就万物,不仅是内圣,还要外王,仁的最高境界是达到与万物一体,与天地合德,这是宋明理学孜孜以求的圣贤气象和道德境界。

为此,宋明理学家提出了很多提高人的精神境界和完善理想人格的道德修养方式。程朱主张"格物致知"来达到"穷理尽性"的目的,陆王主张"自存本心"致良知",如王阳明所说:"世之君子惟务致其良知,则自能公是非,同好恶,视人犹己,视国犹家,而以天地万物为一体。"②可见,宋明理学家对成己的追求为生态伦理学提供了一个美德向度。

同样,成物不仅仅是为了成物,它是完善个体德性的一个必然途径,成物的道德实践最终实现的是成己的真正目的。如《中庸》所说:"惟天下至诚,为能尽其性;能尽其性,则能尽人之性;能尽人之性,则能尽物之性;能尽物之性,则可以赞天地之化育;可以赞天地之化育,则可以与天地参矣"。也就是说,成己成物不仅要能"尽己之性",而且要能"尽物之性"。"尽物之性"是"尽己之性"的要求,"尽己之性"是"尽物之性"的必然途径。在程朱理学看来,人的"气质"之清浊决定了人的个性之不同,只有让人的个性得到充分的发展,才能成就"圣贤气象"的理想人格和"孔颜乐处"的道德境界,通过"尽人之性",将仁爱之心由人施于万物,才能达到"胸次悠然""上下与天地同流"的境界,个体德性的提升也是对万物责任的承当,自我价值也是博施济众、兼济天下、救赎万物的使命。张载说:"圣人尽性,不以见闻桎其心,其视天下,无一物非我。"③指的就是不以"闻见之知"限制"德性之知",来广视天下万物。这说明,宋明理学非常重视通过提高人们自身的道德修养来完成理学成物的使命,并且也非常重视发挥人在保护自然,爱护万物方面的主动性。因此,"尽物之

---

① 《王阳明全集》卷1,线装书局2012年版,第156页。
② 《王阳明全集》卷1,线装书局2012年版,第156页。
③ 《张载集》,《正蒙·大心篇第七》,中华书局1978年版,第24页。

性"就要求人们要遵循天地万物生长发展的规律,使其"各遂其性""各顺其性",要从万物一体的整体性原则出发来对待人与万物,实现人与自然的和谐发展。

第四节　"万物一体"的生态伦理意蕴

中国哲学就传统而言,有一共通点,即"究天人之际,通古今之变"。其中,先秦讲"天人合德",汉儒有"天人感应",到了宋代,在理学家看来,天人本无二,不必言合。这就是宋儒追求的"万物一体",也是儒学"天人合一"理论发展到宋明时期的产物,成为宋明理学的基本精神和价值旨归。这种"万物一体"思想不仅充分体现了人与自然同源同体同本的本体论特征,而且深刻揭示了人所应有的成就自我、万物的崇高道德境界。在这一境界中,"人与己,内与外,我与万物,不复是相对待底"①。"仁者所见是一个'道','此道与物无对,大不足以名之'。与物无对者,即是所谓绝对。"②因此,有必要以境界论的视域作为一种言说面向,探讨宋明理学"万物一体"之生态伦理意蕴,从而在一体之仁的流行发生中为人与万物负起一份真正的道德责任和承当。

一、成就"大人"的生态理念

人不只是一个个体性的存在,也是一个社会性的存在,因此在现实中必须协调好人与自身、人与他人、人与自然、人与社会等各种关系。实际上"作为一种与世界有积极联系的存在者,人与这个世界有一种灵性的关联,并不是单单靠为自己活着这个事实,而是靠自己与其存在领域的所有生命是一体的这一感情。人将所有的生命体验感受为自己的体验,尽己之所能给这个一体以帮助……生存对于自己来说要比只为自己而活着要艰难得多,但同时,这又是

---

① 冯友兰:《三松堂全集》第 4 册,河南人民出版社 2001 年版,第 570 页。
② 冯友兰:《三松堂全集》第 4 册,河南人民出版社 2001 年版,第 570 页。

一种更丰盛、更美妙、更幸福的生存"①。这里所讲的"有灵性""与世界有积极联系的存在者"就其实质而言正是一种"大人"。

从一定意义上讲,宋明儒者一贯追求的理想人格就是去"小我"而达"大我"的精神之境,这种人格并非功利世界中的"小我",而是一个与物浑然一体的"大我",是"以天地万物为一体"的"大人之心"成就"以天地万物为一体"的"大人"。而且唯有这种"以天地万物为一体"的"大人",才会把整个世界视作一体,把整个宇宙当作一家,把万物看成一人,"我之身"即是天地万物,"我之意识"亦是"大我"意识。达到这样一种与物无间的"万物一体"之境,就会以此"大我"之心普润于天下之人,恩及于山川草木。

从"大我"上看,"天下无一物非我",没有物我、人己、内外、远近之分。张载曾提出"大其心则能体天下之物"。他认为:"大其心则能体天下之物,物有未体,则心为有外。世人之心,止于闻见之狭。圣人尽性,不以见闻梏其心,其视天下无一物非我,孟子谓尽心则知性知天以此。天大无外,故有外之心不足以合天心。见闻之知,乃物交而知,非德性所知;德性所知,不萌于见闻。"(《正蒙·大心》)这就是说,消除人的形体限制,打破主客体之隔,从"大我"之心去体认天下万事万物,就能达到"视天下无一物非我"的大心之境。而外心不足以合天下之心,不能体天下之物,也就无法达到万物一体之理想境界。

这种"大我"意识,在王阳明看来,更是视人犹己、视物犹己、视国犹家,是一种博施济众、悲天悯人的道德情怀。"大人者,以天地万物为一体者也,其视天下犹一家、中国犹一人焉,若夫间形骸、分尔我者,小人矣。"②"夫圣人之心,以天地万物为一体,其视天下之人无外内远近,凡有血气,皆其昆弟赤子之亲,莫不欲安全而教养之,以遂其万物一体之念。"③也就是说,在这种天地境界中的"大人",只要能够以仁爱之心从自身出发,推己及人,推恩万物,博施

---

① Schiweitzer.Out of My Life and Thought.Tr.C.T.Cam-pion,Henry Holt and Co.1933:p.179.
② 《王阳明全集》卷5,线装书局 2012 年版,第 70 页。
③ 《王阳明全集》卷1,线装书局 2012 年版,第 132 页。

济众,才能够达到实现万物一体之理想境界。

然而,实际生活中却常常出现人被"间形骸、分尔我"的自私自利之"小我"所遮蔽,以"小我"代"大我",用这种邪思欲念窒息了其万物一体之道德情怀,从而使其不能将不忍之心、恻隐之情、顾惜之意达于他人,"天下之人用其私智以相比轧,是以人各有心,而偏琐僻陋之见,狡伪阴邪之术,至于不可胜说。外假仁义之名,而内以行其自私自利之实,诡辞以阿俗,矫行以于誉。损人之善而袭以为己长,讦人之私而窃以为己直,忿以相胜而犹谓之徇义。险以相倾而犹谓之疾恶,妒贤忌能而犹自以为公是非,恣情纵欲而犹自以为同好恶,相陵相贼,自其一家骨肉之亲,已不能无尔我胜负之意,彼此藩篱之形,而况于天下之大,民物之众,又何能一体而视之?"①可见,"大人"和"小人"之区别,就在于其本心是否被私欲所遮蔽,"大人"之心被私欲所蔽,其与"小人"无异,"小人"之心去除私欲,则与"大人"无二致。

因此,为"大人"之学,做"大人"之事,就要将内在私欲去除,要"明明德"与"亲民","明明德者立其天地万物一体之体也,亲民者达其天地万物一体之用也"。通过"大其心""致良知"等道德修养方式去"小我"而达"大我",从而实现内在德性的圆满,实现"以天地万物为一体"的"大我"之境界。

二、拯救社会的生态目标

"万物一体"之仁在现实中的落实总是循着"亲亲—仁民—爱物"这样一个次序展开。在"万物一体"理想的感召下,在一体之仁的觉照下,人们能够对人类的物质精神生活境遇怀有同情忧患,又能对陷入苦难和痛苦的苍生万民以拯救。这种境界遂指向了社会责任与现实忧患,显然不同于佛老的纯粹逍遥之境界。在这一方面,王阳明是最具有代表性的。

深入地看,王阳明不仅在理论上强调"万物一体之仁"周流不息,遍润无

---

① 《王阳明全集》卷1,线装书局2012年版,第157页。

方，而且用毕生的经历始终如一地在践履"万物一体"之仁者境界，以天下为己任，忧国忧民，视民如子，怀其疾苦，承担起拯救大众的道德责任和义务担当。其在《答聂文蔚一》中说："古之人所以能见善不啻若己出，见恶不啻若己入，视民之饥犹己之饥溺，而一夫不获若己推而纳诸沟中者，非故为是而以蕲天下之信己也，务致其良知，求自慊而已矣……是以每念斯民之陷溺，则为之戚然痛心，忘其身之不肖，而思以此救之，亦不自知其量者。天下之人见其若是，遂相与非笑而诋斥之，以为是病狂丧心之人耳。鸣呼，是奚足恤哉！吾方疾痛之切体，而瑕计人之非笑乎？人固有见其父子兄弟之坠溺于深渊者，呼号匍匐，裸跣颠顿，扳悬崖壁而下拯之。"①这就说明，人者，天地之心；天地者，人之身。天地生民之疾苦犹为己之疾苦，天地生民之苦难犹为己之苦难，天地生民之饥饿犹为己之饥饿。面对父子兄弟坠溺于深渊，则呼号匍匐，裸跣颠顿，扳悬崖壁而下拯之。王阳明怀着一种戚然之悲，以一种拯救社会、视人犹己的心态奔走呼号，即使被人嘲笑非议，仍然不弃其体恤民心、拯救大众的责任和承担，此真乃一种儒者以天下为己任、出之于水火之境界和风范也。

可见，天、地、人、万物之间一体同在、不可分离，离开具体的社会关怀、生命关切及天下理想，此则不是宋明理学的万物一体之仁。宋明理学的万物一体之仁不仅在于成就自我，更在于其拯救社会和现实人生的道德义务和理想目标，在于对社会历史和苦难生活的痛切忧患。而天地万物作为一个大身子，离开这个天地，则人身不能动。因而，可以说，天地生物之心发窍于人心之中。所以，人们要"尽心"进而应体这个"心"。"圣人之求尽其心也，以天地万物为一体也。吾之父子亲矣，而天下有未亲者焉，吾心未尽也……吾之一家饱暖逸乐矣，而天下有未饱暖逸乐者焉，其能以亲乎？义乎？别、序、信乎？吾心未尽也。故于是有纪纲政事之设焉，有礼乐教化之施焉，凡以裁成辅相、成己成物，而求尽吾心焉耳。心尽而家以齐，国以治，天下以平。故圣人之学不出乎

---

① 《王阳明全集》卷1，线装书局2012年版，第156页。

尽心。"①

由此观之,心者,万物之主,"万物一体"之仁是人心之所同然。即便是与自己毫无任何关系的人,在这种仁者境界的遍润下,依然可以感受到他人的不幸和苦痛,从而能够摒弃自私自利之蔽,以一种儒者的救世热忱拯救一切陷入苦难的大众,从而复其万物一体之仁心。是故圣人尽万物一体之心,天下只要有一物没有饱暖逸乐,就是吾心未尽也,心尽,家齐,国治,则天下平。这便是一体之仁在现实层面逐步递进、落实的轨迹。如果人们被自私自利之偏狭所限,就会阻碍其万物一体之仁心,视天下之人形同陌路,而不会产生仁爱之心。

三、救赎万物的生态责任

儒家将天地自然视作宇宙生命的大化流行之境,主张人与万物是一个有机的整体。人为天地之心,心为万物之主,但这并不是对物的主宰与控制,而是一种人在遂物、化物上的一份道德责任和义务承担。这种责任和承担就是一种救赎万物、参赞天地化育、厚德载物、成己成物的使命,也是儒家"亲亲—仁民—爱物"的仁爱递推方式在"爱物"层面的最终落实。因而,知万物一体,必然要负起一份万物一体之责任,仁者浑然与物同体,必然要对天地万物有所担当。这就要求,以"天地万物为一体"的仁者,要自觉承担起人在宇宙中的使命,要将其一体之仁心润泽于天地万物,不仅要功至天下百姓,更要恩及于禽兽草木,不仅要视人犹己,也要视物犹己,推恩万物,使之各得其所、各安其生,最终使生命的本性得以顺然地呈现。

人因自然万物而获得明澄,自然万物因人而得以彰显。人与万物的存在命运紧密连结,不可分割。关爱万物,就是关爱自我;关爱自我,更要关爱万物,这也就是儒家的"成己成物"之论,在成就自己与成就万物的过程中达到了人与万物、尽人之性与尽物之性的统一。在陆九渊看来,"宇宙内事

---

① 《王阳明全集》卷2,线装书局2012年版,第351页。

乃己分内事,己分内事乃宇宙内事"。人能够感通到自己与宇宙生命的一体合流,以万物一体之仁心参赞天地之化育,从而能够完成宇宙生命的化育流行。

天地是一个生生不息的创造本原,而人这个天地之心则是万物创造过程的一个辅助者、参与者。朱熹认为,天人有不同的本分,天的本分就是生,即生生之理,而人的本分则是"成物"。他将"赞天地之化育"之赞诠释为"赞助",人的本分就是用其一体之仁心促成万物的生命得以完满地呈现,从而达到生命的一个高度。"人在天地中间,虽只是一理,然天人所为,各自有分。人做得底,却有天做不得底,如天能生物,而耕种必用人;水能润物,而灌溉必用人;火能爆物,而薪炊必用人。裁成辅相,须是人做,非赞助而何?"①这种"参赞化育"就是仁者的"仁德",是人之为人不同于自然界的独特性和能动性的深刻体现,人应该负起天下一家、万物一体之宇宙论向度之责。

对此,王阳明有精辟的阐述。在他看来,"仁者以天地万物为一体,有一物失所,便是吾仁有未尽处。"②物之失所,就是物不能遂其生,不能尽其用。而物不能遂生尽用,不能得到仁心的遍润,则是因为仁心有未尽之处,是仁爱之心不能达致于万物所致。这就表明,万物一体所表现的"仁民爱物",不仅是道德的生态观,而且也是生态的道德观。

王阳明的后学王艮则更进一步将这种救赎万物的责任和使命扩展至广袤无垠的宇宙。他在著名的《鳅鳝赋》一文中,用奇妙的想象和诗意的语言构想出鳅化为龙、解救樊笼之鳝的壮美之举:"道人闲行于市,偶见肆前育鳝一缸,复压缠绕,奄奄然若死之状。忽见一鳅,从中而出,或上或下,或左或右,或前或后,周流不息,变动不居,若神龙然。其鳝因鳅,得以转身通气而有生意。是转鳝之身、通鳝之气、存鳝之生者,皆鳅之功也。虽然,亦鳅之乐也,非专为悯此鳝而然,亦非望此鳝之报而然,自率其性而已耳。于是道人有感,喟然叹曰:

---

① 黎靖德:《朱子语类》,中华书局 1986 年版,第 157 页。
② 《王阳明全集》卷 1,线装书局 2012 年版,第 10 页。

'吾与同类并育于天地之间,得非若鳅鳝之同育于此缸乎,吾闻大丈夫以天地万物为一体,为天地立心,为生民立命,几不在兹乎?'遂思整车束装,慨然有周流四方之志。少顷,忽见风云雷雨交作,其鳅乘势跃入天河,投入大海,悠然而逝,自在纵横,快乐无边。回视樊笼之鳝,思将有以救之,奋身化龙、复作雷雨,倾满鳝缸,于是缠绕复压者,皆欣欣然而有生意。俟其苏醒精神,同归于长江大海矣。道人欣然就道而行"①。面对"奄奄然若死之状"的鳝鱼,鳅鱼这一"小人物"以"万物一体"之仁心,自觉承担起救赎陷入苦难的鳝鱼之责任,救众生于奄奄待毙之地,从而使得"其鳝因鳅,得以转身通气而有生意"。最后,鳝与鳅一起解放"同归于长江大海矣"。这种精神体现的正是一种大仁责任感的宇宙论向度。这是万物一体观念内在不容己的承担意识,没有忸怩作态和算计把捉。也许,儒者的使命就是将内在的德性朗现,协助参与万物的化育流行。

综上所述,"万物一体"作为宋明理学生态伦理思想的终极关怀和价值旨归,由其一体之仁心所蕴含的生命智慧使得人、社会、自然一体同在、和谐相处。同时,万物一体之仁的发育流行又要在"亲亲—仁民—爱物"这一推己及人、推人及物、由此及彼、由近及远的无限过程中落实,周流四方。从一定意义上讲,本原构成上与物同体、万物一体的理想境界及其在逻辑推导、证成方式上与物同体,总是要让位于差等的现实安排,万物一体之仁的理想原则和差等厚薄的现实安排,在某种程度上形成了一种紧张关系,这种万物一体之仁爱总是不能越出亲疏贵贱原则的藩篱。其实,这就是儒家仁爱观念的一个本质性特征,融摄了爱有差等的伦理原则,但这并不是减杀一体之仁的崇高性。辩证地看,不能因为万物一体之仁而抹杀人与物之间的轻重厚薄,也不能因为这种轻重厚薄而否定万物一体之仁,进而应在这种差别和统一中实现宋明理学"万物一体"的理想境界。

---

① 王艮:《王心斋全集》卷2,江苏教育出版社2001年版,第55页。

第五节 "圣贤气象"的生态理想人格

"圣贤气象"是宋明理学家追求的一种理想人格,具有一种深沉的宇宙关怀、人文关切和吞吐百家的气度。这种理想人格体现为生态理想、生命理想和社会理想三者的融合统一,具体表现出:统一生态理想与生命理想的天地一体的仁者情怀、幽深远阔的生命情调;统一社会理想与生态理想的民胞物与的道德精神、物我兼照的伦理责任;以及统一社会理想与生命理想的心忧天下的关怀意识、闲适安乐的从容心态。其中也蕴含了十分深刻的生态整体主义的哲学智慧。

冯友兰先生曾说:中国哲学是一种境界哲学。这种境界哲学主要诉诸反向内求。在先贤大儒那里,人的自立不仅需要知识、德行,更应具有一种生命境界,这种生命境界既内蕴于主体的内在精神结构和品质,又外现于主体的精神状态和实践过程,呈现为某种气象、风神、风度和风韵。其中"气象是人的精神境界所表现于外的"一种理想状态。① 宋明理学家寻"孔颜乐处",体验"万物一体之乐",在由个人小我到宇宙大我的从容宏阔境界的追寻中,尽管各自的思想主张不尽相同,但都体现了对理想人格的一种共同追求,即"圣贤气象"。那么,何为圣贤气象,宋明理学家所追求的圣贤气象究竟体现了一种怎样的价值关怀呢?

简而言之,所谓圣贤气象,即圣贤风度或圣贤风范,是一个人在日常言行举止、待人接物中自然流露出来的内在精神品质和特征,这种精神特质可以使接触到的人深切感受到一种气氛,是个体有限的生命融入生生不息的宇宙大化流行之中呈现出的一种天人合一的理想之境,也是理学家们普遍向往和追求的一种最高生命境界。对于圣贤气象的探讨,始于宋代朱熹和吕祖谦《近

---

① 参见冯友兰:《中国哲学史新编》(下),人民出版社 1998 年版,第 138 页。

思录·圣贤气象》,①此后得到二程的发展,将这种理想境界称为"尧舜气象"
"天地气象"。在他们看来,具有这种气象的人,不仅达到了与天地同其大、与
天地和合德、与大道同行的道德境界,而且也体现了一种道德的审美境界,自
我、他人、万物、社会等一体同在,在身心与天地同流的境界中,实现了人与天
地万物的一体圆融、和谐统一。实质上,宋明理学家所追求的圣贤气象是一种
生态理想、生命理想和社会理想的融合统一,既具有乐山乐水、洒落自得、闲适
自在、敬畏谨言、庄整齐肃的生命气象,也具有民胞物与、物我兼照、忧患民生、
关怀社会、泽惠苍生的道义情怀。这种圣贤气象奠定在以天道、天理、太极、
诚、气、良知等为终极依据的哲学本体论基础之上,不仅是个体所要趋达的理
想境界,而且是安置于个体内心之中用于鞭策人们思想行为的崇高价值目标。

一、生态理想与生命理想的融合

"与天地万物为一体"是宋明理学的终极关怀和价值旨归。仁者就是达
到天地一体、天道与人道统一、物我同一的圣贤。宋明理学家普遍有一种将个
体生命熔铸于宇宙万物中的生命理想,在爱莲观草、吟风弄月、鸢飞鱼跃、乐山
乐水中体会生命的乐趣和境界,具有一种洒落圆融、自得宽舒的生命气象。同
时,这种生命理想也具有庄重齐肃、敬畏严谨的气象,是人们在有序的日常生
活中自由呈现出的"从心所欲不逾矩"的生命气象。因此,宋明理学所崇尚的
圣贤气象便是这种统一生态理想与生命理想的天地一体的仁者情怀、幽深远
阔的生命情调。

1. 天地一体的仁者情怀

深刻体悟宋明理学的理想人格,首先有必要深入探究一个人如何能与天
地交往而合为一体即天道与人道合一的问题。从根本上说,这种理想人格与

---

① 参见钱穆:《宋代理学三书随札》,读书·生活·新知三联书店2002年版,第152页。

天地之道是一致的,既是天人合一的主体承担者,又是天人合一的具体呈现。尽管众理学家将圣贤气象奠定在不同的哲学本体论基础之上,但其最终的关怀均指向了天人合一、万物一体。在他们看来,整个宇宙就是一个有机生命体,天地万物都是这个生命体不可分割的组成部分,一个人如果能够做到与天地万物浑然一体、物我无间,就成就了圣贤的人格和气象。

理学开山鼻祖周敦颐提出了"诚"即"圣"的根本观点,天之诚赋予人之圣。"诚"乃圣贤境界的理论基石和道德内核,是人生最高的终极理想。这种理想人格指向了天人合一的终极关怀。"诚者,圣人之本。'大哉乾元,万物资始',诚之源也。'乾道变化,各正性命',诚斯立焉。纯粹至善者也。故曰一阴阳之谓道,继之者善也,成之者性也。元、亨,诚之通;利、贞,诚之复。大哉易也,性命之源乎!"①他把"诚"看成了宇宙的终极本原,是"天道"与"人道"的合一,是天地一体的象征。"诚"贯穿了事物发展的始终,因而要"立诚"。这里的"立诚",实际上已经从较完整的意义上把宇宙的终极本体与封建的道德规范合为一体,从而使儒家的天人合一的理想人格在哲学本体论上进一步挺立起来了。不仅如此,"圣人之道,仁义中正而已矣"②。"寂然不动者,诚也。感而遂通者,神也。动而未形,有无之间者,几也。诚精故明,神应故妙,几微故幽。诚、神、几,曰圣人。"③这就说明,仁义存在于中正之中,圣人能够达到仁义中正、立人极的最高境界,通过"诚",塑造了自己的圣人观。可以说,圣人与天道合其德,人能得天之秀而最灵,诚既是宇宙本体,又是人之本体,人如果能够参赞天地之化育,与天地万物一体,那么这种圣贤理想人格就自然而然呈现出了"圣希天"的理想境界。

之后,二程发展了周敦颐的"气象"观点。他们将"气象"看作是沟通天人的途径、渠道、方法,把"气象"看作是天地与圣人共有的特征。程颐认为,"先

---

① 周敦颐:《周敦颐集》,陈克明点校,中华书局 1990 年版,第 13—14 页。
② 周敦颐:《周敦颐集》,陈克明点校,中华书局 1990 年版,第 6 页。
③ 周敦颐:《周敦颐集》,陈克明点校,中华书局 1990 年版,第 17 页。

观子路、颜渊之言,后观圣人之言,分明圣人是天地气象。"①亦即,圣人是具有天地境界的人,具有圣人气象的人能够像天地一般涵养万物、与万物一体,而不与其有对。这就是所谓的"天人本无二,不必言合"②的观点,这种物我同一是从本体论维度作出的判断,也是"圣贤气象"得以产生的内在根据。当人反身而诚、与物同一之后,就是"天人本无二",从而消解了自我与自然界的界限和距离,自然能够达到涵养万物的理想境界。程颢更是用"仁者,浑然与物同体"来表达其圣贤气象的理想人格和境界。在他看来,"学者须先识仁。仁者,浑然与物同体。义、礼、知、信皆仁也"③。在这里,仁的内涵被提高到了本体的高度并进行了创造性的转化,仁者就是统摄众多德性而成就的一种理想人格,是达到天地一体、物我统一、无我无待的圣贤。

进一步,王阳明提出了"良知即天理"。他认为,良知就是天地万物的灵明,明确了这种心之本体的内涵,就可以自然达到圣贤境界。人人皆有良知,人人都有圣贤境界,即"满街都是圣人""人胸中各有个圣人"。这种境界则在人们的心中,从而将普通之人提高到了圣贤境界,并为人们成就圣贤的理想人格昭示了一种动力和信心,显示了一种道德自觉的力量。其圣人气象之所以被认得,乃"自家良知原与圣人一般,不在圣人而在我矣"④。良知就是圣贤的境界和气象。"夫圣人之心,以天地万物为一体,其视天下之人无外内远近,凡有血气,皆其昆弟赤子之亲,莫不欲安全而教养之,以遂其万物一体之念。"⑤这种圣人之心,视天下万物为一体,不可分割,一体同在。因而,"世之君子惟务致其良知,则自能公是非,同好恶,视人犹己,视国犹家,而以天地万物为一体。"⑥这就说明,万物一体的境界就在人的心灵之中,只要不失良知本

①　程颢、程颐:《二程集》,王孝鱼点校,中华书局 1981 年版,第 288 页。
②　程颢、程颐:《二程集》,王孝鱼点校,中华书局 1981 年版,第 81 页。
③　程颢、程颐:《二程集》,王孝鱼点校,中华书局 1981 年版,第 16—17 页。
④　王阳明:《王阳明全集》,线装书局 2012 年版,第 136—137 页。
⑤　王阳明:《王阳明全集》,线装书局 2012 年版,第 132 页。
⑥　王阳明:《王阳明全集》,线装书局 2012 年版,第 156 页。

体,就能与天地万物一体;如果私欲流行,则会天人分隔。可见,王阳明由良知说出发,通过仁心的贯通、良知的发用,最终成就了圣贤气象的理想人格,归于万物一体的理想境界。

2. 幽深远阔的生命情调

儒家哲学一直推崇一种心灵的大气象。孔子有"君子不器"之说,意即仅仅掌握一定技能不足以成就君子,只有拥有生命的大智慧才可以称其为君子。因此,这种心灵的大气象不是经由知识的推求得到,而是于生命的内养中得到。养得了这种大气象,便能够变局促为圆融,变小我为大我,变卑微为高远。

其实,这也是宋明理学家孜孜以求的圣贤气象和境界,是一种幽深远阔的生命情调,一种生命的安顿和心性的超越,融摄了道家之意、释家之韵、儒家之风。求道、明理,努力追寻自我身心的安泰、洒落、圆融、闲适、悠然,平淡自摄、无欲故静,养得此种气象,便可以与天优游,达到生命宇宙的和谐,畅游生命之乐。此种生命的境界不是僵化刻板的,而是通过一种"鸢飞鱼跃"式的自由跳动,让人们在有序的日常生活中自由地呈现那种胸次悠然的大气象。

首先,宋明理学家所追求的圣贤气象,涵泳着浓厚的乐观格调。他们信奉"知之者不如好之者,好之者不如乐之者。"当人们对一个东西迸发出喜爱之情并在这种倾心中得到快乐时,就是一种生命气象的提升。也就是说,儒学是以一种情感体验及审美的方式来认识物质生活和精神生活的。这种生命理想在宋明理学家看来就是以自我身心的安乐为目标的快乐哲学,是一种将个体生命溶于宇宙中的独特生命体验及一种万物一体之乐。

自周敦颐、二程"寻颜子仲尼乐处,所乐何事"以来,这种对身心安乐的追求一直是众理学家的共同旨趣。二程兄弟受学于周敦颐,努力尽心践行"孔颜乐处、所乐何事"的身心快乐与悠然自得。程颢认为,此种"乐"乃是一种

"放这身来,都在万物中一例看,大小大快活"①的整体之乐,在与人同、与物同、与无限同的追寻中获得大乐,也就是一种"鸢飞鱼跃"的自由活泼的心灵之境。朱熹对于"圣贤气象"的看法,较之前辈诸贤,有所推进,将这种气象与个体的襟怀、胸次相连,将其视为一种"得道"的境界,并且这种境界事关审美体验。他说:"'子温而厉,威而不猛,恭而安'。须看厉,便自有威底意思;不猛,便自有温底意思。大抵曰'温',曰'威',曰'恭',三字是主;曰'厉',曰'不猛',曰'安',是带说。上下二句易理会。诸公且看圣人威底气象是如何。圣人德盛,自然尊严。"②通过强调从孔子待人接物外在气象的显现中,体贴其"道"及其襟怀胸次,德盛貌严,此乃一种气象的自然流露。

同时,这种生命境界普遍蕴含于理学家"乐山乐水"的生态伦理情怀中,即"知者乐水,仁者乐山;知者动,仁者静;知者乐,仁者寿"。这种情怀是"非体仁知之深者,不能如此形容之"③。山水之所以能引起人们的向往和美感,是因为山水之美与人类的道德精神相联结。仁者所乐之山,包容万物,生草木、育鸟兽、殖财用,久经严寒酷暑、狂风暴雨,依然矗立不变,此山便具有了仁者的稳重敦厚,坚毅傲骨;知者所乐之水,灵动多姿,适境而生,迁境而居,此水便具有了知者的刚柔并济,涵容广大。如朱熹所说:"半亩方塘一鉴开,天光云影共徘徊。问渠哪得清如许,为有源头活水来。"④当达到这种心灵的云淡风轻、天光云影时,就会一任慧心流淌,人们洒落自得的圣贤气象便悠然呈现。因此,当山水的形态内蕴与人的道德、意志等联结起来的时候,这时的山水就蜕变成为儒家的道德之山、人格之水。这种对山水的体悟和思索,是建构儒家生态伦理思想体系的一个重要入角。

由此可见,宋明理学家所追寻的圣贤气象,是在对个体自我意识及主体精

---

① 程颢、程颐:《二程集》,王孝鱼点校,中华书局1981年版,第33—34页。
② 黎靖德编:《朱子语类》,王星贤点校,中华书局1986年版,第905页。
③ 朱熹:《四书章句集注》,中华书局2011年版,第87页。
④ 朱熹:《朱子全书》,上海古籍出版社、安徽教育出版社2002年版,第286页。

神的发扬之后,所表达的一种个体生存的智慧和生命的境界,在这种爱莲观草、吟风弄月、乐山乐水中体味到的快乐人生。通过养心以安身的修炼,使得自我与天地万物为一体、与天道天理合一,从而身心舒泰、安乐、自得,个体便呈现出了洒落圆融、自得宽舒的气象。

其次,虽然宋明理学昭示了一种对宇宙和人生充满乐观主义的快乐哲学,以直觉主义的体悟为主,但其所崇尚的并"不是理性与感性二分,体用割裂、灵肉对立的宗教境界",而"是一种体用不二、灵肉合一,既有理性内容,又保持感性形式的审美境界。"①因而,宋明理学所崇尚的圣贤气象也具有了理性主义特点,求道、穷理、遵循规律、严格日常规范践履,呈现出谨言、敬重、庄整齐肃的敬畏气象。理学家往往将求道、穷理、遵循规律等作为判断圣贤与非圣贤、是与非的根本标准。从某种程度上来说,穷理不仅是对理(道体)的反省和回归,而且是人格理想的自觉。圣人只要穷理,就能够"与理为一",就会达到天人相通、"万物与我为一,自然其乐无涯"的理想境界。② 在这方面,理学鼻祖周敦颐是北宋最早求道、明理、传道之人,其光明磊落,襟怀坦荡,"其为政,精密严恕,务尽道理"③。另外,张载也是传授圣道、求道不息,具有德盛貌严般的气象,教育学生时,"多告以知礼成性、变化气质之道,学必如圣人而后已"④。

由是观之,宋明理学家追寻的圣贤气象在洒落与敬畏之间徘徊,二者互为补充,成为一种平衡的关系。否则,过度的洒落,则会游离道德的规范性与淡化社会的责任感;而过度的敬畏,又会使心灵不能摆脱束缚感而以自由活泼的心境发挥主体的潜能。这样的一种圣贤气象外现于行,于人们日常生活中的举止行为、性格特征、精神气象表现为:洒落自得、会通互融、随境应物、情顺万

① 李泽厚:《试谈中国的智慧》,人民出版社 1986 年版,第 310 页。
② 参见黎靖德编:《朱子语类》,王星贤点校,中华书局 1986 年版,第 1436 页。
③ 朱熹、吕祖谦:《近思录》,斯彦莉译注,中华书局 2011 年版,第 198 页。
④ 张载:《张载集》,章锡琛点校,中华书局 1978 年版,第 383 页。

事、教人以理、密证精察、恪守规范、严谨庄重等。因而,"使尧舜汤文武周公孔子,七八圣人合堂同席而居,其气象岂能尽同?"①虽然古代圣贤已成为过往之人,但是可以从其留下来的语言文字中感受到他们风格迥异的风韵气象,如"仲尼,天地也;颜子,和风庆云也;孟子,泰山岩岩之气象也。观其言,皆可尽见之矣"②。同样,作为兄弟年龄相差仅一岁的二程,其气象也完全迥异,在性格特点、生活态度、待人接物、道德践履等诸方面都有不同。大程洒落圆融、宽舒自然、会通互融,俨然一副圣者的气象,二程整肃端正、才具敏捷、类乎泰山之岩岩,俨然一副贤者的气象。

二、社会理想与生态理想的契合

人既是社会共同体的一员,又是自然共同体中的一分子。因此,人不仅要履行社会义务,又要承担生态责任。宋明理学家所追寻的圣贤气象就是这种统一社会理想与生态理想的民胞物与的道德情怀,一种物我兼照的伦理责任和承担。可以说,这种"民胞物与"就是儒学"天人合一"的现实诉求、天道与人道合一的实践要求,体现了理学家天人一体之气势磅礴、血脉相通的圣贤气象。宋明理学在构建这种统一社会理想与生态理想的圣贤气象时,一直防止偏于一端的片面观照,避免其流于政治功利之习或价值虚无之弊。这种气象,不仅追求的是一种人与人、人与社会之间的伦理观照,更是一种人与自然之间的伦理承担。

1. 民胞物与的道德精神

"民胞物与"是宋代理学家张载在其著名的《西铭》一文中提出的一个经典命题。自从张载提出这一命题以降,"民胞物与"便成为宋明理学的普遍价值取向和理想,从诸理学家那里依然可以深刻地感受到这份深切的道

---

① 陆九渊:《陆九渊集》,中华书局1980年版,第425页。
② 程颢、程颐:《二程集》,王孝鱼点校,中华书局1981年版,第76页。

德情怀和恢宏博大的圣贤气象。"民胞物与"表达的正是一种以天下为己任,视天下无一物非我的天人合一的理想境界。它是"天人合一"的现实层面和诉求,透过这种博大的胸怀和宏大气象,可以看出其中包孕着超越一切荣辱贵贱的宇宙情怀和深刻的人与人、人与自然、人与自身和谐的生态伦理意蕴。

"民胞物与"思想在历代儒者尊奉的《西铭》中具有深刻而全面的体现。《西铭》的理想境界是"视天下无一物非我"的"天人合一"之境,而"民胞物与"则是这种理想道德境界的生动说明,构成了《西铭》一文的核心思想。张载写道:"乾称父,坤称母,予兹藐焉,乃混然中处。故天地之塞,吾其体;天地之帅,吾其性。民,吾同胞;物,吾与也。大君者,吾父母宗子;其大臣,宗子之家相也。尊高年,所以长其长;慈孤弱,所以幼其幼。圣,其合德,贤,其秀也。凡天下疲癃、残疾、惸独、鳏寡,皆吾兄弟之颠连而无告者也。'于时保之',子之翼也。'乐且不忧',纯乎孝者也。违曰悖德,害仁曰贼;济恶者不才,其践行,惟肖者也。知化则善述其事,穷神则善继其志。不愧屋漏为无忝,存心养性为匪懈。恶旨酒,崇伯子之顾养;育英才,颍封人之锡类。不驰劳而底豫,舜其功也;无所逃而待烹,申生其恭也。体其受而归全者,参乎!勇于从而顺令者,伯奇也。富贵福泽,将厚吾之生也;贫贱忧戚,庸玉汝于成也。存,吾顺事;没,吾宁也。"①这段话分别从天人关系、主体对于人生贫富生死的态度以及社会所应有的和谐秩序等方面进行了阐述。由是观之,这种圣贤气象是奠定在以"气"为终极依据的哲学本体论基础之上的,通过太虚为本、天人一气的宇宙本体论基础,统一了"民胞物与"的社会理想、生态理想,从而建立了"天人一气,万物同体"的博大深厚的哲学体系,即"天人合一"的儒家新伦理体系。这也是中国传统哲学一个最基本的特征,即本体论与价值论的融合贯通。宋明理学"民胞物与"的思想,将广大民众视为同胞兄弟,将万物视为朋友伴侣,

---

① 张载:《张载集》,章锡琛点校,中华书局1978年版,第62—63页。

这是一种价值层面的理念,进而,这一价值的实现又可以升华为天人合一的本体高度,可称之为一体归仁的人道观。这种本体与价值的结合使得民胞物与的思想在现实层面得以深刻体现,在理想层面得以升华。

质言之,张载立足于人与天地万物本原的宇宙论高度论证了人的来源,阐释了人与自身、人与人、人与社会、人与自然等关系。从宇宙本体论上,将仁爱作为一种对人类社会和自然界的博爱,从仁民扩展到爱物,从而在人际之外,给天地万物一个伦理安排,以一种人文的视野来观照宇宙万物。这种思路,是从本体到具体,从宇宙论到社会论再到人生论,最后达致天人合一。显而易见,张载勾勒的是一个人类间互爱和人与自然和谐相处的理想社会,以一种恢宏的气度打通了天人之隔,体现了一种"圣合其德""贤其秀也""万物一体之仁"的人生哲学及宋明儒者博大深远的圣贤气象。这样的生命气象,展现出的是人立于天地之间的伦理承担,从容大气。这种境界追求不是要通过逃避死亡和躲避人生的磨难来实现,而是要积极面对现实人生。

此外,对于"民胞物与"之意蕴,朱熹有"人物皆己之兄弟一辈,而人当尽事亲之道以事天地"之说。通过"事亲之道"来"事天地",不仅实现了人际间的伦理道德实践,也实现了人与物之间的伦理道德实践。从根本上讲,"民胞物与"之道,其内涵首先是归于"人道",体现的是一种充满着人文关怀、合理地处理个人与社会、内在与外在关系的积极进取的人生观。其思想的超越维度最终还是要落脚到人世间,落实于人们日常生活的各个层面。因而在处理人与他人关系时,要"爱必兼爱",要将家庭的伦理关系扩展到人类社会,使得这种家庭之爱升华为人人互爱的伦理诉求。这是对传统社会君臣、父子、夫妇、长幼、朋友等重大关系的一种突破和超越,蕴含着对于社会中颠沛流离的人们以仁爱关怀的追寻,体现了一种对于社会不平等现象和传统尊卑等级观念进行改变的博爱思想。当然,此种爱不同于墨家的"兼爱",它是一种基于亲情之爱却又高于亲情之爱的广博之爱,是一种具有宗法特色的爱有等差的思想。如程颐认为此种"兼爱"是"明理一而分殊,墨氏则二本而无分"①。朱熹认为"一统而万殊,则虽天下一家,中国一人而不流于兼爱之蔽。万殊一贯,则虽亲疏异情,贵贱异等,而不梏于为我之私"②。

2.物我兼照的伦理责任

人是社会共同体和自然共同体的存在者,"理不在人皆在物,人但物中之一物耳,如此观之方均"③。人的行为不仅仅要符合天道的要求,而且要以实现天道为自己的人生目标。因而人既要履行社会义务,又要承担生态责任。人作为物中之一物,并没有主宰者的地位和权利,人最为天下贵,却又是一个有限性的个体,也就是"道何尝有尽? 圣人人也,人则有限,是诚不能尽道也"④。人的心和生命是有限的,即使是圣贤也如此,"以有限之心,止可求有限之事;欲以致博大之事,则当以博大求之,知周乎万物而道济天下也"⑤。人要将渺小的自我置身于生生不息的生命长河中,要在有限的生命中以博大的心胸来实现"知周乎万物而道济天下"的伦理承担。也就是说,作为有自我意识的人应该首先以民胞物与的态度对待他人和他物。这不是施舍,而是一种责任感,是一种被要求的自我意识。

圣人中和于天,其万物一体之仁,与天之生生之道同一,还因为"圣人无私无我,故功高天下而无一介累于其心"⑥。圣人能够把他人及万物都看作是同胞朋友,能够打破天人相隔、物我界限,以其博大的胸襟观照泛爱万物,从而在"人"与"物"的关系上实现超越。因而圣贤这种物我兼照的伦理责任具有伟大的感召力,是通向"天下无一物非我"之圣贤境界的必由之路。

---

① 程颢、程颐:《二程集》,王孝鱼点校,中华书局 1981 年版,第 609 页。
② 朱熹:《朱子全书》,上海古籍出版社、安徽教育出版社 2002 年版,第 145 页。
③ 《张载集》,章锡琛点校,中华书局 1978 年版,第 383 页。
④ 《张载集》,章锡琛点校,中华书局 1978 年版,第 317 页。
⑤ 《张载集》,章锡琛点校,中华书局 1978 年版,第 272 页。
⑥ 《张载集》,章锡琛点校,中华书局 1978 年版,第 375 页。

而若要达到这一圣贤境界,在张载看来,则要"大心体物",即从万物一体的观念出发,摒弃世人之心,抛却"小我"之私,不计得失,不忧生死,将个体的生命完全融入天地万物之中,担负起物我兼照的伦理责任,也就是一种道德主体的伦理自觉。圣人"大其心"以"合天心",则天下之物无物非我也。"大其心,则能体天下之物;物有未体,则心为有外。世人之心,止於闻见之狭。圣人尽性,不以见闻梏其心,其视天下无一物非我,孟子谓尽心则知性知天以此。天大无外,故有外之心不足以合天心。见闻之知,乃物交而知,非德性所知;德性所知,不萌於见闻。"①人要见自己的本性,就要"大其心",即不以闻见梏其心,超越自身的狭隘局限,打破认识主体与客体之间的界限距离,使人们体会到,人与万物是一体同的,从而使个体对天下万物的认知由"闻见之知"向"德性所知"进行转化,形成包容爱护万物之心,以成全天地之性,实现人之为人的道德价值。实际上,这是从"以道体物我"的维度来审视这一问题的,提供了一种道德直觉的方法,使得心能够与性道合一,不为见闻所碍,不执着于内外物我之别。而外心不足以合天心,不能体天下之物,无论圣贤或愚凡,德性之知人人皆有,因而德性之知超越了闻见之知。

而"体物"也是一种情感体验活动和认识方式,通过将个体的情感充分地融入天地万物,又将万物纳入自己的本怀,就能够体悟到这种天人合一、物我相忘的境界。不仅显示出了"心"的突出作用,彰显了人作为万物一分子的伦理承担与责任使命,而且也只有人才能够体悟到这种生命的价值和意义。而要真正实现以心体物的理想,就须以仁体物,以德体物,就要仁爱万物,只有通过仁爱的方式才能够将这种向外的爱护万物转化为内心的道德律令,实现天人相通、一体同在的理想境界。达致这种理想境界的和天德之人,就是圣贤。

---

① 《张载集》,章锡琛点校,中华书局1978年版,第24页。

三、社会理想与生命理想的交汇

兼济与独善是宋明理学所追求的现实人格所在,也是从儒家内圣外王之道发展而来的。"天下有道则见,无道则隐"①,"邦有道则仕,邦无道则可卷而怀之"②。穷独达兼是儒家在不同环境下具有的双重人格,即进可仕,退可隐。这种"仕"与"隐","穷独"与"达兼"的互相补充构成了宋明理学理想人格的一个重要特点。理学家一方面努力追寻心忧天下、关怀社会之志,实现其博施济众的经世情怀;另一方面又崇尚个人心灵安乐、闲适自在的人生,要在博施济众的经世致用中获得内心的安乐闲适。因而,他们所追寻的圣贤气象便是这种统一社会理想与生命理想的忧乐圆融之境,是融通社会理想与个体安顿、道义情怀与闲适自在的大气象,显示了一种群体价值意识与个体价值意识的关照。当然,在建构这种统一社会理想与生命理想的圣贤气象时,理学家也是力求防止偏于一面。如果过于强调经世致用,就会因浸染政治功利之习而终是粗率,有失圣贤气象;如果太注重个体安顿,未免有与庄周相识、与佛道无别之向。

1. 心忧天下的关怀意识

儒家历来具有忧患意识。在孔子看来,君子"忧道不忧贫",孟子更是有"思天下之民,匹夫匹妇,有不与被尧舜之泽者,若己之推而内之沟中"③的儒者担当。儒家的忧患意识经过孔子、孟子的系统阐述之后,就演变成了面对忧患要进行"救济"的旨归,这种救济是入世情怀,忧患意识最终是要通过"达则兼济天下"的救济意识来实现。

及至宋明,理学家们重点思考宇宙本体及以个人心性修养为人生目标,但

---

① 《论语·泰伯》。
② 《论语·卫灵公》。
③ 《孟子·万章下》。

是儒家的经世致用传统并未被摒弃。圣贤不只是将个人心性道德的完善作为其崇尚的理想,也要将这一"内圣之道"转化为"经世济民"的外王之道。朱熹曾经说过:"学之之博,未若知之之要;知之之要,未若行之之实。"①因而,宋明理学家普遍以先儒尧、舜、禹、文、武、周公、孔子那种兼济天下的道义关怀为理想人格,以天下安泰、人民富足为自己的人生理想,积极参与各种博施济众的活动,这是宋明理学"圣贤气象"的一个重要价值关怀,彰显了一种社会群体价值意识的高扬。从这点来说,理学家确实有和东汉士大夫相近的价值取向,而不同于魏晋名士。尽管他们也追寻个人身心的闲适自得,但这种境界的实现还是要建立在尧舜事业、经世致用的基础之上。

朱熹曾经赞叹"先天下之忧而忧,后天下之乐而乐""居庙堂之高,则忧其民;处江湖之远,则忧其君"的范仲淹之气象为"范公平日胸襟豁达,毅然以天下国家为己任"②。其忧国忧民、不为权势、直言进谏、关心社会的救世精神开启了一代新风,对后世产生了深远的影响。此外,程颐在18岁时给仁宗皇帝的上书中写到:"臣请议天下之事,不识陛下以今天下为安乎？危乎？治乎？乱乎？……今天下民力匮竭,衣食不足,春耕而播,延息以待,一岁失望,便须流亡。以此而言,本未得为固也。"③其所表达的就是一位胸怀经世济民之志、忧国忧民的儒者的使命和责任感,"不是吾儒本经济,等闲争肯出山来"④的社会道义和承担的圣贤气象。

可以说,宋明理学家大多数都具有重现实关怀、以天下为己任、积极济世的淑世精神,具有强烈的担当意识和责任感。他们研习儒家经典,并不只是要对其进行文字的训诂,而是要透过古之圣贤的文字探寻其蕴含的博大的恢宏气象及大中至正之道,也就是一系列对现实政治制度有借鉴作用的治国安邦

① 黎靖德编:《朱子语类》,王星贤点校,中华书局1986年版,第222页。
② 黎靖德编:《朱子语类》,王星贤点校,中华书局1986年版,第3087页。
③ 程颢、程颐:《二程集》,王孝鱼点校,中华书局1981年版,第511页。
④ 程颢、程颐:《二程集》,王孝鱼点校,中华书局1981年版,第144页。

之道。在这种精神的引领下，他们发起了一系列诸如在经济、政治、文化等领域的变革和讨论。可见，儒家的核心价值就是兼济天下，宋明理学对这种圣贤气象的推崇，深刻地表达出了理学家们心忧天下、关怀社会、积极入世的价值取向和人生理想。圣贤气象不是空中楼阁，最终要在经世致用的现实生活中得以成就和实现。

2. 闲适安乐的从容心态

宋明理学家在建构融摄关怀社会和个体安顿的圣贤气象时，如果仅仅只是讲经世致用之业，则会导致有政治功利之习而非真正圣贤气象。因而，理学家所推崇的圣贤气象便是这种建立在忧患意识与闲适安乐、尧舜事业与德性功夫相统一的基础之上的，由此，这种圣贤气象便具有了如同魏晋名士风度中的个性化主体意识的意蕴。虽然儒学支撑了他们济世的追求和抱负，无数儒者们为此奔走呼号一生乃至献出生命，但是儒学的济世却有明确的原则，即"天下有道，以道殉身；天下无道，以身殉道。未闻以道殉乎人者也"①。"古之人，得志，泽加于民；不得志，修身见于世。穷则独善其身，达则兼济天下。"②有时候来自专制政治的压力等因素，并不能使儒者们实现兼济天下的理想抱负，天下无道不得志时，唯有穷不失义、独善其身作为傲视王侯的资本，这也是他们实现用世宏愿理想抱负的基础。于是，理学家中"隐逸之风"盛行，如"朱子一生，出仕志在邦国，著述则意存千古，而其徜徉山水，俨如一隐士"③。而这种闲适安乐的隐逸生活之所以令人憧憬，则因为此种自尊自信是建立在"进不干时，退不违俗"，抱"道"以自乐的价值人生基础之上的。即使身在闹市，心却在山水之间，身不入深山，心似高山。理学家总是在山水中体味这种人生乐趣和生命意义，这种幽林茂树、林涧旷远、竹篱茅舍总是使人忘

① 《孟子·尽心上》。
② 《孟子·尽心上》。
③ 钱穆：《朱子新学案》（五），台湾联经出版事务公司1998年版，第418页。

记一切忧愁。山林丘壑不再是荒芜凄凉之地,而被赋予了更多的精神价值和审美意蕴。它是理学家退却仕宦之后心灵的皈依,也是他们旷达闲适心灵追求的去处。当自身徜徉其间思考宇宙人生时,岂不是一幅万物一体、情趣盎然之画?当然,此种隐逸却不同于衰世之隐,有闲适、安乐、逸情,更有豪情内蕴其中,在闲适悠远间总是有一丝忧愁悲切和英气扑面而来。这是因为理学家即使身在山水,心中总是存有忧国忧民、救时行道、泽加于民之志。同时,这种境界的实现还因为理学家普遍有一种安贫乐道的超然心态、寻孔颜乐处的价值追求,在他们的诗文言谈中,无不流露出悠然自得的乐趣及淡泊典雅的意境。

“胸中洒落,如光风霁月般”气象的周敦颐,在体悟了名利场中的种种痛苦与压抑之后,寄情山水,吟诗鸣琴,乐于其中:“倚梧或欹枕,风月盈中襟。或吟或冥默,或酒或鸣琴。数十黄卷轴,圣贤谈无音。”①这种悠然风雅的境界正是他圣贤气象的体现。其诗作自然平和,道蕴无穷,既有自然真情之流露,又予哲思于其中,或歌咏牧童之乐,或吟心灵超脱,则知先生之境界难量矣:“东风放牧出长坡,谁识阿童乐趣多?归路转鞭牛背上,笛声吹老太平歌。”②邵雍也是理学家中极具有隐逸人格特点的人,平生隐遁,乡间逍遥,在天地万物中神游八极,傲然安乐,很少言及人世间的是非得失,颇有术士风神,具有一种超然飘逸的圣贤气象。“出则乘车,一人挽之,任意所适”,他将自己的学问归之为为“乐”而起,将“身与心俱安”视为人生的终极目标,将这种身心的安泰建立在养心的基础上,并将自己的寓所命名为“安乐窝”。他在自己的“安乐窝”中吟咏道:“安乐窝中事事无,惟存一卷伏羲书。灯前烛下三千日,水畔花间二十年。有主山河难占籍,无争风月任收权。闲吟闲咏人休问,此个功夫世不传。”③“心安身自安,身安室自宽。心与身俱安,何事能相干。谁谓一身

---

① 《周敦颐集》,陈克明点校,中华书局1990年版,第62页。
② 《周敦颐集》,陈克明点校,中华书局1990年版,第67页。
③ 《邵雍集》,郭彧整理,中华书局2010年版,第339页。

小，其安若泰山。谁谓一室小，宽如天地间。"①身虽渺小，心却旷达。只要心安乐，身境自安，处处皆是安乐窝。

还有一些理学家即使在悠然自得的退隐避世中，依然心忧天下，关怀社会，承担起作为一个儒者应有的社会角色和使命，不断在磨难中锻炼自己的人格意志，以备将来博施济众。如陈献章在从游隐士吴与弼时就受其教导与鞭策："居乡躬耕食力，弟子从游者甚众。先生谓娄谅确实，杨杰淳雅，周文勇迈。雨中被蓑笠，负耒耜，与诸生并耕，谈乾坤及坎、离、艮、震、兑、巽於所耕之耒耜可见。归则解犁饭粝，蔬豆共食。陈白沙自广来学，晨光才辨，先生手自簸谷。白沙未起，先生大声曰：'秀才若为懒惰，即他日何从到伊川门下？又何从到孟子门下？'"②

不容否认，这些在山林乡村中躬耕自食、过着闲适安乐生活的理学家，用一种吟咏讲学、治经思索的方式表达了他们文化传承创造与关怀社会的儒者担当。在这种传道授业、学子环绕时，其内心的欣慰与安乐无以言表。尤其是在山水之间静坐思索，体味千年历史兴衰，在这天光云影的气象、惠风和畅的格调中与天优游，此等气象和境界就好似"却怀刘项当年事，不及山中一着棋"。不难看出，理学家在这种独善其身、穷不失义的隐逸生活中，其境界和艺术创作有了升华提升。同时，也体现了一种气象和风貌，那就是在这种社会忧患、经世事业中的闲适安乐、淡泊超然的圣贤气象，一种对世俗荣辱、是非得失、生命生死超脱的心灵自由之气象。而他们之所以能够在这种社会忧患的经世事业中身心安乐、悠然自得，乃因为其内在身心与外在天理相互贯通，并能够用内在本性去贞定一切欲望，这种社会忧患也是出于他们的内在身心。因而作为与天地万物为一体的仁者，必然对现实生活充满了忧思关怀之情和责任承担，并从中能够体会到悠然安乐、淡泊超然、无滞无累

---

① 《邵雍集》，郭彧整理，中华书局2010年版，第365页。
② 黄宗羲：《明儒学案》卷1，沈芝盈点校，中华书局1986年版，第15页。

的意趣。

综上所述,"圣贤气象"是宋明理学家追求的一种完美理想人格,具有一种深沉的宇宙关怀、人文关切和吞吐百家的气度。在宋明理学家看来,人自立的基础便是宏阔的气象和博大的境界,就是能够在与天地万物为一体的宇宙生命大化流行之中去成就理想的人生和体悟生命旨趣,在由儒家理想人格、老庄审美境界、佛家玄妙思辨所构建的典雅世界中自由翱翔。毫无疑问,宋明理学家所揭示的"圣贤气象"之生态理想人格,对于革除当今社会日益功利化、人们言行日益轻浮化等时弊,具有十分重要的现实意义。有一等之胸襟,方有一等之气象;有一等之气象,方有一等之思想。新时代追寻圣贤气象,就要领略其心灵的大气象,体悟圣贤们的生态理想、生命理想、社会理想之深刻内蕴,竭力提升自己的生活气度和人生境界,涵养心性、反求诸己,不断加强自身的伦理承担和道德自觉,体悟悠然安乐之趣。也只有这样,才能真正拥有一个充实而有意义的美丽人生!

第五章　整体主义环境伦理
思想的实践旨趣

第一节　环境伦理实践及其实现

对环境问题的深层解读涉及人、自然、社会等各个领域,不仅是一个哲学问题,也是一个现实问题。当前,环境伦理学应注重由理论分析论证向道德实践转向研究,着实寻找一种新的实践观来取代当今的实践论取向,来梳理出生态变化背后人们的环境意识的缺失及传统实践观的弊端,形成一种新的伦理实践观。也就是说,当前生态危机的解决不仅是一个理论问题,更是一个实践问题。因此,对传统实践观的彻底变革是人类历史发展的必然。

现实中,为了实现人与自然的和谐,使自然以它本然的状态存在,现实中人类的实践行为不仅要加上道德这一限定词,还要以生态化的标准来衡量,这是对实践的双重理性要求。从一定意义上讲,传统的伦理道德是用以调整人与人、人与社会之间的关系,但环境伦理的产生将伦理范围从人的视野扩展到了自然,是对传统伦理道德的补充和升华。传统伦理道德只注意到了人对社会的依赖,而环境伦理则进一步考虑到了人对自然的依赖。在经历了发达的工业文明后,方兴未艾的生态文明是人类跨世纪文明的新范式,是还自然以本然面貌的理性呼唤,生态文明视域下的环境道德实践无疑是实现生态文明的一把钥匙,实现了科技与人文的融合,是未来实践走向的新方向。

一、环境伦理实践的基本内涵

任何实践都离不开自然,人类的一切行为都离不开自然这个大系统。环境伦理实践作为一种新的实践方式,是在对传统实践方式的人与自然对立及人类中心主义弊端进行扬弃的基础上形成的一种新的、科学的实践观,它更适应时代发展的脉搏,是人与自然以更为和谐的关系相处的实践观。环境伦理实践是后工业文明视域下道德实践方式的理想图景。

改变目前生态危机的现状,必须改变工业文明一味征服自然的实践方式,重建新的整体的生态世界观及其相联系的价值观,重新界定人与自然的关系,用生态化的思维范式、生态化的实践观来指导人的行为。环境伦理实践的道德底线是人类的实践行为对大自然的不伤害。这一概念本身不仅有精神规定性,而且具有实践规定性,实质上体现了道德的精神规定性即善的理念与实践规定性即和谐的理念相融合。这种道德精神的不断升华且更注重生态化的理念是生态化和谐社会的内在含义。将实践加以生态理性与道德的双重规约,并以生态化的标准来检验与衡量,是对传统实践的根本性转变。进而要求,未来的实践将每一位公民的一举一动都应纳入对生态系统的不伤害的道德底线原则当中,体现为以自然的整体性和有序性为行为宗旨,以生态环境的良性发展为目标的方式。

环境伦理实践强调实践所达到的目的要遵循生态系统的自组织演化规律,其中,不仅包括向大自然索取物质生产资料来满足人类自身的生存,而且包括对美好生活环境的需要。因此,当代环境伦理思想用生态化的标准来要求道德实践,将人类的行为用生态化的标准来要求。可以说,实践的生态化就是将生态学原则和原理渗透到人类的全部活动范围内,用人和自然协调发展的原则、原理去思考和认识经济、社会、文化等问题,根据社会和自然的具体情况,最优地处理人与自然的关系。人类的全部活动包括人与人、人与社会、人与自然这样三对范畴,其中人与人之间实现生态化就是用生态人的理念来要求每个人的行为,使人人都以生态人的标准来实现人的生产、生活的生态化。

因此,环境伦理实践的含义可概括为:人类在生态系统中的活动以考虑生态系统完整与稳定为在先规约,将实践的道德理念约束扩大到人以外的自然界,并将人与生态系统的和谐有序视为最高目标且对不在场的后代留有生存空间的良性互动的优化实践。

这里,有必要将新旧两种实践观作个比较,以便清晰地展现环境伦理实践具有的新内涵。在人与自然的关系上,传统实践观把人与自然截然对立起来,人类通过征服自然来发展自己,而生态实践观则主张人与自然融为一体,人类依存于自然,二者和谐共生。在环境价值观上,传统实践观认为,人是最高价值,自然无价值可言,至多表现为服务于人的目的的工具价值,而生态实践观则认为不仅人具有价值,自然也具有内在价值,而且唯有包含人与自然在内的生态系统的整体价值才是最高价值。在思维方式上,传统实践观坚持主客二元对立,人与自然各自独立,按照机械原理运行,而生态实践观则倡导人与自然的辩证依存,相互制约,世界是一个人与自然内在关联的统一整体。

二、环境伦理实践的基本特征

环境伦理实践是未来实践方式的新取向,是人类进入生态文明时代并与之合拍的新实践,它以整体论、系统论为指导思想,把人与自然视为不可分割的整体,是一个活的有机体。

在工业文明时代,人类以强大的力量改变了本然的自然环境,使人类生存的环境变得面目全非。其实践观的特点表现在以下几个方面:

第一,将人视为最高的利益主体。人在追求物的过程中以满足身体的需求为最高目标,将它视为心中的向往与追求,认为物可以满足一切。自工业文明以来,对物极强的占有欲及唯经济主义的"现代信仰"已成为人内心的一种主流意识,无限贪婪地掠夺自然资源以追求安乐的物质生活。

第二,工业文明改造自然的实践体现的是一种单向的实践形态。单向的实践形态是指在人与自然进行的实践过程中利用自然资源来实现人的目的,其实践过程中的利用是从原料到产品到废弃物,其流程的结果是自然资源在使用过程中的一次性浪费。自然资源没有得到有效的利用,这种资源的一次性使用势必会造成大量的资源浪费,人类对自然资源的大肆掠夺及向其排放的废弃物造成了自然已无法自行消解。残酷的现实已经表明,过去将资源看作是"取之不尽,用之不竭"的思维意识已严重凸显出它的弊端。

第三,人与自然相分离,将自然对象化、工具化。它是典型的工业文明主导的极端人类中心主义与人本主义的价值取向。只承认自然的工具价值却割裂了人与自然之间应有的内在联系。人类在自然的母腹中生长,却无视自然,将人与自然的关系对立起来,导致今天的生态恶果与生存困境。工业文明改造自然的实践导致对自然的破坏及人在实践中的异己力量使人性发生了扭曲,进而导致了人类自身的精神危机。于是,各种社会危机与不稳定因素就像打开了"潘多拉魔盒"一样接踵而至。

与此不同,环境伦理实践将人与自然原来的主奴关系变成了双主体关系,将实践的行为给予新的道德约束,人类的行为要体现亲和性,要善待自然。其特征主要表现在以下三个方面:

1. 环境伦理实践是合目的性与合规律性的实践

传统的实践方式是一种只顾眼前利益的实践模式,将人视为实践的主体,不可避免地将人类与自然的关系推向了不可调和的极端;将自然视为人类的仆人。环境伦理实践则从根本上克服了传统实践模式的弊端,体现了人与自然的完美合一,是一种遵循合目的性与合规律性相统一的实践。生态系统是有其自在运行的规律,人类只能顺应自然的一般规律而不能逆规律行事,人类在实现自身目的的同时,不能破坏大自然的整体性。只有在实践过程中,实现目的与遵循生态系统运行的规律中寻求一个契合点而不能逆天道而行。正如中国古代先哲老子所说的，"人法地，地法天，天法道，道法自然"。践行一种新的实践模式就必须从西方主流哲学错误思想的禁锢中摆脱出来，倡导用深层生态思想的思维向度，重新解读人与自然的关系，在和谐中共生，在共生中共赢。自然需要人的呵护，但只有当人们尊重自然、感恩自然时，才能体会到自然的恩赐，扮演"上帝"角色的最高存在者是多么神圣！在尊重与感恩中合自然的规律、在不违背规律的原则下再考虑人类要达到的实践目的，是环境伦理实践所体现的最重要特征。

2. 环境伦理实践是重整体性与系统性的实践

环境伦理实践将整体性作为实践的标准。整体性作为生态科学的基本特征，就是要以非线性的生态思维代替传统实践方式下的线性思维，把人与自然视为有机整体。人是自然中的一种生命个体，自然不以人的存在而存在，没有人类大自然还仍然存在，相反，所有的生命物种都要依赖自然而生存，人也不例外。而且，人作为"灵长类"动物，不仅要依赖自然，还要对自然赋有道德责任。环境伦理实践强调将人的环保素养视为人应然的最高之善，抑制与之对应的缺乏环保理念而导致的感性快乐与经济主义至上论，从而树立"生态人"的形象，这也是后现代文明影响下人类应倡导的主旨。自20世纪六七十年代开始，现代工业化发展虽然给人类带来了高度的物质文明，但现代工业文明最典型的症结就是对自然的无视，人们将个人主义、物质主义推崇到极点，而忽视了对后代人、对社会及整个世界的责任。这样的后果是人们都在疯狂地追求物质利益，推崇物质至上论，并将其视为人类追求的最高目标。由于物质主义、经济主义导致了人类功利主义的思想，人对自然根本无道德可言，自然资源无价值可言，人类在对待自然与自然物中迷失自己，也没有了任何顾忌。因此，现代文明所追求的"消极价值观"使得人类在征服自然中集体堕落并越走越远。所幸的是，人类作为生态系统中的"灵长类"动物，已意识到生态危机所导致的后果之严重性。环境伦理实践要求人类在生态文明理念指引下，将环保理念内化为应然的道德本性。也就是说,未来的文明应把每位公民的环保素养纳入考核的范围并成为衡量公民整体素质的一个必要条件,使环保理念真正深入人心,并贯彻落实到现实生活当中,就是当前生态道德建设的必然要求。

3. 环境伦理实践是生态修复与生态利用相统一的实践

传统实践观在实践中强调人的主体性,而将实践对象在人的主动性中变得越来越被动。事实上,当人类毫无顾忌地改造和征服自然时,自然也悄无声息地给予了一定的报复。当人类尊重规律,合理地对待自然且不违背自然规律时,自然会给人们呈现一幅美丽的图景为人所"享受",这时人类与自然就会形成一种良性的互动。未来的实践不仅应以不伤害原则来对待自然,而且还要人们对以前犯下的生态之错进行改正,进行生态修复,要将对自然的改造与维护结合起来。在这个过程中,要充分强调每位公民的生态意识并用自己的一举一动来证明,将公民的生态业绩作为衡量个人道德及修养的一个尺度。哈贝马斯曾说:"我们不把自然当作可以用技术来支配的对象,而是把它作为能够相互作用的一方。我们不把自然当作开采对象,而试图把它看作伙伴。"①因此,人与自然之间是朋友关系,人类就应该关爱自己的朋友,对处于病危中的自然(且是人类自己惹的祸)给以疗慰,这个过程就是生态修复与利用的合而为一,是系统化的整合实践。

三、环境伦理实践的本质要求

环境伦理实践是在适应社会发展规律的基础上提出的更符合人类持久生存在地球上的实践方式。这种实践将人类感性与理性相融合,改变了传统人类征服、战胜自然的实践模式,通过实践方式的生态转向从而实现人的能动性

---

① 哈贝马斯:《作为"意识形态"的技术与科学》,学林出版社 1999 年版,第 45 页。

与生态的制约性的互动与优化。因此,环境伦理实践的本质在于,强调人与自然的和谐,凸显生态的整体性,实现生态效益与社会效益的双赢。

1. 环境伦理实践体现了师法自然

环境伦理实践是实现人与自然和谐发展的实践方式。因为"无论从微观还是从宏观角度看,生态系统的美丽、完整和稳定都是判断人的行为是否正确的重要因素"①。它强调还自然之魅,人类的行为要符合生态系统的自组织演化,以不破坏自然的自在运行为实践底线,使实践更趋于生态化、系统化。环境伦理实践强调师法自然。随着社会的不断发展,人类对改变客观世界的欲望越来越强,人类发现一味地靠感性来改造世界使得人类自身不断走向死胡同,人类的生存环境遇到了前所未有的困难。新的实践方式取代传统实践的根本转折点是师法自然与自然和谐相处。师法自然是强调在实践过程中要尊重大自然,对自然的师法与效模是生态道德实践的基本法则。它的本质是要使实践从开始的对象性活动转变为实现科学的活动,要模拟生物圈的路径,使污染最小化,实现资源的充分利用,同时公民要从点滴做起,垃圾分类整理,达到变废为宝。环境伦理实践要超越人类中心主义的思维框架,将感性的、主宰的、扩张的实践思维方式从实践中剔除,重新唤起人类对自然神秘的体认与自然共生。

2. 环境伦理实践体现了选择可持续生存

环境伦理实践的最根本要求是在实践过程中强调生态发展的可持续性。可持续生存是人类在面临生态危机后所产生的一种新的思维理念,要求彻底改造人类过往的生存状态及其理念,跨入新的生活实践之中。可持续生存是对环境伦理实践的规范制约,它不是消极意义上的制约,是人类要在生态理念

---

① Holmes Rolston: *Environmental Ethics: Duties to and Value in the Natural.* World Temple University Press, 1988, p.307.

框架下实现人类利益的一种约束。生态系统的结构性平衡要求,环境伦理实践要实现科学生产、合自然规律生产,就必须遵循自然的规律及生态稳定的规律。环境伦理实践的实现方式以生态的整体性与可持续生存为实践指导,使实践中的人、社会、自然实现有机的统一。遵循生态的多样性与共生性,实现生态系统的动态平衡。生态系统是具有内在价值和系统价值的有机整体,是增加生命物种种类的神圣的有机体。维护生态系统完整的生命形式是人类义不容辞的责任。人类只有体认到大自然生物圈的存在,体认到自身生存于这个生物圈时才能对生命共同体的完整、稳定与美丽负有义务。

3. 环境伦理实践体现了生态效益与社会效益相统一

环境伦理实践是在强调社会效益的基础上更注重生态效益的新的实践方式。走环境伦理实践的可持续之路,必须坚持经济发展与生态优化相统一的原则。它是通过对实践过程的生态化理念实现生态系统的自在运行,对人类的实践行为加以生态约束,其中包括日常生活起居方面,社会发展层面包括宏观的国家治理与微观的企业生产等,要求做到保护资源、减少废弃物的产生与排放,并通过一系列生态控制与治理措施减少对生态环境的污染,强调生态效益与社会效益的统一,在整个实践过程中体现实践的社会向度与生态向度的统一,实现人与自然的协调发展。

四、环境伦理实践的实现途径

自从工业文明发展以来,人类的实践行为虽取得了诸多辉煌,但也造成了生态环境的整体恶化。缺乏节约意识的人类不断向大自然索取资源,同时,也把大自然作为"污水池"与"垃圾场",向自然界不断排放废弃物,人们以损害自然为代价来实现经济梦,造成了自然资源的严重透支。为此,为了改变人类长期以来反自然的实践方式,实现人与自然和谐关系和可持续发展的环境伦理实践,有必要从以下几个方面入手。

1. 在全社会树立生态意识

环境问题的解决需要靠每位公民的携手努力。因此,对公民进行生态文化教育是实现环境伦理实践的前提,也是生态问题得到解决的有效途径。而进行生态文化教育首先要从培养公民的生态意识入手。

存在决定意识,同时意识也反作用于存在。目前,全球性的生态危机使人类进行反思,需要确立一种生态意识。就其内涵而言,生态意识是指人类对包括自己在内的地球上的一切生物与环境之关系的科学认识成果为基础而形成的特定的价值取向。毫无疑问,生态意识是追求人与自然和谐发展的反思结果,是对环境问题的总的看法和观点。科学的生态意识主张用联系的、发展的眼光来处理人自身与环境的相互关系,强调以生态整体主义为指导,认为所有生物与人一样都有平等的生存权与种的延续权。

生态意识不仅倡导人与自然之间存在道德关系,更重要的是人要自觉担当对环境保护的道德责任。它是生态文明的内在要求,是人类完善自我的新要求,是人类道德境界提升的新标志。

第一,树立生态意识必须认识到生态环境的危机现状。只有认识到生态环境被破坏的事实才能产生保护生态环境的意识性判断,才能对传统实践方式造成的生态后果产生一种忧患意识,这种意识能够激发人类把保护环境的意识性判断转化为行为实践。认识到生态环境的现状及人类应采取的行为是对自然的知识性认知,并在此基础上作出的价值性判断。实际上,对生态意识的认识是人们对自然生态环境的一种价值上的认识,即关于人与自然以及人与人之间关系的价值取向。人类应从大自然的整体出发,认识到人类是大自然的一分子,要抛弃那种自然只是被动地满足人类的需要而任人们征服它,在价值性反思的过程中进一步树立生态价值观,这是实现环境伦理实践的前提。

第二,树立生态意识必须营造良好的社会氛围。保护生态环境要靠每位公民的生态道德实践,要有全民的共同参与和全社会的共同努力,保护生态环境也并非一朝一夕可改变,而是一种持久发展的过程。为此,社会必须加大力度进行宣传教育并作出相应的发展规划,要将经济发展与环境保护作为首要的、重点的目标,提高全体公民的生态意识,树立保护环境的责任意识,对人与自然关系的深层追问。只有责任意识在全社会实现,才会形成保护环境的社会氛围。只有从根本上消除以传统主客二分的机械世界观主导的失范的道德实践观,在环境保护的社会氛围中树立生态保护的责任意识,才能真正地唤起全社会的生态道德意识,才能将这种生态意识转化为新的实践方式。

第三,树立生态意识必须有相应的政策制度保障。树立生态意识必须完善相应的生态法律法规及生态教育法规,以社会意识推动公民的个人意识,让有制度保障的环境保护行为进入公民的日常生活;将全民族的力量调动起来,国家必须将环境信息公开,环境指标公开,使全民了解环境状况,使群众成为主动的环保使者。同时,国家应完善相应的生态教育法规,使公民形成正确的保护环境的价值观。通过国家的政策制度的推动约束人们的实践行为,既是社会生态意识内化为个人生态意识的制度保障,也是实现人类社会的健康、永续、和谐发展的必要保证。

2. 完善生态人格培养

环境伦理实践要从根本上转变人类对自然的实践方式,就必须要把落脚点放在对每个个体生态人格的确立上。人类经历了农业文明、工业文明继而进入生态文明时代,作为人的本质特征也经历了自然人到经济人再到生态人的转变,使人类不断从观念上进行改变,实现人、自然、社会三位一体的和谐发展。

第一,生态人格的科学内涵。所谓生态人,就是指在体现人的本质的基础上,具有生态意识并用生态化的思维指导人的行为,在人与自然、社会的交往活动中能尊重自然规律,展现生态化的人格,实现人的全面发展,并实现人与自然的可持续发展。

生态人的科学内涵主要包括以下两个方面。一方面,生态人应具备生态思维。思维是人联系自身与周围世界的主观能动性,经济的发展使得人类在过度寻求自己物质财富的增长而无视对自然的索取,大自然对人类无情的报复才使得人类反思自己的行为。生态思维是生态人应然的一种思维模式,其特征主要应体现事物在空间与时间上的联系性,要克服工业文明物质利益影响下绝对的、封闭的思维模式,对事物的追求要更多考虑事物本身存在的完整性与稳定性,更要考虑事物存在的多样性。另一方面,生态人应具备生态人格。"人格"一词具有多方面内涵,生态人格是生态人应具备的基本的人格素养,它是在原来伦理学框架下又体现出对自然存有道德责任并具有生态素养的一种重要品质。生态人格是抛弃工业文明时代形成的主体性人格的倾向,形成对自然界存有感恩之心、敬畏之心、谦卑之心的一种新的生态化的道德人格。

第二,生态人格的价值诉求。生态人是进入生态文明时代对人更高层次的要求,它反映了新的实践观对人的生态素养的规定性,生态人的培养对新的环境伦理实践有着促进作用,对形成良好的社会道德的生态化也有着推动作用。

首先,尊重自然界的完整稳定,形成人与自然的和谐发展观。自然界是一个有机联系的整体,科技的发展把人类带入了一个美妙的世界,但当人类对科学的利用不当时,它也会形成物极必反的状态。比如,人类利用科技将自然分解成若干个分支学科进行研究,人类改造自然的能力也随之大大增强,当人类研发出某项新的技术可使得某种矿产资源产生出另一种产品时,随之而来的便是加速了对资源的消耗。表面上看人类似乎掌握了自然,但事实上是在破坏自然的整体性。而完整稳定的生态思维主张,自然界是一个有机联系的整体,人类是这个整体的一部分,自然界孕育万物,它们之间有千丝万缕的联系,存在着物质能量的转换,其中每一种有机物或无机物的生存与灭亡都会影响到其他成分的变化。人类不能对人们有用的东西就大肆利用直到它从地球上消失殆尽,而不管自然界的整体协调性。无数事实已证明,这种不顾自然界规律的行为,最终都要受到自然的惩罚。

其次,对自然负有责任感,形成尊重自然、保护自然的生态价值观。人作为社会人,应负相应的社会责任;作为大自然的一分子,也应承担对自然的责任。造成今天严重的生态危机,人不免要对自然承担责任。为缓解生态危机,每个人都应立刻行动起来,让自然界中所有物种都自然地生长下去,这是每个人义不容辞的责任。每个人都应对后代的生存权负有道德责任,人类毫无节制地消耗着要经过数百万年才能得以形成的煤、石油等矿产资源时,实际上是在吃祖宗饭、掘子孙墓。作为在地球上生存的一个物种,人类应保持一颗"赞天地之化育"的感恩之心。同时,应主动地"参天地之化育",如果不能对自然尽自己的责任保护自然,就会给整个地球带来毁灭性的灾难。

最后,要有节约意识,形成尊重自然多样性的生态人生观。自然界有人类不可抗拒的规律,人类只有"顺天之势"而行,才能利用自然发展自身。生态人就是要求尊重自然规律的同时,要有节约意识,自然界的资源不是取之不尽、用之不竭的。不能为了眼前利益而牺牲后代人的生存权,矿产资源几尽枯竭、物种灭绝速度加快等说明了生态系统已受到人类的破坏。为此,人类应提高警惕,应保护生物群落的稳定。保护它们的多样性,实际上就是保护人类自身。

3. 转变社会生活消费观念

"消费"一词是生命有机体在维持其生命特征的存在时便产生了。消费有生产消费和生活消费之分。生产消费是指在物质资料的生产过程中对生产资料的消费;生活消费是为了满足生命个体自身生存发展的消费。环境伦理实践要求人们在消费行为上实行绿色消费即生态消费。生态消费是一种绿色消费模式,它是消费主体在产生消费行为时以不破坏环境为宗旨,同时来满足自身的合理需要,它是社会文明程度的一个标志。生态消费是一种科学的消费方式,它是引导人们有适度的消费观念,从人类的永续生存角度使人们明确奢侈消费的危害性,节制不合理消费欲望,把人与自然的和谐共生作为消费理念的追求目标,从满足生态需要出发,形成符合人的健康标准和环保标准的消费行为与消费方式。生态消费也是一种适度消费。它是人们在消费过程中有理性的参与,以考虑生态环境的承受力为前提。生态消费是与物质生产与生态修护及人们的生活品质相适应的适度消费。人类必须控制奢侈的物质欲念,实现一种可持续的消费理念。这种理念,既能满足当代人的物质利益,同时又给后代人以生存的权利,是一种更为合理的、人性化的、全面的消费理念。

第一,对传统生活方式的反思。对传统生活方式的反思是树立生态消费信念的前提。反思今天的环境危机同时也是对原来传统生存方式的反思。传统的生活方式是与社会生产方式、人的价值观紧密联系的。而正是传统的不可持续的生活方式导致了环境危机。

关于生存,从词源学的角度上看,就是维持其生命的存在,它有使生命"在"和"存"的双重概念。生存不仅有"活着"的意思,更重要的是它从哲学的角度来讲是一种充满生机、积极向上的生命成长状态。实际上,无论是西方的哲学家,还是中国古代的思想家,都主张灵魂的丰富才是真正的富有。而今,自工业革命以来,人们对物质的占有欲望却日益增强,消费被视为是拉动经济增长的手段。而消费一词在经济学上被解释为一种人的本能的欲望。人的欲望是无限的,因此,消费也是无限的。当今,消费时代是全世界突出的标志,人们把不断寻求新的消费目标视为是幸福本身,造成了消费主义日益猖獗。不计后果的消费必然导致对生态资源的疯狂掠夺,环境质量也因此不断恶化。于是,人类的消费模式、消费价值观如何才具有合理性,就需要人们对如何生活及生命的真正意义进行反思及追问。

第二,理性地选择生态消费。生态消费是通过改变不合理的生活实践方式,追求人与自然、现代人与后代人的平等,践行可持续的消费模式。生态消费要实现"5R"要求:节约资源以减少污染(Reduce),主张以最少的资源消耗达到人们需要的目的;绿色生活、环保选购(Reevaluate),要求每位消费者都以环保为消费遵循的原则,不符合环保要求的产品要坚决抵制;重复使用、多次利用(Reuse),要求尽可能地将资源重复使用,将资源充分利用;分类回收、循环再生(Recycle),要求将物质资源再次投入使用达到循环使用的目的;保护自然、万物共存(Rescue),要求人要保护生物的多样性,任何一个物种的灭绝都会影响到生物链的平衡,保护自然是我们的责任。生态消费通过明确消费的要求,要求每位个体有正确的消费价值观,反省工业文明时期的过度消费及奢侈消费,重新认识人与人、人与自然、人与社会的关系,在和谐中共生,在共生中共存。这也是可持续生存的宗旨。

生态消费追求和谐。人类生存的最高境界就是和谐美好的生活。生态消费是人通过自己生存模式的改变来调整生态的失衡,人与自然达到求同与和解,人类认识到人、自然、社会的三位一体,是共生共存的关系。而起主导作用的就是共有的理念与共享的生活方式,当代人与后代人,人与地球上的所有生命物种是一种共生共荣的关系。同时,生态消费也体现了人、自然、社会共存的关系。生态消费首先要求"共"的理念,人、自然、社会在一个共同的宇宙当中,只有共生、共存才可能有自己的生存空间,其中可持续性是共存的本质。因此,可持续生存只有通过生态化的实践行为才可实现,生态化的实践行为是人类走向可持续生存的必由之路。面对一个复杂的有机世界,实现生态化的实践不仅仅是要强调生态人的培养、生态化的生活及消费模式,还要求实现科技的生态化。

4. 实现科技生态化

由于工业文明时期征服性的发展思维造成了经济的单向度增长,人类在过度享受物质财富的同时也给大自然造成了生态隐患。实现科技生态化,是人类对自身发展困境的深入思考,也是人类走向与自然和谐的内在要求。科技绿色化的实质就是科技生态化。"绿色是生命的象征,是生态系统平衡有序的化身。实现科学技术绿色化的实质就在于,形成一种可保持人类可持续发展的科学技术体系,强调生态资源的合理开发、有效利用和保护增值,提倡文明适度的消费方式和生活方式,促使现代的生产技术逐渐地转变为节约自然资源、保护环境系统、提高经济效益、满足社会需求以及达到高效完美的技术体系。"①所谓科技生态化就是指科学技术的发展要有利于促进整个生态系统的良性循环,能优化生态系统结构,使科技成为优化环境的力量,能保证生态系统的可持续性,从而实现经济社会的可持续发展。

在20世纪,人类最有成就感的应当是科技与经济的联姻,促使物质财富大大增加,显示了科技与经济的正反馈关系。但科技在带来巨大的物质财富的同时,却也给生态环境造成了巨大的破坏。工业科技观的基本思路就是对自然的征服,这种片面的科技观导致了日益严重的生态危机。"任何合理性的技术都不能只是关注日常生活的实用理性,或只去关注部分、个体存在的分析理性,而必须从根本上扬弃现代技术,确立具有目标的多元性、价值的整体性和应用的非线性的生态化技术。"②因此,对工业科技观进行生态化的转向就成为解决生态问题的必然。科技生态化最终表现在生产方面,就是生产方式的生态化。

而绿色科技是解决生态危机、节约资源的重要保证,是生态化的生产方式的指导方式。现代科技注重经济的增长,而忽视自然的承受力。绿色科技则更注重和谐地处理人与自然的关系,它不仅有自然科学中各生态要素的相互关系的规约,而且还有社会科学中各生产要素相互关系的规约,更注重自然系统与社会系统的融合、平衡的发展,它要求树立整体的生态思维观念,体现生态文明视域下生态道德实践的内涵。因此,绿色科技就是遵循可持续发展的

---

① 薛勇民:《走向生态价值的深处——后现代环境伦理学的当代诠释》,山西科学技术出版社2006年版,第138页。
② 薛勇民:《走向生态价值的深处——后现代环境伦理学的当代诠释》,山西科学技术出版社2006年版,第137页。

要求,能改善人与自然的共存关系并能促进人类永续生存的科学技术。绿色科技涵盖的范围很广,不仅具有在生产过程中进行清洁生产,对生产设备进行污染控制,用生态监测仪进行全程监测等硬件要求,还有对具体的操作方式、思维方式及营运方式等软件要求。作为一个整体的系统技术,绿色科技不仅与生态环境密不可分,而且是绿色生产、绿色产品的技术保障。实际上,绿色科技站在更高的角度来考虑社会的发展,从生态出发,有效地将科技与生态结合起来,将经济发展与生态改善视为一体,走一条对环境无威胁的绿色道路,合理开发资源,提高资源的综合利用水平,并加强对环境的保护,从而真正提高人们的生活质量。

现实中,对于绿色科技的评价存在着多重维度。

首先,从环境价值观方面,人与自然是一个不可分割的整体,科技发展要考虑整个人类的可持续生存与发展。不仅考虑经济增长,还要考虑环境的优化。所谓环境价值观,是人类在对待环境的态度问题上,对人类生存的环境与人类的需要之间关系的一种评判体系。绿色科技应以正确的环境价值观来指导人类经济社会的发展。人类目前的生态危机,其实不单单是一个环境问题,出现的环境问题只是一个表象问题,对于形成这一表象的原因是多方面的,有如人类对自然的认识态度、人类发展经济的指导思想以及自然是否具有价值等等因素。由于西方功利主义的价值观影响了近代工业文明,使得人类对物质财富的渴望达到了极点,在功利主义观念的影响下,自然被剥夺了其自在生存的状态。因此,绿色科技必须要改变原来的环境价值观,还自然之魅,确立人与自然的双主体的价值观,自然不是功利主义价值观所讲的只有工具价值,应树立人与自然共同体的和谐价值观才是绿色科技应遵循的标准之一。

其次,从操作层面,绿色科技要求对自然环境无伤害,体现科技人文化。一切科技发展最终都应将人类的发展与环境的优化结合起来。绿色科技是科技发展的必然趋势。应当充分认识到,以获取最大经济利益为标准的现代科技观,造成了科技与环境相分离与对立的局面,最终导致了严重的生态危机。

现代科技观往往是以损害环境来实现经济增长,它是少数人在用人类共有的资源来聚集财富,是利益观念至上,用机械论的思维并应用科技来获得经济增长,这种线性发展模式是非循环的发展模式,既浪费了大量的资源又破坏了环境。绿色科技的指导思想是以不破坏环境为底线的科技发展的生态化体现。只有将科技与人文结合起来,才能实现真正的绿色科技。要知道,科技能创造出使人们操纵的机器,却创造不出属于体现人类本性的善。因此,将科技人文化,使科技发展加上人类理性的规约,使科技的发展更能体现人文价值,使科技真正成为人文科技。

最后,从科技的物化功能来看,绿色科技引领下的社会产品应是有利于环保的绿色产品。绿色产品也是检验绿色科技的标准之一。绿色产品是指生产过程及其本身节能、节水、低污染、低毒、可再生、可回收的一类产品,它也是绿色科技应用的最终体现。为了保证绿色产品消费成为 21 世纪人类消费的主导,应大力提倡绿色产品生产系统,对绿色产品实行全程的生态控制,绿色产品在其生产过程中应对人类生存的生态环境无伤害,选用清洁资源进行清洁生产,并符合环保要求,在消费产品时对环境污染能降低到最小程度,并能回收利用的产品。绿色产品在设计、生产过程、产品质量三方面要体现以环境保护为先,在生产过程中要少生废弃物,提高资源的综合利用率。绿色产品从设计到生产到成品全程都以生态标准来要求,运用绿色科技作为技术指导,在生产过程中强调生态改善、清洁生产,从而克服了传统科技只求经济效益而无视生态资源的优化与综合利用,实现生态综合效益最大化,实现经济社会生态环境作为一个整体和谐有序的发展。

5. 建立健全相应的政策、法律及制度

环境伦理实践的落实需要制度层面的改革,要对传统制度在关于生态环境方面的不足进行完善,使生态环境的保护制度化、法律化。它要求经济、政治、文化、教育等各项制度都要体现环保理念,制定出适合人、自然、社会协同

发展的政策及相关法律来引导公民主动参与,形成生态保护的文化氛围。完善环境伦理实践的政策、法律及制度要从两方面着手:

一方面,完善公民生态道德建设,对损害及破坏环境的公众进行惩罚,并在学校、企事业单位先执行。学校作为培养人才的摇篮,应成为培养具有生态意识人、生态人的重点领域。对此,有必要调整目前学校的学科设置及教育体制,必须打破过分强调学科却脱离时代发展脉搏之僵化的教育,应将绿色教育从幼儿园抓起,将绿色教育融入各门学科教育当中,并以制度、规范来约束。完善环境伦理实践要从社会意识生态道德观念着手,改变传统伦理观念;从自我做起,对环保有贡献的公民一定要进行实质性的奖励,并将其生态道德实践行为纳入到以后人生事业考核当中,使公民的环保行为由开始的被动变为主动。

另一方面,建立健全工业、农业、科技等各项环境伦理实践法则。在工业方面,要对企业的生产过程进行全程监控,对废弃物进行二次循环处理,对于破坏生态环境的企业坚决予以严厉的处罚并记入档案作为影响其事业发展的考核指标,同时采取生态补偿机制,对破坏了的生态要给予一定数目的补偿。在人类整体生态素养未达一定水平之前,实行生态补偿机制仍然可以作为一种有效的机制来运行。其中,具体的补偿办法及补偿额度也应在相关的政策及制度中予以明确。在农业方面,要健全生态农业方面的制度及法律,农民要减少对杀虫剂的使用,使用抗病虫能力强的新型遗传工程技术种子,在减少杀虫剂使用的同时,新品种的种子还有减少对水和肥料需求的优点。同时,鼓励科学家研究出能使植物生产出对环境有利的化学物质。国家也应在公益绿色事业方面加大力度,将绿化造林作为一项长期的持续的工作任务去落实。对由于公益绿色业而损害农民利益的要给予生态补偿。在科技方面,国家要严格制定科技政策及制度规范,合理把握科技发展的规模与速度,并对科技发展作一个长远的规划与追求目标,使科技不能脱离人文。同时,要规定科技发展的重点,使科技与人文、环境结合起来,在科技取得经济效益的同时,对环境也有一定的优化作用,实现科技、经济与生态环境一体式的发展。

第二节　环境伦理实践的历史
嬗变与当代特征

在迄今为止的人类历史上,人与自然的关系错位从来没有像今天显现的如此重要——全球性的生态环境危急,且这一进程还在进一步加剧之中。这使得整个人类处于"存在的极限"困境之中,正如"生态文明"①理论首倡者罗伊·莫里森所言:"我们当今的时代有史以来第一次使文明的普遍性毁灭成为现实可能,同样,我们的社会也有史以来第一次使生活于其中的人们缺乏感知和应对变化的必要敏感性,而这已成为精神视域中的普遍现象。"②究其根源则在于错误地支配人类行为的价值观和思维方式指导下不合理的伦理实践。因此,要走出人类的"生存极限",则必须从人类文明演进史中去进行深层的反思和追问。

一、环境伦理实践的历史嬗变

一定意义上说,任何文明的形成与发展,都离不开它所依赖的自然环境。人对自然的态度随着人对自然关系认识的不断深入而转变,大约经历了从人是"自然之子",到人主宰自然,再到人与自然和谐相处,遵循着农业文明图腾式的"依附自然",工业文明工具式的"控制自然"和生态文明生态式的"尊重自然"这样一个演进过程。

1. 农业文明时期"依附自然"的环境伦理实践

在人类发展的蒙昧(初始)阶段,由于人类认识能力与发展水平的局限,

---

① 目前,学界对这一概念有两种截然不同的译文,分别是:"Ecological Civilization"和"conservation culture",不同的翻译反映了人们对生态文明的不同理解。本书采用前一种翻译方法。
② 罗伊·莫里森:《走向生态社会》,中国社会科学报(域外)2010年4月15日。

自然界是"作为一种完全异己的、有无限威力的和不可制服的力量与人们对立的,人们同自然界的关系完全像动物同自然界的关系一样,人们就像牲畜一样慑服于自然界"①。面对神秘、不可知的自然界,人类对其秉持一种谨慎的态度,以朴素的畏惧、崇敬之心,在遵从自然规律下有节制地利用自然,不违背大自然的规律。在这些思想的影响下,形成了丰富的关于保护自然资源和生态环境的法令,我国古代圣贤孔子主张"钓而不纲,弋不射宿"(《论语·述而》),荀子提出"草木荣华滋硕之时,则斧斤不入山林,不夭其生,不绝其长也"及"养山林数泽草木鱼鳖白素,以时禁发"(《荀子·王制》),劝告人们"师法自然",顺应自然规律保护生态环境和生物资源,禁止滥砍乱伐、滥捕乱杀活动。

也就是说,农业文明时期倡导的环境伦理实践,主张顺天时、遵农时,按照自然的季节、气候变化来安排农事生产活动。这种伦理实践,主要体现了一种建立在人对自然的崇敬、感激、同情、关爱等情感基础上的非理性的伦理学,是一种确保人与自然之间和谐相处亲密相依的伦理学。农业文明"依附自然"的环境伦理实践是立足于自然、社会的整体性视角来考察人与自然、人与社会、人与人自身的关系,其对世界的认识是一种朴素的整体主义,人与自然、人与社会的和谐状态是以人对自然的依附性为前提的。由于受人类实践能力和人对自然的认知能力的局限,人类对自然的态度往往是心存畏惧来理解自然的,而不是出于自然界的权利,也不是出于人对自然权利所有者的义务。"依附自然"的环境伦理实践实质上是人类一种自发性伦理实践方式的表现。

这里所说的"自发",是指人对自然及其人与自然关系尚未掌握的情况而言的。当然,在这种自发的伦理实践阶段,人已经有合理地处理人与自然关系的需要、要求和目的。同时,由于这一时期的人不能先知先觉地拥有自然的客观知识,在处理人与自然关系的过程中带有很多的盲目性、朴素性。甚至可以

---

① 《马克思恩格斯文集》第1卷,人民出版社2009年版,第534页。

说,人对自然的有目的的主动性,只是对人的需要来说的主动性,并不是对自然客观规律掌握和运用的主动性。可见,"依附自然"的环境伦理实践是一种处于"必然王国"之中的自发伦理实践。

游牧文明和农业文明是人类文明早期的文明形态,也是人类文明"本真自然"的文明形态,其依附于自然的伦理认知和实践方法,造就了人类文明的远古基础。但是,"依附自然"的环境伦理实践带有极大的局限性。集中表现为在游牧、农业文明时期"依附自然"的环境伦理实践中,人未能科学地掌握自然的规律,所以在认知和处理人与自然的关系过程中,就表现出不定向性与偶然性。即使人的环境伦理实践行为顺应了自然的客观规律,取得了成功,但对于这种成功的伦理实践行为,人也往往只能是,知其然而不知其所以然。可以说,"依附自然"的环境伦理实践基本上还是人对自然认知的"盲目的必然性"。

因此,农业文明是"本真自然"的文明形态,其依附于自然的伦理认知和实践方法,形成了人类文明千年不息的重要原因之一。当然,建立在农业文明基础上的"依附自然"伦理实践观也存在一些严重的缺陷,如过分强调人与自然关系中和谐的一面,忽视人与自然关系冲突的一面;过分强调价值理性而忽视工具理性;过分强调人的内修内证的精神体验,忽视在物质实践中对生态环境的现实关怀和具体保护。

2. 工业文明时期"控制自然"的环境伦理实践

如上所述,游牧文明和农业文明时期展现的"依附自然"的环境伦理实践,在人和自然之间存在着某种自发的协调关系,自然对人具有着某种神秘的禁忌力量,人类是自然的"忠实仆人"和"和睦朋友"。工业文明彻底打破了自然的和谐与宁静,彻底改变了人类和自然的存在方式,导致了自然秩序和人类生存秩序的紊乱,地球的能量失去了平衡。由工业文明及其价值观念所形成的"现代性"思维范式不再是以心怀敬畏依附自然,而是凭借理性去征服控制自然。

　　当代不少学者指出,文艺复兴和启蒙运动是现代"控制自然"观念的重要来源。文艺复兴运动在反宗教神学的基础上重新发现了人,实现了现代人性的解放,人的主体性的张扬,人成为地球上唯一具有理性和知识的存在物。因而,同时也导致人对自然的认知发生转变,"不承认自然界,不承认被物理科学所研究的世界是一个有机体,并且断言它既没有理智也没有生命,因而就没有能力理性操纵自身运动,更不能自我运动。它所展现的以及物理学家所解释的运动是外界施予的,他们的秩序所遵循的'自然律'也是外界强加的。自然界不再是一个有机体,而是一架机器,一个在它之外的理智设计好放在一起,并被驱动着朝一个目标取得物体的各部分的排列"①。

　　随着人类对自然神秘性认知的不断剥离,对自然客体本质规律不断掌握,人类的实践隐含着"对自然兴趣转向",即从"关注自然的神奇转向关注发现控制自然的工具,以便获取自然隐藏的财富"②,从而导致了人与自然关系对立的观念,经济和社会发展成为支配社会的基本思想。可以看出,正是建立在机械世界观基础上的"控制自然"的观念被广泛地实践着遵循着,使人们丧失了对自然的敬畏之心,并借助科学技术将人与自然的关系简单化为一种控制与被控制的工具性关系,片面强调科学和技术的合理性,从而导致了人们对自然的滥用和当代生态环境危机。

　　同时,伴随着人类主体意识的觉醒和张扬,又进而导致人的异化——单向度的人。人的生存意义丧失了,仅仅满足于当下的物质消费和享受,人不再具有人之为人应具有的多样性,变得扁平、单一,仅仅具有理性,而不再具有对神、对大自然进化的敬畏,不具有关爱和呵护万物和自己生存家园的道德情感。这是"控制自然"观念对人的精神的深刻影响。

　　综上所述,"控制自然"的环境伦理实践之所以会造成当代生态环境问题,归根结底是由于人类的理性还未完全掌握关于自然,及人与自然内在联系

---

① 列宾·柯林武德:《自然的观念》,华夏出版社1999年版,第6页。
② 威廉·莱斯:《自然的控制》,重庆出版社1993年版,第32页。

的整体性知识,即相对于人对自然关系认知的深度和广度而言的。所以工业文明工具式自觉的"控制自然"的环境实践消极后果也是人类实践必须超越的。

3. 生态文明时期"尊重自然"的环境伦理实践

当代生态环境危急的全球性滥觞,在于由"控制自然"的思维方式合理性,导致资本主义制度下"控制人"的张扬,"控制自然的任务应当理解为把人的欲望的非理性和破坏性的方面置于控制之下。这种努力的成果将是自然的解放——人性的解放:人类在和平中自由享受它的丰富智慧的成果"①。即在人性的解放达致自然的解放,其中最有效的手段在于"伦理的道德的发展,用实践理性来重新解释人和自然的关系,给科学技术以伦理规约以及人性的自我解放"②。

尊重自然是一种谨慎的对待人与自然关系的态度。在现代的知识语境中,"自然"(Nature)被理解为"是表示事物的总和或聚集",但在古希腊时期,"自然"(Physis)一词最初的含义则是"本性"。亚里士多德认为,自然就是"自身具有运动源泉的事物的本质",某物的自然就是它最根本、最真实存在的原因,即它的本质。因此,自然事物被视为具有内在的、不可改变的神圣本性的智慧的有机体,这种神圣性是自然物固有的、先在的、不可破解的,而且自然物的运动变化也是由其内在的本性决定的。

从根本上来说,"支配自然"和"贬黜自然"的思想导源于存在着特权等级制度和支配制度的社会结构模式,在这样的社会结构中,一部分人总是享有支配另一部分人的权利,而正是这种带有压迫性的社会结构依次强化统治一切的思维方式和生活方式,包括对自然的统治。因此,自然的解放与人类的解放相伴始终,自然的解放实质就是人的解放,"只要把人类在共同体中以征服者

---

① 威廉·莱斯:《自然的控制》,重庆出版社1993年版,第168页。
② 威廉·莱斯:《自然的控制》,重庆出版社1993年版,第168页。

的面目出现的角色,变成这个共同体中的平等的一员和公民。他暗含着对每个成员的尊重,也包含着对这个共同体本身的尊敬"①。自然的真正解放有赖于人类的解放,有赖于民主的推进和社会制度的改革。

所谓在人与自然关系上实现人的解放,即实现人的自由和自由的"尊重自然"的环境伦理实践。也就是说,人类不仅掌握了自然生态系统本身的规律,而且能够处理自然生态系统内部的矛盾,遵循自然生态系统整体性系统规律。正是在这个意义上说,自由的环境伦理实践就是"尊重自然"的环境伦理实践。

生态文明要超越工业文明的环境伦理实践,要超越自发地和自觉地环境伦理实践,实现人与自然关系的和解,实现人的自由解放和自然的解放,"尊重自然"就是生态文明时代环境伦理实践的基础。

综上所述,随着人类认识的不断深化和实践形式的完善发展,人类对自然的认识先后经历了从自发到自觉再到自由的过程,人类的环境伦理实践形态经历了从"依附自然"到"控制自然"再到"尊重自然"的转变,这不仅体现了环境伦理自身的那种辩证发展的特点,同时也反映了人类对此的认识。它是人类认识和环境辩证发展的统一,是在不断地发展过程中,自然从自发过渡到自觉,最后再到自由,是后一种阶段不断更新前一种阶段,在前一种阶段的基础上不断前进,向更高一层发展。由此可以得出,环境伦理实践经历了一个不断发展演进的过程,即从自发的实践到自觉地实践直至自由的实践,这是人类在社会的生产实践活动中,不断探索,用新的科学知识去理解和分析自然的这种辩证发展过程,而这个过程恰恰也是人类辩证发展过程的体现,二者之间关系密切。

二、环境伦理实践的当代新特征

生态文明时代的环境伦理实践将伦理实践加以生态理性的规约,实现人

---

①　奥尔多·利奥波德:《沙乡年鉴》,吉林人民出版社 1997 年版,第 194 页。

对自然的认知从"必然王国"到"自由王国"的飞跃。环境伦理实践以生态式自由的"尊重自然"为根本特征,这种伦理实践是整体主义环境伦理实践的当代具体辩证。而整体主义环境伦理实践是以整体主义哲学方法论、传统文化的生态整体智慧,以及现代生态科学、复杂性科学等蕴含的整体主义思想为理论基础,将生态学原则和原理渗透人类的全部活动范围,用人与自然协调发展的原则、原理去思考和认识经济、社会、文化等问题,根据社会和自然的具体情况,最优地处理人和自然的关系。因此,"尊重自然"的环境伦理实践实质上就是一种以整体主义生态世界观和方法论为指导,以生态环境的整体性和永续发展的理念为制约,以人、社会与自然的协调发展为最终的价值取向,以自然的整体性和有序性为行为宗旨,以生态环境的良性发展为目标的实践方式,将人与生态系统的和谐有序视为最高目标,且对不在场的后代留有生存空间的良性互动的优化实践。

1. 伦理关怀拓展的合理性

当代环境伦理学在伦理思想观念史上的革命性突破在于,"道德应包括人与自然之间的关系"。在前生态文明时代,伦理学调整的伦理关系主要表现为人际伦理关系。而在生态文明时代,"尊重自然"的伦理思想实现伦理关系由单一的人际伦理走向人与人、人与自然的双重伦理关系,扩大了道德关怀的对象,使伦理观念发生了深刻的变革。从这个意义上说,美国著名环境思想史家纳什饶有兴趣地说:"人与自然关系应被视为一种由伦理原则调节或制约的关系——这种关系的产生是当代思想史中最不寻常的发展之一。"①

"尊重自然"的环境伦理基于人际伦理关于人与自然关系的合理拓展,把人与人之外的非人类存在物和未来后代人纳入伦理关怀的范围,并论证道德扩展的合理性。与众多的环境伦理学流派论证路径不同,"尊重自然"的环境

---

① 罗德里克·弗雷泽·纳什:《大自然的权利:环境伦理学史》,青岛出版社 1999 年版,第 3 页。

伦理思想借助当代生态科学理论成果,把自然生态系统作为活的有机体整体系统来理解,在这个自然生态系统中,其构成的基本要素土壤、河流、山川、岩石、空气,以及在其内部生长的动物、植物、微生物等都是组成生态整体系统的普通成员。正如利奥波德所说,大地伦理学的任务就是扩展了道德共同体的界限,使之包括土壤、水、植物和动物,或者把它们概括起来:大地。

在现代环境伦理思想家看来,在自然生态共同体中,生态系统的整体性意味着生态系统所有的生命体、生态系统构成的基本要求之间是相互联系、相互依靠的有机整体,也只有认识到生命物体之间是相互联系和相互依靠的,意识到人自身只是这个共同体中的一个成员,不是一个征服者,而且人和这个共同体中的其他成员一样是平等的,不具有比其他物种高贵的特质。所以,应该把人类和其他万物一样放于一个平等的地位去思考、去不断探索。

同时,"尊重自然"的环境伦理不仅要扩展道德共同体的边界,并且实现传统关于人与自然关系的观念变革,使人从自然的征服者转变到人是自然生态系统普通成员。现代环境伦理的代表流派大地伦理学就在合理证明"使人类的角色从大地共同体的征服者,变为其中的普通的成员和公民。他包含着对它的同道成员的尊重,也包括对共同体的尊敬"①。

综上可知,"尊重自然"的环境伦理实践的目的就是将人类从这个共同体中的角度进行转化,即从征服者转向和其他生物一样的平等的公民。在与生态环境相遇时,人类不但要从道德的角度来考虑自身的行为对周围环境的影响,而且还要将这种道德行为放于自然道德中去检验,通过自身的这种符合自然道德的行为来实现真正文明的生态化。对于人类道德中的不当行为,应该受到环境的制约和自然道德法则的批判。所以,人类应该努力完善自我,将这种文明生态的思想深入社会中的各个方面,以此实现人类经济的发展与生态环境发展的协调和平衡,这是生态文明时代的根本要求。

---

① 奥尔多·利奥波德:《沙乡年鉴》,吉林人民出版社1997年版,第194页。

2. 文化价值理念的生态性

从一定意义上讲,经济的发展和工业文明的出现破坏了整个自然环境的有序发展,同时对于人类社会也将会导致自杀式的后果。这种工业文明对自然造成的伤害将是不可估量的,对于人类来说是目前最重要的一个难题,亟待解决。而这个难题的解决不能只靠单个人或物的努力,要靠整个社会公民携手共同解决。但是,如何提高人类的觉悟来达到此目标呢? 这就需要对每个社会公民进行有关生态文明知识的教育,只有将生态文明知识传播给大家,才能使民众提高觉悟,自觉保护环境,认识到这种危急的根源,某种意义上源自人类的无知。也就是说,生态环境问题的根本之处在于人们思想中存在的一些错误的文化观念和价值观念,正是这种观念导致人类的无知行为,以及对自然的破坏。所以,应该从根本上转变人们的思想,使人们从错误的观念中走出来,真正从生态文明的角度出发,与自然协调发展。

"尊重自然"的环境伦理生态价值理念使人们从一个全新的角度更全面地了解了自然及其生态系统所存在的价值。不仅承认自然具有的服务于人的工具价值,同时也承认人类具有维护自然生态系统的"完善"和"美丽"的内在价值;不仅承认自然具有的科学意义的价值,同时也承认自然对于人类所具有的人文价值,使人们普遍树立起遵循自然生态规律的价值理念和文化生态,使生态意识、生态道德、生态文化成为具有社会公民广泛认同的价值生态理念。"尊重自然"的环境伦理实践就在于要把作为自然生态系统中唯一具备主观能动性的人类存在,使其超越人的本能需要,追寻生活的意义。

正是在这个意义上讲,"尊重自然"的环境伦理实践表明,以道德方式对待自然是人的最高之善,要反对和超越物质主义和经济主义的功利性认知自然。它强调善待自然,强调人对自然的责任意识,并将其作为主流价值观念,摒弃物质至上、经济至上的"消极价值观"。可以说,"尊重自然"的环境伦理实践就是要将环保价值理念内化为社会公民应然的道德本性。每一位公民都应具有一定的环保意识,这种环保意识的存在是衡量一个公民是否在道德上合格的标志。这就要求每一位公民应该与自然之间建立合理、友好的道德关系,从根本上培养自己自觉的环境行为和责任,这种要求不仅是自然环境的需要,也是人类自身对自己的要求,同时更是建设一个新型生态文明社会的必然条件。人类因此会变得更加尊重自然,真正从道德上提升自己。

综上所述,"尊重自然"的环境伦理实践的宗旨在于,牢固树立人与自然和谐共生的绿色价值观,督促人们不要把发展局限在物质生活和物质生产方面,而要转向另外两个维度扩展。一个维度是,精神生活的充实丰富和人性人格的解放与完善,以及为实现它所必须的社会变革——走向更公正、更民主、更自由和更和谐的社会,这才是人类发展的真谛。只有这样的发展才能给人类带来更多更大更长久的幸福。另一个维度则是,缓解直至消除生态环境危机,回复和重建生态平衡进而与自然万物相互依存地和谐共处,这是人类永续发展的根本保障。"尊重自然"的环境伦理实践将有助于促进社会思想文化和价值观念的变革,进而推动生产方式、生活方式和发展模式的变革,建立新的人与自然和谐相处的文化精神,实现一场文化生态价值革命。

3. 生态道德律令的普遍性

在生态文明时代,环境伦理和环境德行将渗透社会的各个方面,环境伦理意识、生态文明意识得到广泛认同,生态文明行为由自发、自觉转向自由。在思维方式上,生态有机整体意识和环境道德理念成为指导人们生态行为的生态理性。在生产方式上,人类自觉转变高生产、高消费、高污染的工业化方式,建立以生态技术为基础实现社会物质生产的生态化,使人类生产劳动具有净化环境、节约和综合利用自然资源的新机制,沿着与生物圈相协调的方向进化。在生活方式上,人类不再追求物质财富的过度享受,而是追求高质量、低消耗,既满足自身需要又不损害人类生存的自然环境,同时也不损害其他物种的繁衍生存,既能满足当代人生存和发展的需要,又能满足后代人的可持续发展需要的生活方式。

　　一种文明的发展需要一定的科学理念来引领,生态文明也不例外。它的不断发展要求一种新型的伦理体系来作为基础,而环境伦理学的出现在某种程度上恰好满足了这种文明的需要。环境伦理学是在人类社会科学技术不断进步的基础上形成的理论,它有利于人类社会从初级阶段过渡到高级阶段,是生态史上的一场革命。它的出现,使人类与自然紧密相连,使人主动去思考与自然的关系以及如何去处理这种关系。人类不再以自我为中心,而是不断改善自身的行为,关注周围的环境,尊重他们的生命,从道德的角度上善待自然,遵循其发展的规律。同时在这种理论的帮助下,人类社会将会更加和谐地融入整个生态系统的发展中,时刻以道德来警惕自身行为,与自然共发展。

　　然而,要达到人与自然和谐共同发展的局面,以往的旧的那种生态伦理实践观已经过时,这就要求人们先前的那种实践方式应该从根本上得到转变,具体的表现就是要塑造和提升每个人的生态人格。人类社会的不断发展,从远古至今,人类社会从最初的以农业为中心,转到工业化的先进状态,最后过渡到当前的生态文明时代,而作为社会中一员的人类,也经历了从道德人到生态人的转变,这种观念的转变使人类不断认识到自己与自身周围环境共同发展的重要性,认识到尊重自然的必要性。从而培养了人对自然关注的生态人格,它是经济发展和文明进步的体现,也是对人的品质的更高要求。这种新型的生态人的出现对于整体生态系统来说具有推动作用,而且不同程度地提高了社会经济发展的水平,保证了生态环境的和谐。

　　由此可见,人类不但对自然要具有一定的道德意识,与自然友好相处,而且还要主动自觉地限制自己的行为,为自身的一言一行负责,为整个生态系统的和谐发展负责。人类的这种适应了生态平衡的发展,是生态文明的内在要求,是人与自然关系亲近的必经之路,更是人类道德不断完善的体现。这就要求每一位公民从自身做起,从对待身边的一草一木做起,多接受一些关于环境保护的相关知识,参加一些积极的环保运动,主动投入社会主义的生态文明活动中,达到从被迫到主动意识的转变。只有人人都能做到这一点,时刻从道德上约束自身的行为,整个生态文明的建设才会有希望,子孙后代的不断繁衍才会有保证,人类才会避免许多不必要的自然灾疫。

总而言之,应用伦理研究要求面向现实世界,关注社会具体问题,直面社会实践中众多的道德冲突、伦理悖论,所寻求的是这些悖论与冲突的解答方案。对于我国社会主义生态文明来说,真正需要的不是夸夸其谈、泛泛而谈的各种理论性描述或规划,而是真正能够扎扎实实作出的实践性解答。因此,生态文明视域下"尊重自然"的环境伦理实践不仅是对传统环境伦理实践观的扬弃和超越,以新的环境伦理学为支撑,以生态哲学为意识形态,以人与自然合一为理念规约,改变以往伦理实践方式,实现人类关怀自然,与自然同呼吸共命运的和谐共存,是社会主义生态文明建设的必然需要,而且,为生态文明建设提供了一种新的理性认知,对我国社会主义和谐社会的建设提供了科学的方法论指导,将为社会的和谐发展注入新的生机与活力,也是我国环境伦理学研究走向成熟的标志。

第三节　深生态学的伦理实践智慧

"深生态学"由挪威著名哲学家、生态学家阿伦·奈斯于1972年9月在布加勒斯特召开的第三届"世界未来研究大会"上首次提出,后经美国环境哲学家比尔·德维尔、乔治·塞欣斯以及澳大利亚环境哲学家瓦维克·福克斯等人的不断发展,现已成为西方环境哲学和绿色生态运动的一个重要流派。从一定意义上讲,"如果不研究深生态学,对西方环境哲学和环境伦理学的认识就会有一个断层,而且在实践上,难以本质地把握西方环境保护运动的特征和趋势"①。因此,有必要基于深生态学对浅生态运动的追问,深入分析其蕴

---

① 雷毅:《深层生态学思想研究》,清华大学出版社2001年版,"序言"。

含的伦理实践智慧，及其对当代人类对待自然的行为模式所具有的变革意义。

一、深生态学对浅生态运动的深度追问

深生态学作为一种影响深广的社会思潮，其思想主旨在于对生态环境危机何以形成进行"深层"的追问和反思。其创始人阿伦·奈斯认为，只有"深层的""追问"这些词语最能清晰、准确地表达他的思想和态度。这里的"深层""追问"，就是要对当今社会能否满足诸如爱、安全和接近自然的这样一些人类的基本需要提出质疑，其核心是对传统人类中心主义与浅生态运动的怀疑、反思和批判。

概括地说，深生态学的"深度追问"主要表现在以下几个方面：

第一，在世界观上，深生态学旨在超越人与自然的绝对对立思维，以生态有机整体意识与思维方式来指导人类行为，把是否有利于维持与保护生态系统的完整、和谐、稳定、平衡和持续存在作为衡量一切事物的根本尺度，最终确立整体主义的生态世界观。深生态学认为，人类目前的生态环境危机追根溯源存在某种深层的哲学原因，只有当人们的哲学世界观发生了根本性改变之后，才能找到某种可以彻底医治当前生态环境危机的"良药"。而正是在人与自然关系上，传统人类中心主义与浅生态运动一直主张人类是自然的主宰者，征服自然是人类的本性。在深生态主义者看来，之所以造成这一错误的认识与行为，并不是因为它建立在一种不清晰明确的哲学和宗教基础上，而是因为它建立在缺乏深度且具有指导意义的哲学和宗教基础上。

第二，在自然价值论上，深生态学从地球全体居住者的视野思考生态环境问题，提出人类要实现"诗意地栖居"，就必须使人们不再仅仅从人的角度认识世界、不再仅仅关注和谋求人类自身的利益，而要以生态整体的利益自觉主动地限制超越生态系统承载能力的物质欲求、经济增长和生活消费，实现全球性的环境正义。在深生态学看来，虽然浅生态运动也反对对自然资源的无限制掠夺和对生态环境的恣意破坏，但其所追求的只是实现社会成员的物质生

活上的富足,实质上是一种传统人类中心主义的价值论。深生态学认为所有的自然物都具有内在价值,一切有生命的物种都拥有生存权利。

第三,在社会发展观上,深生态学揭示了生态环境危机的现实根源在于社会机制和文化价值危机,即由于不合理的社会价值追求、生活方式和文化机制造成的。也就是说,深生态学完全反对传统人类中心主义与生态运动的浅薄,因为浅生态运动者只是试图在不改变现代化工业文明所形成的伦理价值观、传统的生产与消费方式,以及固守传统社会政治结构和经济制度的前提下,依靠科技理性的进步所推动的新的技术应用来解决人类面临的生态环境危机。

上述的深层追问实际上体现了深生态学的一种"实践指向",是"对每一项经济与政治决策公开进行质询的自发性以及对这种质询之重要性的一种重视"①。

二、走向伦理实践的深生态学

纵观现代西方生态运动的发展,深生态学因其关注生命共同体、生态整体和人类未来的特点,引发并推动了旨在从根本上改变现行人类实践模式和价值取向的绿色生态运动。在推动生态运动向纵深发展过程中,深生态学实际上建构了一个类似于同心圆式的理论体系②,主要包含"最高准则""行动纲领"和"具体规则"三个层次。透视其体系,不难看出所彰显的伦理实践特征。

第一,"最高原则"奠基了深生态学伦理实践的人性论预设。

"自我实现"原则和"生态中心主义平等"原则,是深生态学的立论基础和理论内核,位于理论体系的中心。两条最高原则深刻揭示了:深生态学所理解的"自我"(Self)是与大自然融为一体的"生态自我"(Ecological Self),自我实现是指人的自我认知过程,意味着"自我与整个大自然密不可分",意味着所

---

① Arne Naess.Deep Ecological Movement:Some Philosophy Aspect.Inquiry,1986(08).

② 参见 George Session. *Deep Ecology for The 21st Century*.Shambhala Publications Inc.1995, pp.64–84。

有生命的实现,意味着"普遍的共生"和最大限度的生物多样性。从而表明深生态学在对"我将成为什么样的人"的追问之中,奠基了环境伦理实践的理性生态人性预设。

同时,从理论建构原则上,遵循了自内而外的"逻辑推演"和自外而内的"深层追问"的方法。自内而外,可以把理性生态人性预设从形而上的观念层次逻辑地推演到具体行动的经验层次;与此相应,通过对日常生活经验问题进行深层的"我将成为什么样的人"追问,又会自外而内地进入形而上的哲学层次。通过这种体系建构原则,则把深生态学人性论基础和具体的伦理实践规范紧密地联系起来,实现了有机的统一。深生态学倡导的以"深生态意识"和"生态自我"的整体主义价值观塑造的理性生态人,正是人类面对生态环境恶化挑战的重要"生存智慧",是人的潜能的充分展现,是人成为真正人的一种境界。

第二,"行动纲领"建构了深生态学伦理实践的基本原则。

为了进一步表达深生态学的环境伦理价值理念,1984 年 4 月,阿伦·奈斯和乔治·塞欣斯在加利福尼亚州的"死亡谷"作了一次野外宿营,他们对过去 15 年来深生态学理论的发展进行总结,提出了深生态运动应遵循的一份原则性纲领——"八条行动纲领"①。分别从自然内在价值、生态复杂性、生物多样性以及如何应对全球人口问题、地区发展不平衡等方面提出了深生态运动应遵循的伦理实践原则。

其中,纲领 1 和纲领 3 论证了自然内在价值的客观性,认为"非人类的价值独立于它们对人类的狭隘目的的有用性,并不取决它们对于满足人类期望的有用性",提出除非为了满足"根本需要""人类无权减少生命形态的丰富性和多样性"的最小伤害原则。

纲领 2 和纲领 4 清晰地表达了深生态学追求人与自然、自我与他者、人与

---

① Bill Devall, George Sessions. *Deep Ecology*: *Livingas if Nature Mattered*. Peregrine SmithBooks, 1985, pp.66-70.

其他存在者和谐相处,倡导一种在整个生物圈实现无等级差别,实现对人类公正,也对动物、植物、大地、河流、山川等公正的平等体制,提出一种环境正义原则。

纲领5、6、7和纲领8提出了深生态学的可持续性发展原则。认为现代工业社会设想和实施的经济增长,追求的"生活质量"的高消费,以及所谓现代性追求的"可持续"仍然只是"对于人类的可持续",很难真正实现包括经济、社会在内的整体性可持续发展,因而现行的经济、技术政策必须予以变革。深生态运动正是基于"人们进行环境思考和行动的平台,能够将来自完全不同的宗教和哲学传统的人们紧密地联系在一起"①,从而达到了团结更多的有识之士开展生态运动的目的。

第三,"具体规则"指出了深生态学伦理实践的行为要求。

遵循上述行动纲领,深生态学又提出了一系列具体行为规范。诸如:"1.使用简单工具,避免用不必要的工具达到某种目的;2.参与那些本身有价值和有内在价值的活动,避免只是辅助性的而无内在价值的活动;3.反对消费至上主义,并努力使个人财产最小化;4.尽量保持和增加对那些足以为所有人带来快乐的物品的感悟和欣赏;5.应该没有或仅仅有一点点这样的心态——喜欢新的东西仅仅因为它是新的,应该爱惜陈旧的东西;……17.在脆弱的大自然中生活应当小心谨慎,不伤害自然;18.尊重所有生物而不只是那些被认为是明显对人有用的生物;19.不要把生物当作工具,即使有把它们当作资源使用的时候,也应当意识到它们有内在价值和尊严;20.完全或部分的素食主义"②等等。这些规范十分形象具体,每个人都能身体力行地将之转化为日常生活方式和行为习惯。

当然,每一个具体行动规范背后都蕴含着深生态学丰富的思想内容和反

----

① Arne Naess. Ecology, *Community and Lifestyle*. Cambridge University Press, 1990, p.36.

② Arne Naess. *Ecology, Community and Lifestyle*. Cambridge University Press, 1990, pp. 133 – 135.

对传统人类中心主义的鲜明立场。正是为了把深生态学的环境价值理念和行动纲领转换成公众的深生态意识,得到深生态运动者的广泛认同,进而更有效地转化为生态实践,深生态学才通过通俗易懂的语言,用具有引导与鼓励性的口号形式表达其具体行为规则。

透析深生态学理论体系的内在逻辑,可以看到其所表现的两个基本倾向:作为哲学与意识形态的深生态学与作为生态运动的深生态学。前者注重理论的批判和内部建构,后者则主要把深生态理论转变为深生态实践,亦被称为深生态运动。[1] 而且,正是深生态学重视实践的特性才使其不仅仅是一种伦理价值观而与其他环境伦理学流派区别开来,更成为一种绿色生态运动,对全球生态保护运动的发展产生了积极而深远的影响。近年来,西方很多激进的绿色生态行动组织都是深生态运动的积极参与者与坚定支持者。其中"地球优先组织"以深生态学的基本主张为其行动的指导原则;"绿色和平组织"更以实际行动给予深生态学以理论声援:"我们是生态主义者,积极致力于保护我们脆弱的地球。我们与法国的核试验斗争并取得了胜利。我们在海上与俄国的捕鲸工业对抗,把他们从北美海域赶了出去。我们公布捕鱼者屠杀海豚的情况,我们揭露纽芬兰地区残杀幼海豹的惨景——以深生态学的名义"[2]。

三、深生态学的伦理实践智慧

在阿伦·奈斯看来,"今天我们需要的是一种极其扩展的生态思想。我称之为生态智慧。'Sophy'来自希腊语'Sophia',即'智慧',它与伦理、准则、规则及其实践相关。因此,生态智慧,即深生态学,包含了科学向智

---

[1]　参见 Arne Naess. *Ecology, Community and Lifestyle*. Cambridge University Press, 1990, pp. 133-135。

[2]　Bill Devall, George Sessions. *Deep Ecology: Livingas if Nature Mattered*. Peregrine SmithBooks, 1985, p.200.

慧的转换"①。他本人也常常自称是一名深生态运动的支持者,决心以毕生精力致力于对深生态运动作出实证的、哲学的表述。② 作为一种实践智慧,深生态学认为,生态环境保护是一项"系统工程",需要人类在资源保护、科技利用、生活方式、文化教育等方面发生深刻变革。

1."尊重自然"的资源保护观

在资源管理与保护问题上,长期以来人们坚持"科学的管理,明智的利用"模式。其核心观点认为,人们可以根据大多数人的利益或长远利益,对资源进行有计划地开发和合理地利用,对荒野与自然资源进行科学的管理。虽然这一模式反对无节制的经济主义,反对政府或企业毫无计划地滥伐森林与开采资源,强调自然资源保护的重要性,但深生态学认为,所谓"科学的管理"是以功利的理由来保护大自然,人类细心呵护自然以便自然能更好地关怀人类(自身)"③。

深生态学深刻地批评了这种资源保护观。首先,在对象的选择上,"科学的管理"往往只会把对人类有直接利益的自然资源、生物物种作为科学管理的对象,而常常忽视那些对自然生态系统的稳定与发育有重要作用而对人类社会经济发展作用不大的自然存在。其次,在选择的标准上,"科学的管理"完全按照人类的利益偏好去定义自然资源所谓"好"或"坏",而不是出于保护生态系统的完整与和谐。最后,在保护的目的上,"科学的管理"只是为了更好地开发利用自然资源为人类服务,自然存在的唯一功就是能够且必须服务于人类的目的。

---

① Stephen Bodian.*Simple in Means*,*Rich in Ends*:*A Conversation with Arne Naess*.The Ten Directions.Zen Center of Los Angeles,Summer/Fall,1982.

② 参见 A.德雷森:《关于阿伦·奈斯、深生态运动及个人哲学的思考》,《世界哲学》2008年第4期。

③ 纳什:《大自然的权利:环境伦理学史》,青岛出版社 1999 年版,第 180 页。

深生态学在批判传统资源保护观的基础上,从超越功利主义的资源利用目的和审美的角度出发,主张人类应以"尊重自然"的方式对森林、荒野等自然资源进行保护与开发,提出自然不能单纯服务于人的经济目的,"保护的意义远不只是帮助人们享受较好的生活"①,自然还兼具有现代生活的"避难所"和人们休养生息、体验自然之美的地方,人应该出于自然资源自身的原因进行保护,而不只是为了利用去保护,其所保护的不只是人在资源中的利益,而且还有资源本身的利益。

在资源保护观上,深生态学尤其推崇中国古代道家"无为而治"的哲学思想。认为,"道家思想蕴含着深层的生态意识,为'尊重自然'的生活方式提供了实践基础"②。所谓"无为"决不是人类在自然面前应当无所作为,而是应当尊重自然规律,顺应自然本性,不做违反自然的事。其实,现代环境伦理学之父奥尔多·利奥波德在"大地伦理学"中也曾表达了"尊重自然"的资源管理思想:"大地伦理使人类的角色从大地共同体的征服者,变为其中的普通的成员和公民。他暗含着对每个成员的尊敬,也包括对共同体本身的尊敬"③。

2."敬畏自然"的科学技术观

与上述资源保护观相适应,在科学技术利用上,深生态主义者把浅生态运动做法称为"改良主义"的技术路线。浅生态主义者认为,目前的生态环境危机的出现不过是一个本质上好的社会出现的某种"偏差",是科学技术发展不充分的结果,相信随着科学技术的不断进步足以解决现代社会所面临的各种问题。例如,在解决污染问题上,浅生态主义的做法是,用技术来净化空气和水(应对酸雨的反应是通过研究更多的树种和寻找到高抗酸的树种),减轻污染程度。深生态学则不同意这种简单化的认识与做法,认为,"技术应该是仆

---

① 纳什:《大自然的权利:环境伦理学史》,青岛出版社1999年版,第180页。
② Richard Sylvan, David Bennett.*Taoism and Deep Ecology*.The Ecologist,1988,(18).
③ 奥尔多·利奥波德:《沙乡年鉴》,吉林人民出版社1997年版,第194页。

人而不是主人,科学技术在生态环境问题上的失败,是由于人类无视自然的整体性造成的,不能依赖科学技术,我们必须寻找解决生态环境问题的其他途径"①。

深生态学试图立足整体主义视角,把资源的开发利用与人类的生产和消费模式联系起来对现代科学技术进行"深层"追问。认为靠技术、工业化发展等方式或手段决不能创造一个可持续发展的社会。因此,从根本上不能坚持被机械世界观支配、缺乏系统理念的科学技术观,进而必须充分认识到,"技术应该被用来满足人类的需要,但不应该被用来满足人类的贪婪;技术应该被用来促进人类的自由而全面的发展,而不应该被用来奴役人、压迫人、迫害人,使人变成奴隶人、单面人、畸形人"②。

显然,深生态学关注的不只是生态环境危机的表面症候,并不认为以技术乐观主义和追求经济效益的方案是根本出路。在深生态学那里,现代科学技术绝不可能代替"大地智慧"③。相反,当代科学技术的研发、应用必须在合理的"敬畏自然"观念指导下,放弃穷尽自然奥秘的野心,转向倾听自然的言说、叩问自然的心声,从而达到遵循生态系统规律、满足一切存在物(包括人类)权利的目的。

3."倡导俭朴"的生活消费观

深生态学在对生态环境危机的深层分析中,进一步提出了彻底转变传统不合理价值观念和发展模式,实现生活消费方式的变革。

深生态主义者积极倡导"活着也让他人活着""用简朴的手段来丰富生活""让河流尽情地流淌""轻轻地走在大地上"等素朴理念,并提出了急需变

---

① 戴维·佩珀:《现代环境主义导论》,格致出版社 2011 年版。

② 薛勇民:《走向生态价值的深处:后现代环境伦理学的当代诠释》,山西科学技术出版社 2006 年版,第 141 页。

③ Bill Devall,George Sessions.*Deep Ecology:Livingas if Nature Mattered*.Peregrine SmithBooks,1985,p.145.

革的日常生活消费方式:选择简单而非复杂的手段;避免作出那些没有内在价值或远离基本目标的行动;认可体验的深度和丰富程度,而非强烈度;通过购买小规模生产出来的产品使根本需要得到满足;避免太多破坏性的旅游,欣赏所有形式的生命,而非仅仅美丽和有用的生命;如果野生动物的利益和宠物的利益发生冲突,不能伤害野生动物的利益;关心本地生态环境的保护;如果其他手段无效,支持非暴力的直接行动等等;甚至在富裕国家中,"物质生活标准应该降低,而就一个人内心或灵魂深处的基本满足而言,生活的品质应加以保持或提高"①。

在深生态学家看来,适度而有节制的生活,并不意味着刻意地去节俭或刻意地去放弃一些生活的享受。阿伦·奈斯声称:"除非是在这样一种意义上,即一种手段简单但目标与价值富足的生活……我喜欢富有,而且当我在我那乡间的小屋里一待时,我感到比最有钱的人都富有,水是我从一个不大的井里打得,柴是我捡拾的。"②这里,突出体现了一种深生态意识,表现为一种自觉、素朴的生活观念,属于一种通过积极的、深层的拷问对生活方式的沉思而获得的认知和对生命价值的敬畏而产生的"诗意地栖居"精神。

4."关怀生命"的生态教育观

教育是人类文明的基石。当代人类所面临的所有现实的和潜在的灾难与危机都可能从教育里找到根源。工业化以来,人类之所以要崇尚强力,是因为强力可以征服世界。于是,培养出代代相传的"弱肉强食"的征服者、掠夺者,就成为当代教育的最重要任务。这样的教育不仅促使社会形成了傲慢十足的物质霸权主义和不可一世的经济技术理性力量,更为有害的是造成了受教育

---

① Stephen Bodian.*An Interview with Arne Naess*,*Environmental Philosophy*:*From Animal Rights to Radical Ecology*.in M.Zimmerman etal.eds Englewood Cliffs:Prentice-Hall,1993,p.189.

② Stephen Bodian.*An Interview with Arne Naess*,*Environmental Philosophy*:*From Animal Rights to Radical Ecology*.in M.Zimmerman etal.eds Englewood Cliffs:Prentice-Hall,1993,pp.191-192.

者的内在精神、生命价值的缺失。

深生态学的可贵之处就在于,力图主张一种生命珍贵、自我实现的生态文化教育理念。深生态学强调,应采取明智的"关怀生命"的生态教育对策,超越狭隘的人类"自我"认知局限,从而达至一种包括非人类世界的整体存在的"生态自我"认同,实现在深层追问意义上的"自我实现"。美国深生态学家比尔·德维尔形象地把"自我实现"的过程概括为"谁也不能拯救,除非大家都获救"①。这里的"谁"不仅包括个体的"我"自己,而且包括全人类、动物、植物、微生物,以及大地、河流、山川等等。因此,自我实现的过程,就是逐渐扩展自我认同的对象的过程,也就是把自我之外的社会与自然当成自我的一部分来加以认可和接纳的过程,是人从自利走向利他最后达到共利境界的发展过程。

"关怀生命"的生态教育观从生态系统存在的整体视野,形成对生命世界的整体关怀意识和人类精神世界的"自我实现"意义——爱自我、他人、人类、自然、地球生命、整个宇宙,培养公众做人的理想,激发受教育者生命存在的大智慧,从而使受教育者真正成为人类新文明的缔造者和开创者。完全可以说,这种"关怀生命"的生态教育观,既是深生态学的出发点,又是深生态运动追求的最高境界。

总之,深生态学作为当代最具变革与挑战性的一种生态哲学思潮,其主张生态整体主义的实践智慧富有启迪,其通过对传统人类中心主义的浅生态运动的"深度追问"和理性批判,对重建人与自然和谐共生的生态社会具有深远的现实意义。尽管这一理论还存在一定的局限,需要进一步发展完善,但深生态学提出的应当从社会文化价值观念中寻找生态环境危机深层根源,对支撑起工业文明之现代性进行全方位的质疑、否定和批判,无疑是富有新意的。尤其是,深生态学所蕴含的生态伦理实践思想,不仅影响了现

---

① George Session.*Deep Ecology for The 21st Century*.Shambhala Publications Inc.1995,p.67.

代西方生态保护运动,而且将会对当今世界范围内生态文明的建设起到积极的推动作用。

第四节　生态共生的伦理实践

共生是生物界中普遍的现象。1879 年,德国生物学家德贝里首次提出了"共生"的概念,指出共生是不同种属的生物生活在一起。范明特、科勒瑞和斯科特等生物学家丰富和发展了德贝里的共生思想,形成了系统的共生理论。在地球生物圈中,生命形态和非生命形态相互依存、相互作用,构成了生物圈物质、能量和信息的有序流动,由生命捕获、生命维持和生命调控来维持自身的稳定。正如达尔文所说的,自然是"一个伟大的合作的综合体"。马克思的自然观念由于将社会引入自然领域,把人包含在了生态共生的范畴之中。同时,马克思不只是把人作为一种生物,而是把人作为人本身;他对于人的特殊关注不是赋予"能动的人"以特殊权利或利益,而是加以更多的伦理规范与约束;他给出的伦理规制不只是为了当下的生态利益,更多的是在探索形成人类社会可持续发展的健康模式。尽管马克思著作中没有出现"共生"这样的词语,但是,在马克思的自然观念中却贯彻着这样的精神。通过对马克思自然观的分析不难看出,人与自然的辩证统一是历史造物的精致产品,成为生态共生不可打破的伦理内核;而人与自然不断进行的物质变换及其推动进行的新陈代谢展示了生态共生的伦理实践;物质变换的失衡并造成的新陈代谢断裂则是造成生态共生的障碍,人类社会发展追求的共生至善就是要实现人与自然及整个生态社会整体的可持续共在。

一、生态共生的伦理原则

人与自然的辩证主体关系是马克思自然观念的基石与亮点。马克思在逻辑上将自然界分为"自在"自然和"人化"自然。我们在讨论"为我而存在"的伦理原则前,预设"为我"的双方是人本身和自在自然,在此种意义上,马克思明确承认"自在"自然对人来说的存在意义,更重视人的活动对自在自然的深切影响。但是,必须注意到,马克思从根本上强调的是人与自然的共生共存,以及在此过程中呈现出的"为我而存在"的矛盾关系,因此,预设的脱离自然的人和脱离人的自然本质上是不存在的,它们最终表现为融合共生的生态整体。

1. 自然为人而存在

这里的自然是"自在"自然。即使在"自在"而在的意义上,自然为人而存在依然有多重表现:第一,自然为人的物质生活而存在。没有自然界、没有感性的外部世界,人就什么也创造不出来。"自在"自然是人类劳动得以展开的基本前提,劳动者需要借助它进行生产,而且自然界"也在更狭隘的意义上提供生活资料"①,人类为了生存,就需要衣、食、住及其他东西,要不断地从自然界攫取满足自身生存所必需的资料。第二,自然为人的精神生活而存在。不单是物质生活,人的精神生活也离不开自然界。马克思这样认为:"植物、动物、石头、空气、光等等,一方面作为自然科学的对象,一方面作为艺术的对象,都是人的意识的一部分,是人的精神的无机界。"②第三,自然为人类历史而存在。"自在"自然是人类历史得以形成的第一个前提。任何历史记载都是从一些自然物质条件在历史进程中由于人的活动而发生的变更开始的。马克思这样强调说:"人们为了能够'创造历史',必须能够生活……因此第一个历史活动就是生产满足这些需要的资料,即生产物质生活本身。"③"自在"自然不是因人而出现,但是,一旦有了人,毫无疑问,它是为人而存在。

---

① 《马克思恩格斯文集》第 1 卷,人民出版社 2009 年版,第 158 页。
② 《马克思恩格斯文集》第 1 卷,人民出版社 2009 年版,第 161 页。
③ 《马克思恩格斯文集》第 1 卷,人民出版社 2009 年版,第 531 页。

2. 人为自然而存在

《庄子·齐物论》道:"天地与我并生,而万物与我为一"。人,一经产生,便从内而外地为自然而存在。第一,人本身就是自然。"人作为自然的、肉体的、感性的、对象性的存在物,和动植物一样,是受动的、受制约的和受限制的存在物。"①人类在相当长的历史发展中"处在生态系统的运行方式中"②,人是自然的组成因子,并且"人的活动已经成为自然进化过程中的一个构成要素的后果"③,人使自然可以言说,将自然内化于自身,为自然表现自身。人"所以创造或设定对象,只是因为它是被对象设定的,因为它本来就是自然界"④。第二,人赋予自然存在的本质。马克思把"全部人类历史的第一个前提"确定为"有生命的个人的存在"和"个人的肉体组织以及由此产生的个人对其他自然的关系"⑤。同时,他认为,人"的欲望的对象是作为不依赖于他的对象而存在于他之外的;但是,这些对象是他的需要的对象;是表现和确证他的本质力量所不可缺少的、重要的对象"⑥。自然的力量"作为天赋和才能、作为欲望存在于人身上"⑦,并且由于人主动自觉的"本质交换"(人与自然的对象化)……"它的对象性的产物仅仅证实了它的对象性活动,证实了它的活动是对象性的自然存在物的活动"⑧。自然的本质在人的存在与活动中得以映证和体现;第三,人的尺度使自然丰富起来。"动物只是按照它所属的那个种的尺度和需要来建造,而人却懂得按照任何一个种的尺度来进行生产,并且懂得怎样处处都把内在尺度适用到对象上去",通过人的内在尺度物化于自然

① 《马克思恩格斯文集》第 1 卷,人民出版社 2009 年版,第 209 页。
② 克莱夫·庞廷:《绿色世界史》,上海人民出版社 2002 年版,第 416 页。
③ 威廉·莱斯:《自然的控制》,重庆出版社 1993 年版,第 5 页。
④ 《马克思恩格斯文集》第 1 卷,人民出版社 2009 年版,第 209 页。
⑤ 《马克思恩格斯文集》第 1 卷,人民出版社 2009 年版,第 519 页。
⑥ 《马克思恩格斯文集》第 1 卷,人民出版社 2009 年版,第 209 页。
⑦ 《马克思恩格斯文集》第 1 卷,人民出版社 2009 年版,第 209 页。
⑧ 《马克思恩格斯文集》第 1 卷,人民出版社 2009 年版,第 209 页。

之中，自然变得丰富与完善。一方面，我们要看到，"被抽象地理解的、自为地被确定为与人分隔开来的自然界，对人说来也是无"①，另一方面，也正是由于人的尺度的运用，自然的存在更具合理性与现实性。

3."为我而生"是人与自然共生的伦理内核

人与自然"为我而生"的矛盾关系表现为，通过物质实践活动，人利用自然、改变自然，不断否定原生态的自然，使自然越来越多地打上人类活动的烙印，"人化自然"作为人的"无机的身体"越来越成为"为人的存在"；同时，自然对人的实践活动作出促进与抑制两方面的回应，对人类有利于至少是不损害自然本身生态演进的实践活动，自然的反应是促进的，表现为环境的日益良性发展和物质流的合理循环；对人类有损于自然生态的实践活动，自然的反应是抑制的，表现为生态系统的不可修复与不断恶化和自然物质产品的短缺与枯竭。不同的回应使自然在人的实践活动中不断地否定人本身，也就是否定人的所谓无限生产力，使人的能动性、创造性得到合理的发展，从而使人的活动越来越将自然纳入整体考虑的范畴，作为"万物之灵"的人日益成为"为自然的存在"。

人与自然共生的伦理根基在漫长的人类历史实践中长期被忽视，对待自然的工具理性长期盛行，更多时候表现出的是自然为人而存在，人为自然存在的伦理原则往往被忽视，"环境的改变和人的活动或自我改变的一致"很难达成。马克思的自然观念不仅看到了异化劳动导致了人与自然关系的异化，而且看到了异化劳动背后资本私有的深层根源。私有制条件下，工人的劳动不是自由自在的活动，而是谋生的手段。工人越是通过自己的劳动占有外部世界，自然界就越发不成为他的劳动对象，就越是不能提供直接意义的生活资料，甚至还把人相对动物所具有的优点变成了缺点。更为可贵的是，马克思逻

① 《马克思恩格斯文集》第1卷，人民出版社2009年版，第220页。

辑地提出了问题解决的思路,即只有在人类自身的进一步发展中,"私有财产即人的自我异化的积极的扬弃"才能达成"人和自然界之间、人和人之间的矛盾的真正解决"①。其时,劳动成为人的第一需要,自然之为人与人之为自然走着同样进步的道路,人同自然界完成了本质的统一,实现了共生共存。因为只有人类组成自己的社会,并且"只有在社会中,自然界才是人自己的合乎人性的存在的基础,才是人的现实的生活要素。只有在社会中,人的自然的存在对他来说才是人的合乎人性的存在,并且自然界对他来说才成为人"②。

二、生态共生的伦理实践

作为伦理学的共生是一种体现人本真价值的生存样式。真正的自由的确立与获得只能是严格地依赖于他者的自由,因此,人的最高境界就是在共生中的存在,在共生中获得真正的自由,成为真实、完整而又内在的自我。存在于自然生态中的人必须同样地要将自然纳入自己的共生视野之中。生态系统中包括人在内的各种存在物所具有的最高价值在于,对于维护整个生态系统稳定、完整、有序所具有的价值和意义。基于此,真正生态共生的实践就表现为人与自然之间进行的新陈代谢。

1. 劳动实践是新陈代谢的逻辑与现实起点

威廉·配第说,劳动是财富之父,土地是财富之母,马克思自然观的唯物主义前提首先从逻辑上论证了人与自然新陈代谢的实践性。"因为人和自然界的实在性,即人对人说来作为自然界的存在以及自然界对人说来作为人的存在,已经变成实际的、可以通过感觉直观的。"③首先,人与自然都是客观实在的物质,这就为人与自然关系在现实中的展开提供了唯物主义前提,实践是

---

① 《马克思恩格斯文集》第 1 卷,人民出版社 2009 年版,第 185 页。
② 《马克思恩格斯文集》第 1 卷,人民出版社 2009 年版,第 187 页。
③ 《马克思恩格斯文集》第 1 卷,人民出版社 2009 年版,第 196 页。

人与自然发生关系的中介,并且成为促使这种关系在广度和深度上得以展开的物质力量。也可以说,人与自然是构成人类社会演进的一对矛盾主体,实践生成于这种矛盾的对立统一之中,并且一旦生成,就推动这对矛盾不断向对立面转化,在转化中,人与自然进行着新陈代谢,这成为人类获得向前发展的不竭动力。其次,在历史演进中实践推动着人与自然的新陈代谢。尽管在农耕社会,人在土地上的劳作已成为自然环境中很重要的一个部分,但是局部耕作的微小影响很快就为自然生态所消减,还不足以影响整体生态的新陈代谢。自工业革命以降,人类实践的影响日益凸显,"人以自身的活动来中介、调整和控制人和自然之间的物质变换"①,实践的力量给人类带来前所未有的物质财富,同时,人与自然的新陈代谢日益突出地影响着整体生态系统的演进,生态环境不断恶化,资源争夺空前激烈。资本逐利的本性不仅引发了各种规模的争端甚至战争,更从根本上夺去了人与自然的本真存在,"以至于控制自然和控制人成为同一个过程的两个方面"②。

因此,马克思的自然观念为人们提供了人在自然中展开实践活动的伦理规制,为人与自然的生态共生提出警示。马克思的论述从来都不是抽象空洞的,在提到"人的自然的新陈代谢"时,他具体地讨论了"与营养物质的吸收和人类废弃物或者排泄物的生产有关的、相互依赖的生物化学过程",但并不限于生物学意义上的解释,马克思的自然观从来都是着眼于人类自身,在他的视野中,社会系统中"物质部分的物质流和能量流"的新陈代谢也是靠着"人类劳动及其在历史上特定的社会形态中的发展"③来调节的。正如哈贝马斯所解读的:"我们只能在劳动过程中所揭示的历史范畴内才能认识自然界;在劳动过程所揭示的历史范围内,人的主观自然和构成人的

---

①　《马克思恩格斯文集》第5卷,人民出版社2009年版,第207—208页。

②　威廉·莱斯:《自然的控制》,重庆出版社1993年版,第14页。

③　约翰·福斯特:《马克思的生态学——唯物主义与自然》,高等教育出版社2006年版,第180—181页。

世界的基础与周围环境的客观自然界是联系在一起的。自此,'自在的自然界'是我们必须加以考虑的一个抽象物。但是,我们始终只是在人类历史形成过程的视野中看待自然界的。"①通过实践,马克思看到了人、自然、历史、社会之间的有机联系,并且让合理有度的实践成为它们认识与发展自身的伦理规制。

2.物质变换断裂与科技的力量

马克思自然观念对于新陈代谢的研究绝不仅仅是为了提供经济运作的优良模型,正如他所有的研究工作一样,他是为了拯救资本欲望不断膨胀中被异化和去本质化的人本身,因此,他最为关切的是新陈代谢中发生的物质变换断裂问题。马克思将新陈代谢解释为"人与自然之间的物质变换",他是这样理解经济生产、物质变换与新陈代谢的关系的:"经济循环是与物质变换(生态循环)紧密地联系在一起的,而物质变换又与人类和自然之间新陈代谢的相互作用相联系。"②福斯特认为"马克思在两个意义上使用(物质变换)这个概念",一个是具有"特定生态意义"的"自然和社会通过劳动而进行的",一个是具有"广泛社会意义"的"人类和自然通过具体劳动组织形式而表现出来的"③。基于这样的理解,"马克思运用了'断裂'的概念,以表达资本主义社会中人类对形成其生存基础的自然——马克思称之为'是人类生活的永恒的自然条件——的物质异化'"④,马克思指出,在资本攫利的视域中,"不是活的和活动的人同他们与自然界进行物质变换的自然无机条件之

---

① 哈贝马斯:《认识与兴趣》,学林出版社1999年版,第29页。
② 约翰·福斯特:《马克思的生态学——唯物主义与自然》,高等教育出版社2006年版,第175页。
③ 约翰·福斯特:《马克思的生态学——唯物主义与自然》,高等教育出版社2006年版,第175—176页。
④ 约翰·福斯特:《马克思的生态学——唯物主义与自然》,高等教育出版社2006年版,第181页。

间的统一,以及他们因此对自然界的占有;而是人类存在的这些无机条件同这些活动的存在之间的分离"①。具体表现为:"不断增长的拥挤在大城市中的工业人口……在社会的以及由生活的自然规律所决定的物质变换的联系中造成一个无法弥补的裂缝,于是就造成了地力的浪费,并且这种浪费通过商业而远及国外……而工业和商业则为农业提供使土地贫瘠的各种手段。"②物质变换的断裂发生在工业、农业和商业的过程,并且通过不断扩张的交往在世界范围内蔓延。

　　如何实现物质变换的合伦理性实践?科技的推动力量无疑是马克思认可的一种方式。马克思认为"劳动过程的简单要素是:有目的的活动或劳动本身,劳动对象和劳动资料",而"劳动资料是劳动者置于自己和劳动对象之间、用来把自己的活动传导到劳动对象上去的物或物的综合体。劳动者利用物的机械的、物理的和化学的属性,以便把这些物当做发挥力量的手段,依照自己的目的作用于其他的物"③。"物或物的综合体"正是技艺,可见,在马克思看来,科技作为人的头脑与身体力量的延续,又包含着自然条件的部分,是人和自然物质变换过程的主要中介与重要环节。而科技的作用就是弥补断裂,实现循环,即"采用新的方式(人工的)加工自然物,以便赋予它们以新的使用价值……以便发现新的有用物体和原有物体的新的使用属性,如原有物体作为原料等等的新的属性;因此,要把自然科学发展到它的最高点"④。在工业化不断发展的时代,马克思特别推崇科技运用使机器发生的改良带来的废物再利用,"机器的改良,使那些在原有形式上本来不能利用的物质,获得一种在新的生产中可以利用的形式;科学的进步,特别是化学的进步,发现了那些废物的有用性质"⑤,通过科技手段的使用,马克思具体

①　《马克思恩格斯文集》第8卷,人民出版社2009年版,第139页。
②　《马克思恩格斯文集》第7卷,人民出版社2009年版,第918—919页。
③　《马克思恩格斯文集》第5卷,人民出版社2009年版,第208—209页。
④　《马克思恩格斯文集》第8卷,人民出版社2009年版,第89—90页。
⑤　《马克思恩格斯文集》第7卷,人民出版社2009年版,第115页。

地描述了循环生产的形式:"把生产排泄物减少到最低限度和把一切进入生产中去的原料和辅助材料的直接利用提到最高限度……在生产过程中究竟有多大一部分原料变为废料,这取决于所使用的机器和工具的质量……还取决于原料本身的质量。"①可见,科技进步是消除资本本性恶性生态影响的重要手段。

科技的进步不是凭空产生的,必定基于社会制度的进步。"环境就是一种生境,什么样的生境决定适合生长什么样的技术,每种技术都生存在特定的生境中,任一脱离生境的技术在现实中是不存在的。"②马克思对于科技的推动作用同样给予历史性评价,他终身都在批判资本主义制度,但是客观地评价了资本主义生产方式较以前生产方式对于科技进步的促进作用,马克思深刻地指出:"资本主义生产使它汇集在各大中心的城市人口越来越占优势,这样一来,它一方面聚集着社会的历史动力,另一方面又破坏着人和土地之间的物质变换,也就是使人以衣食形式消费掉的土地的组成部分不能回归土地,从而破坏土地持久肥力的永恒的自然条件……但是资本主义生产通过破坏这种物质交换的纯粹自发形成的状况,同时强制地把这种物质变换作为调节社会生产的规律,并在一种同人的充分发展相适合的形式上系统地建立起来。"③他说:"对生产排泄物和消费排泄物的利用,随着资本主义生产方式的发展而扩大。"④科技愈发展就愈加内化于人,内化于自然,内化于物质变换过程之中,变得不可分割。在物质变换的过程中,它对生态系统的作用以及必要的社会建制和秩序调整之间形成了一个可反馈的回路,其中"生态环境处于基础层级,生产和消费处于协同进化的中心层级,技术、制度和世界观代表

---

① 《马克思恩格斯文集》第 7 卷,人民出版社 2009 年版,第 117 页。
② 史蒂夫·鲍尔默:《技术生态系统》,见 http://www.csia.org.cn./sinosofyware/files/mews-files.html。
③ 《马克思恩格斯文集》第 5 卷,人民出版社 2009 年版,第 579 页。
④ 《马克思恩格斯文集》第 7 卷,人民出版社 2009 年版,第 115 页。

了边界条件"①。马克思对于科技作用的历史性判断警示,先进的科技发现及运用需要进步的社会制度条件。

3. 全球性新陈代谢下的整体共生

全球化不可避免,全球性的新陈代谢已经发生,这种情况下的整体生态共生也已进入马克思自然观的研究视域。马克思早就以哲学家的眼光预见到"历史向世界历史的转变,不是'自我意识'、世界精神或者某个形而上学幽灵的某种纯粹的抽象行动,而是完全物质的、可以通过经验证明的行动,每一个过着实际生活的、需要吃、喝、穿的个人都可以证明这种行动"②,在马克思的时代,"资产阶级,由于开拓了世界市场,使一切国家的生产和消费都成为世界性的了"③,尽管当时的世界性在今天看来是不深入和不全面的,但是那种发展趋势具有研究的共时性价值。18世纪末开始的大工业"创造了交通工具和现代的世界市场,控制了商业,把所有的资本都变为工业资本,从而使流通加速(货币制度得到发展)、资本集中……它首次开创了世界历史,因为它使每个文明国家以及这些国家中的每一个人的需要的满足都依赖于整个世界,因为它消灭了各国以往自然形成的闭关自守的状态"④。

由于世界的整体性发展趋势,自然随着人的活动、工业的发展和科技的进步真正地流动起来,整体生态共生就只有在世界范围内才能真正实现。"过去那种地方的和民族的自给自足和闭关自守状态,被各民族的各方面的互相往来和各方面的互相依赖所代替了。"⑤世界历史随着人类活动范围的不断扩

①　I. Matutinovic："Worldviews, Institutions and sustainability：An Introduction to a Co-evolutionary Perspective",International Journal of Sustainable Development and World Ecology.Vol.14, No.1,2007.

②　《马克思恩格斯文集》第1卷,人民出版社2009年版,第541页。

③　《马克思恩格斯文集》第2卷,人民出版社2009年版,第35页。

④　《马克思恩格斯文集》第1卷,人民出版社2009年版,第566页。

⑤　《马克思恩格斯文集》第1卷,人民出版社2009年版,第35页。

大而由低级向高级发展,"各个相互影响的活动范围在这个发展进程中越是扩大,各民族的原始封闭状态由于日益完善的生产方式、交往以及因交往而自然形成的不同民族之间的分工消灭得越是彻底,历史也就越是成为世界历史,"①人的自由生存和自然界的正常演化都与世界性的发展表现为正相关,因为"世界历史……是自然界对人来说的生成过程"②,也就是说,自然界在人类活动中展开的历史就是人类走向世界的历史,即人类社会的世界化进程。马克思更加确切地说:"每一个单独的个人的解放的程度是与历史完全转变为世界历史的程度是一致的。"③而历史转变为世界历史的程度愈深,个人也就愈在更大的程度上获得解放。在世界史全面深入地展开后,人类进入理想的社会状态,到那时,"单个人才能摆脱种种民族局限和地域局限而同整个世界的生产(也同精神的生产)发生实际联系,才能获得用全球的这种全面的生产(人们的创造)的能力"④。正是由于每个人的真正自由发展,"联合起来的生产者,将合理地调节他们和自然之间的物质变换,把它置于他们的共同控制之下,而不让它作为一种盲目的力量来统治自己;靠消耗最小的力量,在最无愧于和最适合于他们的人类本性的条件下来进行这种物质变换,"⑤自然也才能呈现出合乎规律的发展。可见,全球视野中的人与自然的新陈代谢的实现才是生态共生的真正实现。

---

① 《马克思恩格斯文集》第 1 卷,人民出版社 2009 年版,第 540—541 页。
② 《马克思恩格斯文集》第 1 卷,人民出版社 2009 年版,第 196 页。
③ 《马克思恩格斯选集》第 1 卷,人民出版社 1972 年版,第 42 页。
④ 《马克思恩格斯文集》第 1 卷,人民出版社 2009 年版,第 541—542 页。
⑤ 《马克思恩格斯文集》第 7 卷,人民出版社 2009 年版,第 928—929 页。

结　语　整体主义环境伦理思想的 深化与"本土化"

环境伦理学自 20 世纪中叶产生以来,其理论研究呈现出一幅波澜壮阔的繁华图景,正在迎来一个激动人心的时代,不仅涌现出众多环境伦理学学派,而且促推着如火如荼的环保运动。当代环境伦理学理论的进步与走向,不仅生动地和其特定流派和相关理论问题的提出、展开、演进以及求解紧密地联系在一起,而且表现在环境伦理学自身界域的扩展、学科内规范的建立,以及学科共同体的逐步形成当中。尤其是这后一方面,对环境伦理学的学科发展具有更加重要的意义。

一、应深化对整体主义环境伦理思想实质的科学认知

面对当代环境伦理学多元化的理论论争,整体主义环境伦理思想代表着其理论研究的多元整合趋向的努力。整体主义环境伦理思想以生态思维方法建构人与自然关系在"世界观—价值观—实践观"方面的系统认知,旨在确立一种基于人与自然之间辩证统一的"整体主义"的环境伦理观。其整体主义环境伦理思想的实质可以概括为以下三个方面:

第一,超越人与自然关系的对立是整体主义环境伦理思想的理论内核。

一定意义上说,人与自然关系的分裂是导致当代生态环境危机发生的根源之一。因此,人与自然在何种意义上是一个整体,这是一个基本的和首要的

环境哲学问题,也是建构环境伦理学的基本问题。

　　整体主义环境伦理思想强调,以整体主义生态哲学科学把握人与自然关系。首先,在本体论的维度,整体主义环境伦理思想认为,人作为自然生态系统的一分子,人与自然之间关系遵循着整体与部分之间的辩证法则,实现人与自然在关系存在论意义的辩证统一;其次,在认识论的维度,整体主义环境伦理思想提出,人与自然关系作为认知过程中主体与客体关系,人与自然之间遵循着主体与客体之间的辩证法则,实现人与自然在认识论上的辩证统一;再次,在价值论的维度,整体主义环境伦理思想不仅承认人是内在价值与外在价值的统一,同时也提出自然也是内在价值与外在价值的辩证统一,自然不仅能为人的生存发展提供物质资源,同时人也要合理认知自然内在价值的存在,为维护自然的完整、和谐和美丽承担伦理责任。总之,整体主义环境伦理思想建构的人与自然之间关系,不是机械式的对部分与整体关系作简单理解,不是主奴式的主体对客体的单向度认知,更不是以人为中心的价值判定。所以,整体主义环境伦理思想是"本体论—认识论—价值论"有机统一地认知人与自然关系的辩证整体性,体现的是以整体主义生态思维的方法阐释人与自然之间的关系。这里,可以把人与自然的整体性表述为:人即自然,自然即人。所谓人即自然,是说在人的本质中包含着自然的本质,人是表现自然本质的对象;所谓自然即人,是说自然被人化而成为人本质的对象化,成为对象性的人。当把人与自然的整体关系表征为"人即自然、自然即人"时,意味着人离不开自然,自然也离不开人,缺失任何一方,人与自然的整体关系便随之瓦解"。可见,整体主义环境伦理思想所认知的人与自然的关系是对立统一的整体关系。

　　整体主义环境伦理思想之于当代环境伦理学的价值就在于科学阐释了人与自然的辩证关系,把颠倒了的人与自然关系重新颠倒过来。以往的环境伦理学建构理论的方法往往从"自然"的视角,论证环境伦理学何以可能。整体主义环境伦理思想的论证路径提出新的视角,即从"人为"的视角,辩证地把握人与自然的对立统一关系,论证人何以去遵循自然,建构环境伦理学的"理论大厦"。

第二,走出中心主义的价值观困境是整体主义环境伦理思想的价值诉求。

人类中心主义的环境伦理和非人类中心主义的环境伦理虽然在理论上是完全对立的,但二者在建构各自理论的方法上却是一致的。即无论是人类中心主义环境伦理,或是非人类中心主义环境伦理都以主客二分、二元对立的思维方法建构其理论体系。换句话说,人类中心主义环境伦理是以"人"为中心的环境伦理学说,而非人类中心主义环境伦理则是以"自然"为中心的环境伦理学说。因此,整体主义环境伦理思想认为,人类中心主义环境伦理和非人类中心主义环境伦理都是不全面的理论学说,都各自走向了一个片面。

正是在这个意义上说,无论是以"人"为中心的环境伦理还是以"自然"为中心的环境伦理,都不能摆脱主客对立的思维方式的窠臼,都不能合理地认知主体与客体关系的辩证统一性,都必然以主客体之间一方对另一方的对立来建构理论。整体主义环境伦理思想对人类中心主义环境伦理和非人类中心主义环境伦理的超越就在于,以马克思主义唯物辩证法的视野科学把握主客体关系的辩证统一性,辩证认知人与自然关系的整体性,从"人的"和"自然的"双重视野建构环境伦理学。由于整体主义环境伦理思想以整体主义的生态思维方法建构人与自然关系,建构自然价值观和环境伦理观,故而整体主义环境伦理思想就成为一种超越"中心主义"的环境伦理思想。这种"无中心主义"环境伦理既是对"走进人类中心主义"的扬弃,也是对"走出人类中心主义"的修正,更是对各种"中心主义"环境伦理困境的超越。

第三,实现人类"诗意地栖居"是整体主义环境伦理思想的实践目标。

整体主义环境伦理思想以整体主义生态思维方式方法,使人与自然、主体与客体、主观与客观、事实与价值、真与善之间关系实现对立统一。只有在整体主义的思维范式下,哲学才能使"存在论暨本体论"真正成为可能。正如,整体主义环境伦理思想从建构理论体系的思维方法上对"休谟问题"的消解。一定意义上说,整体主义环境伦理思想对人与自然关系"辩证整体性"的合理确证,以及在整体主义生态思维范式下对环境伦理赋予合理性,意味着哲学世界观对哲学理论被人为地划分为本体论、认识论、价值论的非此即彼的理论分割的消解,体现着哲学思维由本体论思维到价值论思维的转向,代表着哲学由理论哲学向实践哲学的转向。因此,整体主义环境伦理思想的革命意义就在于,深刻认识到科学的环境伦理学应建立在"人"的道德性存在的维度,论证人何以实现在地球上"诗意地栖居"。

就其理论价值而言,整体主义环境伦理思想作为一种新的理性认知,不仅是对传统环境伦理学理论的重新整合和超越,而且是对当代环境伦理学研究成果的进一步深化和完善,更是当代环境伦理学研究走向成熟的标志。

二、整体主义环境伦理思想研究的"本土化"方向

毫无疑问,现实的环境伦理实践离不开科学的环境伦理思想理论的正确指导。但是,环境伦理学也必须随着环境实践的发展而不断地完善,从实践中丰富环境伦理的哲学基础,赋予其一个全新的、更科学的道德理念,让环境伦理学在中国的哲学研究领域占有重要的一席之地。因此,科学的环境伦理学理论建构必然要求准确认知人与自然之间辩证统一关系,这是确定对环境问题进行伦理性应对的前提。整体主义环境伦理思想代表着当代环境伦理学理论由学派彼此分歧对立走向多元价值对话,由理论对抗到相互融合,代表着环境伦理学理论多元整合趋向,这意味着其建构理论的哲学观基础的基本形成。

尽管如此,科学的整体主义环境伦理思想仅仅停留在"宏大叙事"的理论宏观建构是不够的,还需要整体主义环境伦理思想与现实的环境问题相结合,探讨具体环境问题的微观解决之道。

具体地说,未来整体主义环境伦理思想的研究,既需要通过理论的整体变革和建构的整体主义的哲学形态来推动环境伦理学理论的创新,又需要把整体主义环境伦理思想引向具体的环境伦理实践,例如,建构整体主义环境伦理思想的环境正义观,形成整体主义环境伦理思想的生态人格观,深化整体主义

环境伦理思想的科学技术维度、文化价值维度以及政治制度维度的不断建构和完善,使整体主义环境伦理思想走向具体的环境伦理实践,走向个案的环境问题解决方案研究,在实践中不断提升和推动整体主义环境伦理思想及其理论体系的不断完善,实现整体主义环境伦理思想在道德哲学维度和应用伦理维度的深度融合。

当前,摆在环境伦理学界面前的一个现实课题就是,从我国社会实际出发,努力实现整体主义环境伦理思想的"本土化"。

客观地讲,中国环境伦理学研究虽呈星火燎原之势,但"本土化"色彩并不浓,在国际环境伦理领域缺乏应有的学术地位和学科话语权。近些年来,我国环境伦理学的"本土化"诉求的呼吁日趋强烈。所谓环境伦理学的"本土化",简要地说,就是主张中国环境伦理学的发展要具有"中国特色"或体现"中国气派",言说中国的现实环境伦理关切;具体来说,则是强调中国环境伦理学要有一种"本土化"的研究定向,应当与自己的文化精神和人们的价值心理相契合,在对本土社会有更深入了解的基础上增强在本土社会的应用性,形成具有话语表达方式、价值理念、教育和实践路径等本土特色的环境伦理学体系。

众所周知,从直接前提上看,整体主义环境伦理思想来源于西方环境伦理具体流派,是当代西方环境伦理学说的多元路径发展格局的创新性对话与整合的新认知。但整体主义环境伦理思想的产生并不局限于此。它还包括中国传统的儒释道等不同思想所蕴含的环境伦理智慧。这些环境伦理观点理应实现平等对话,对话的目的并不是简单地去否定和取消对方,而是承认和尊重对话彼此的差异。同时,不同环境伦理学流派对话的实现就意味着承认和尊重不同环境伦理学流派的哲学原则和理论个性,也就意味着对话双方彼此理论内核的哲学范式的不可通约性。也就是说,我国环境伦理学的本土化或环境伦理实践,再也不能简单地模仿和照搬外来的研究成果,而应更加关注自身,创新自我。

质言之，在推进整体主义环境伦理思想的"本土化"过程中，除了借鉴吸收西方的环境伦理学理论之外，中国环境伦理学必须有自己的话语，以马克思主义的环境伦理思想为指导，逐步建立起具有中国特色整体主义环境伦理思想体系，这是创建中国整体主义环境伦理思想学派的重要前提。

正是在这个意义上说，要实现整体主义环境伦理思想的"本土化"，关键在于以中国具体的生态环境问题为伦理关切，立足于中国环境伦理实践。因为环境伦理学的实践功能与实现中国环境伦理学的"本土化"是相辅相成的，任意地拔高只是脱离实际的"不伦理"或"不道德"。另外，中国传统文化中也蕴含着许多值得整体主义环境伦理思想借鉴的环境伦理智慧，整体主义环境伦理思想的本土化研究要充分挖掘这些思想精华，把中国文化精神、价值心理与中国环境伦理学的发展结合在一起，这将有利于中国整体主义环境伦理思想学派的创建与发展。

因此，必须要结合实际对整体主义环境伦理思想的价值理念、话语形式进行清理与加工，使整体主义环境伦理思想在中国现实语境下具有自身独特的理论内涵，具有自己的模式、自己的话语体系，并体现在国家政策和人民大众的日常生活中。无论如何，整体主义环境伦理思想代表着生态文明时代新的理性认知，应为"创建中国环境伦理学学派"作出自己应有的贡献，对我国社会主义和谐社会建设提供科学的方法论指导。

这里，一个现实的要求就在于，积极探讨并形成中国特色社会主义环境伦理实践智慧。虽然环境伦理学在全球性的环境问题背景下具有全球伦理的普遍性特征，但基于经济发展水平、文化发展状况的差异，发展中国家与发达国家的环境伦理学研究模式还是有所区别的。中国环境伦理学必须通过自身的强力研究和实践力行，在国际环境伦理学发挥其应有的作用，体现发展中国家环境伦理的话语权和言说方式。

总之，整体主义环境伦理思想研究，以马克思主义哲学世界观和方法论为指导，试图更加深入地认识和把握人与自然的辩证关系，力求从整体主义的视野辩证地认知和处理经济发展与环境保护、当代人的现实发展需要与未来人的可持续发展需要、人的生存需要与其他物种的繁衍生息等具体关系。当前，如何能够彻底跳出西方发达国家环保实践模式，积极探讨中国现实国情下的环境伦理实践，则成为摆在我国学者面前的一项迫在眉睫的研究课题。

参考文献

[1]《马克思恩格斯文集》第 1 卷,人民出版社 2009 年版。

[2]《马克思恩格斯文集》第 2 卷,人民出版社 2009 年版。

[3]《马克思恩格斯文集》第 5 卷,人民出版社 2009 年版。

[4]《马克思恩格斯文集》第 7 卷,人民出版社 2009 年版。

[5]《马克思恩格斯文集》第 8 卷,人民出版社 2009 年版。

[6]《马克思恩格斯文集》第 9 卷,人民出版社 2009 年版。

[7]《马克思恩格斯选集》第 4 卷,人民出版社 1995 年版。

[8]《马克思恩格斯选集》第 1 卷,人民出版社 1972 年版。

[9]万俊人:《现代西方伦理学史》(上、下),北京大学出版社 1994 年版。

[10]唐代兴:《生态化综合:一种新世界观》,中央编译出版社 2015 年版。

[11]蒙培元:《人与自然——中国哲学生态观》,人民出版社 2004 年版。

[12]佘正荣:《中国生态伦理传统的诠释与重建》,人民出版社 2002 年版。

[13]卢风:《从现代文明到生态文明》,中央编译出版社 2009 年版。

[14]王雨辰:《生态批判与绿色乌托邦——生态学马克思主义理论研究》,人民出版社 2009 年版。

[15]孙道进:《马克思主义环境哲学研究》,人民出版社 2008 年版。

[16]徐嵩龄:《环境伦理学进展:评论与阐释》,社会科学文献出版社 1999 年版。

[17]何怀宏:《生态伦理——精神资源与哲学基础》,河北大学出版社 2002 年版。

[18]陶火生:《生态实践论》,人民出版社 2012 年版。

[19]彼得·S.温茨:《环境正义论》,朱丹琼、宋玉波译,上海人民出版社 2007 年版。

[20]奥尔多·利奥波德:《沙乡年鉴》,侯文蕙译,吉林人民出版社1997年版。

[21]约翰·福斯特:《马克思的生态学》,刘仁胜等译,高等教育出版社2006年版。

[22]詹姆斯·奥康纳:《自然的理由:生态学马克思主义研究》,唐正东等译,南京大学出版社2003年版。

[23]威廉·莱斯:《自然的控制》,岳长龄等译,重庆出版社1993年版。

[24]莫尔特曼:《创造中的上帝:生态的创造论》,隗仁莲、苏贤贵、宋炳延译,生活·读书·新知三联书店2002年版。

[25]克里斯托弗·司徒博:《环境与发展——一种社会伦理学的考量》,邓安庆译,人民出版社2008年版。

[26]罗尔斯顿:《环境伦理学》,杨通进译,中国社会科学出版社2000年版。

[27]唐纳德·沃斯特:《自然的经济体系——生态思想史》,侯文蕙译,商务印书馆1999年版。

[28]彼得·S.温茨:《现代环境伦理》,宋玉波、朱丹琼译,上海人民出版社2007年版。

[29]卢风:《整体主义环境哲学对现代性的挑战》,《中国社会科学》2012年第9期。

[30]李培超:《论马克思伦理思想的整体性》,《哲学研究》,2012年第5期。

[31]韩立新:《论环境伦理学中的整体主义》,学习与探索,2006年第5期。

[32]《西方环境伦理学的整体主义诉求与困惑——现代系统论整体论的启示》,《现代哲学》2003年第5期。

[33]周治华:《德性伦理与环境伦理走向协同》,《伦理学研究》2013年第5期。

[34]方世南:《生态环境与人的全面发展》,《哲学研究》2002年第2期。

[35]安希孟:《生态问题与宗教伦理观念》,《兰州学刊》2005年第6期。

[36]景海峰:《"天人合一"观念的三种诠释模式》,《哲学研究》2014年第9期。

[37]曹孟勤:《超越人类中心主义和非人类中心主义》,《学术月刊》2003年第6期。

[38]王诺:《"生态整体主义"辩》,《读书》2004年第2期。

[39]乔清举:《天人合一论的生态哲学进路》,《哲学动态》2011年第8期。

[40] Philip J. Ivanhoe. *Early Confucianism and Environmental Ethics. In Tucker and Berthrong*, *Confucianism and Ecology*. The interrelationship of Heaven, Earth and Humans. Harvard University Press, 1998.

[41] Philip J. Ivanhoe. *Review of Neo-Confucianism in History*. Dao, 2010.

[42] John H.Berthrong.*Confucian Formulas for Peace*：*Harmony*.Soc，2014.

[43] Heiner Roetz.*Confucianism between Tradition and Modernity*，*Religion*，*and Secularization*：*Questions to TU Weiming*.Dao，2008.

[44] C.Belshaw，*Environmental Philosophy-Reason*，*Nature and Human Concern*，*Bucks*. First Published by Acumen in 2001.

[45] Peter S.Wenz.*Environmental Ethics Today*. Published by Oxford University Press，Inc.Oxpord，New York 2001.

[46] David Pepper.*Modern Environmentalism*：*An Introduction*.London and New York，Routledge，1996.

[47] Bernard E Rolli.*Environmental Ethics and International Justice*.IN JamesP.Sterba. ed.Earthics.Prentice-Hall.Inc.1995.

[48] Paul Burkett.*Marx's Reproduction Schemes and the Environment*.Ecological Economics.Volume.

[49] Issue 4.1 August 2004.457−4.

后　　记

人常说，"十年磨一剑"。本书关于整体主义环境伦理思想的研究虽然还磨砺得不够，但也经历了整整 10 年时间。2012 年，我所主持申报的国家社科基金项目"唯物史观视野下整体主义环境伦理思想研究"获准立项，之后经过 4 年的深入研究，于 2016 年获批结项。而在这 4 年间，我的工作先后两次调整：一次是 2013 年 4 月在山西大学中层干部换届时被学校党委任命为山西大学哲学社会学学院院长，这是我于 2003 年 11 月离开学院到继续教育学院担任常务副院长近 10 年后再回学院；另一次是 2016 年 9 月被山西省委组织部任命为山西省委党校副校长、山西行政学院副院长，这是我在山西大学学习、工作 36 年后首次离开母校。这两次工作变动，虽然均不在我的意料之中，但总体上都促进了本课题研究的开展。回学院工作后行政管理与业务要求融为一体，使自己能够有更多的时间开展更为专深的学术思考；到省委党校工作后因主管干部教育培训工作，也使自己能够以更高的站位进行更为精准的理论分析。值得欣慰的是，经过努力，课题研究的结项报告如期完成并经全国社会科学规划办公室的严格评审，获得了"良好"评价。

课题获批结项后 6 年来，我并没有丝毫松懈，进一步对结项成果不断进行修改、补充和完善。特别是，我于 2021 年 12 月再次回到高校工作，调任山西师范大学党委副书记，被聘为马克思主义理论一级学科博士点博士生导师，基于马克思主义学科建设和学术发展的要求,对整体主义环境伦理理论和中国化时代化马克思主义生态文明思想进行了更加深入的思考,进一步深化了认识和把握。

需要指出的是,我在山西大学指导的博士生王继创、路强、马君、杨珺、马兰和谢建华等同学,硕士生薛雪梅、艾钦、王芳芳、晋文丽和武志琴等同学,为本书的最终完成做了大量的工作。课题研究和本书写作过程中,也参考了学界同仁的相关研究成果。在此,谨表示由衷的感谢和诚挚的敬意!

薛勇民于蕴华庄

2022 年 12 月 30 日

责任编辑：戚万迂
封面设计：石笑梦
版式设计：胡欣欣

图书在版编目（CIP）数据

走向环境哲学的深处:整体主义环境伦理思想研究/薛勇民 著. —北京：
    人民出版社,2024.1
ISBN 978－7－01－026244－4

Ⅰ.①走…　Ⅱ.①薛…　Ⅲ.①环境科学-伦理学-研究　Ⅳ.①B82-058

中国图家版本馆 CIP 数据核字（2023）第 246674 号

走向环境哲学的深处

ZOUXIANG HUANJING ZHEXUE DE SHENCHU

——整体主义环境伦理思想研究

薛勇民　著

人民出版社 出版发行
（100706　北京市东城区隆福寺街 99 号）

北京九州迅驰传媒文化有限公司印刷　新华书店经销

2024 年 1 月第 1 版　2024 年 1 月北京第 1 次印刷
开本:710 毫米×1000 毫米 1/16　印张:19.25
字数:245 千字

ISBN 978－7－01－026244－4　定价:86.00 元

邮购地址 100706　北京市东城区隆福寺街 99 号
人民东方图书销售中心　电话（010）65250042　65289539